U0142746

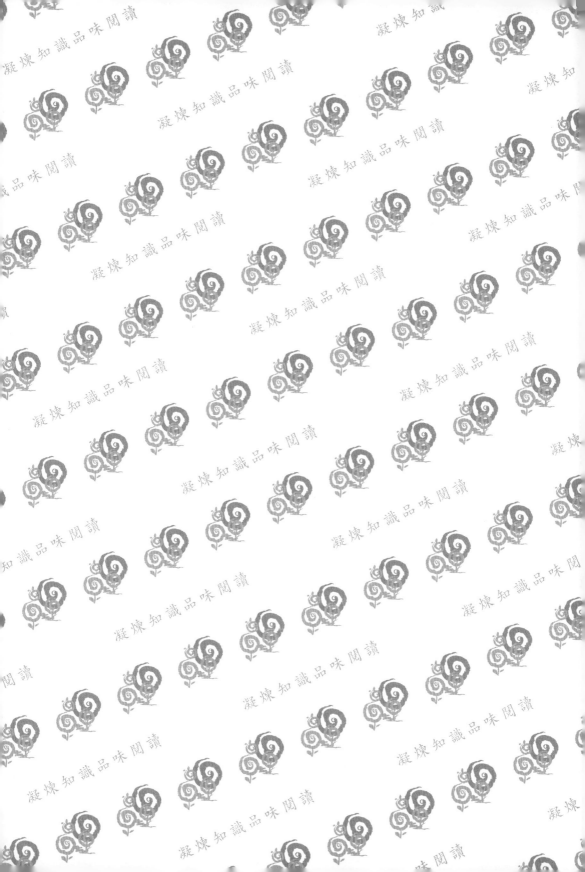

超圖解

數位行銷 第二版

全方位必懂的
網路社群行銷實務新知識

戴國良 博士 著

人手一機時代，懂數位行銷就有絕對優勢！

五南圖書出版公司 印行

作者序言

數位行銷日趨重要

「數位行銷」(Digital Marketing) 是最近十年來，逐漸顯著崛起的新型態行銷工具。尤其在行銷實務界中，它已經占有最主流的地位；通常在廠商推動 360 度全方位整合行銷傳播中，它已被納為必要的一個新興媒體工具及行銷預算分配內；尤其，分配的占比已從最早期的只占一成，到現在已占了四成到五成、六成之多，幾與傳統媒體廣告總量並駕齊驅，甚或超越。

數位行銷崛起原因

「數位行銷」的興起，我覺得有二個重要因素；第一個是現在行銷市場的主流消費者，大都是 20~45 歲的年輕消費群，同時也是最有力且消費頻率最高者。而這些年輕與壯年消費族群最常接觸與使用的媒體，並不是電視、報紙、雜誌或廣播等傳統媒體，反而是智慧型手機、筆記型電腦、平板電腦、桌上型電腦、4G／5G 等嶄新的數位科技產品與媒體。

第二個是年輕消費者在手機及電腦使用內容上，近幾年來也有很快速的創新與突破；例如：各種 LINE（即時通話）、社群網站、App、內容網站、購物網站、專業網站、搜尋網站……等多元化、多功能內容崛起，受到年輕消費者的歡迎及使用，並成為他們日常生活與工作中不可缺的媒介。尤其，近十年，4G、5G 智慧型手機的高速普及及科技突破，使手機上網、手機 App、手機購物、手機電視、手機搜尋、手機遊戲等行動媒體快速崛起。

傳統行銷＋數位行銷並重

今日的「數位行銷」不僅是現代數位科技時代及企業數位轉型時代的必然反映，也是因為數位行銷打破了傳統行銷的侷限性，並補足了傳統行銷所缺乏的精準行銷、互動行銷、行動行銷、即時行銷及較低成本花費行銷等諸多功能與效益。因此，未來的行銷主軸模式，必然是「傳統行銷」＋「數位行銷」並用、並重的時代來臨。

徹底把行銷 4P／1S／1B／2C 做好，做強

誠如前述，數位行銷雖然很重要，但它畢竟也不是萬能的，它在整體行銷致勝上，也只扮演了一個角色而已，甚至是錦上添花的角色。在實務市場上，要把產品賣得好，要把業績做出來，也不是靠數位行銷單一項工作而已，而是要把整個行銷內涵都做好，即是要把行銷的「根本」做好，這個「行銷根本」就是做好行銷 4P／1S／1B／2C，如下述：

```
4P: Product（做好產品力）
    Price（做好定價力）
    Place（做好通路力）
    Promotion（做好推廣力）
1S: Service（做好服務力）
1B: Brand（做好品牌力）
2C: CSR（做好企業社會責任）
    CRM（做好顧客關係管理）
```

本書四大特色

本書有四大特色：

(一) 超圖解，易於閱讀

本書在撰寫上，都是每一個段落就附上一張圖示，方便各位讀者易於閱讀，快速一目了然及掌握重點，提高學習效果。

(二) 架構完整，內容豐富

本書計有十四個章節，內容包含：數位行銷、網路行銷、社群行銷（FB／IG 行銷）、網紅行銷、網路廣告市場分析、網路廣告計價方式、App、LINE……等，可謂架構完整、內容豐富。

(三) 理論少，實務多

本書很少有理論，都是談實務內容居多，也對各位讀者有所助益。

(四) 最新資料

本書盡可能蒐集近幾年數位行銷最新的資料，未來也將定期加以更新。

結語

本書能夠順利出版，感謝五南、書泉出版公司主編們的協助，以及各位老師、同學及各位上班族朋友們的鼓勵及需求，加上作者我本人不斷的努力，才使本書得以完成；希望本書確實為各位老師教學上及各位讀者閱讀上，帶來些許助益。

最後，祝福各位老師、各位讀者們，在人生旅程上，都能夠有一個：美好的、成長的、快樂的、驚喜的、健康的、平安的、成功的、順利的人生旅途，在您們每一分鐘的時光中！

作者

戴國良

於臺北

taikuo@mail.shu.edu.tw

簡要目錄

Chapter 1	數位行銷概論	001
Chapter 2	網路行銷綜述	029
Chapter 3	社群行銷概述	055
Chapter 4	臉書行銷綜述	095
Chapter 5	IG 行銷綜述	149
Chapter 6	網紅經濟與 KOL、KOC 行銷	181
Chapter 7	KOL/KOC 最新轉向趨勢：「KOS 銷售型」網紅操作大幅崛起	229
Chapter 8	臺灣網紅行銷最新趨勢報告	241
Chapter 9	網路廣告綜述	253
Chapter 10	數位廣告投放預算概述	283
Chapter 11	部落格概述	295
Chapter 12	關鍵字概述	315
Chapter 13	其他專題	327
Chapter 14	總結語──拉高格局！全方位徹底做好行銷 4P ／ 1S ／ 2C ／ 1B 八項組合工作	353

目錄

作者序言   iii

簡要目錄   v

Chapter 1   數位行銷概論 ———————————— **001**

1-1   數位行銷的定義、架構體系及其與傳統行銷之差異   002

1-2   臺灣數位行銷的最新六項趨勢報告   007

1-3   數位行銷的最新十三大趨勢   009

1-4   常見的十三種數位行銷方法   013

1-5   如何選擇數位廣告代理商的四要點   016

1-6   數位行銷與傳統行銷的比較分析   020

1-7   數位行銷可帶來哪些數據分析   021

1-8   網路（數位）廣告基本術語（請參閱第 9 章詳述）   022

1-9   數位行銷的十種招數   024

Chapter 2   網路行銷綜述 ———————————— **029**

2-1   網路平臺、網路行銷的意義及目標   030

2-2   網路發展對行銷的影響   036

2-3   網路如何影響消費者的行為   042

2-4   網路流量定義及 GA 分析   044

2-5   360 度全方位整合行銷傳播   047

2-6   從 AIDMA 進展到網路時代的 AISAS   048

2-7   網路行銷時代必須學習的七大知識及工具   050

2-8   SEO 是什麼？為何要 SEO 優化？   052

Chapter 3   社群行銷概述 ———————————— **055**

3-1   社群的定義及社群平臺比較分析   056

3-2　社群行銷的定義及優點　　　　　　　　　　　　059

3-3　傳統行銷與社群行銷的區別　　　　　　　　　　062

3-4　社群行銷的優勢及五大要點　　　　　　　　　　065

3-5　某餐飲店的社群行銷術　　　　　　　　　　　　067

3-6　社群經營的要點、圈粉及工作角色分配　　　　　069

3-7　企業的社群行銷專題概述　　　　　　　　　　　076

3-8　各社群平臺的使用度及優劣分析　　　　　　　　082

3-9　小型企業利用社群網站行銷的八項錯誤　　　　　083

3-10　社群行銷的企劃案例　　　　　　　　　　　　　085

Chapter 4　臉書行銷綜述 ──────────── 095

4-1　何謂臉書？臉書粉專已成為行銷一環　　　　　　096

4-2　建立粉絲專頁的必備資料、使用工具及製作步驟　100

4-3　企業的臉書粉絲團經營要訣　　　　　　　　　　103

4-4　臉書行銷的功能及效益評估　　　　　　　　　　107

4-5　臉書廣告常見的失敗原因　　　　　　　　　　　111

4-6　臉書發文的設計策略、操作粉絲互動及提高銷售
　　　轉換率　　　　　　　　　　　　　　　　　　112

4-7　紮穩六個基本功：避免經營 FB 粉絲團徒勞無功　116

4-8　十種增加 FB 貼文觸及率的方法　　　　　　　　121

4-9　FB 臉書廣告投放失敗的六大原因　　　　　　　123

4-10　臉書廣告無效的五個原因　　　　　　　　　　　125

4-11　造成 FB 廣告成效不佳的九大原因　　　　　　　126

4-12　臉書廣告的格式與版位　　　　　　　　　　　　127

4-13　如何使用臉書廣告的受眾洞察報告　　　　　　　129

4-14　網路直播的優勢、直播平臺及步驟　　　　　　　130

4-15　臉書行銷與經營案例　　　　　　　　　　　　　133

Chapter 5　IG 行銷綜述 ──────────── 149

5-1　IG 的意義及統計數據　　　　　　　　　　　　　150

5-2　IG 的發布方式、商業應用原因及 Hashtag
　　　（主題標籤）呈現　　　　　　　　　　　　　　155

5-3　IG 快速增加粉絲的二大心法　158

5-4　IG 的企業行銷案例　159

5-5　IG 的限時動態　161

5-6　IG 的社群特性　162

5-7　發布 IG 貼文時，不能做的六件事　163

5-8　如何經營 IG 的十八個重點　164

5-9　打造 IG 廣告的密技　166

5-10　個別網紅經營 IG 的四大心法　168

5-11　IG 的洞察報告　170

5-12　其他相關 IG 的事項　172

5-13　如何建立 IG 的限時動態廣告　176

5-14　個人如何經營 IG 的三步驟　177

5-15　IG 行銷的五大要點　178

5-16　IG 經營企劃代理商的三大功能　179

Chapter 6　網紅經濟與 KOL、KOC 行銷 ────── 181

6-1　網紅的定義、為何出現及背後的大眾心理　182

6-2　網紅的類別、如何走紅及網紅產業鏈　183

6-3　KOL 是什麼、為何要做 KOL 行銷、KOL 的平臺
　　及如何挑選 KOL　184

6-4　網紅行銷的注意事項及網紅行銷企劃的九大步驟　186

6-5　選擇合作網紅的十個準則　191

6-6　網紅行銷的簡易三步驟及網紅行銷的四種社群平臺
　　比較分析　194

6-7　網紅生態的最新調查分析報告　196

6-8　國內最具影響力排名的網紅　199

6-9　國內外網紅行銷案例　201

6-10　網紅經紀公司的能力與專業功能　204

6-11　網紅合作合約的內容　206

6-12　恆隆行：找網紅開團購的四大心法　209

6-13　網紅經紀公司的提案大綱　212

6-14　何謂 KOC 行銷？ KOL 與 KOC 之比較　213

6-15　網紅行銷方程式＝ KOL × KOC ＝大加小的組合　216

6-16 KOC 行銷的實務步驟 217

6-17 網紅行銷重要的三個原因 218

6-18 企業該如何找到最適合、最佳的網紅 219

6-19 挑選 KOL 的質與量指標 221

6-20 KOL 行銷的優勢效益 223

6-21 虛擬網紅 KOL 崛起分析 224

Chapter 7

KOL/KOC 最新轉向趨勢：「KOS 銷售型」網紅操作大幅崛起 ———— 229

7-1 KOS 的類型、操作的目的及效益 230

7-2 KOS 操作的「組合策略」及 15 個要點 232

7-3 KOL/KOC 的收入來源分析及效益評估分析 235

7-4 KOL/KOC 網紅行銷最終的數據化效益分析 237

Chapter 8

臺灣網紅行銷最新趨勢報告 ———— 241

8-1 2023 年網紅行銷最新趨勢報告（一）占比分析 242

8-2 2023 年網紅行銷最新趨勢報告（二）業配文 244

8-3 2023 年網紅行銷最新趨勢報告（三）發展方向及注意點 246

8-4 2023 年網紅行銷最新趨勢報告（四）優缺點 248

Chapter 9

網路廣告綜述 ———— 253

9-1 國內網路廣告的市場概析 254

9-2 網路廣告的種類 256

9-3 網路廣告的專有名詞及計價方法 258

9-4 網路廣告的預算投入及投入媒體 262

9-5 傳統廣告與數位廣告花費的比例 264

9-6 Google 網路廣告的二種類型 266

9-7 Google 廣告費用的公式 268

9-8 網路廣告成效不理想的九個原因及解決方法 269

9-9 網路廣告成效的五大指標 275

9-10 客戶端投放數位廣告前，必先做的六項功課 277

9-11　訪問實務界人士，有關數位廣告的現況　278

9-12　數位廣告的效益（萊雅髮品行銷實例）　281

Chapter 10　數位廣告投放預算概述　**283**

10-1　傳統與數位廣告預算占比、中／老年人及年輕人
產品廣告投放　284

10-2　數位廣告投放效果指標評估，搭配促銷活動及
優質內容效果更好　286

10-3　多運用 KOL/KOC 團購及直播操作，持續投入
數位廣告　288

10-4　做好數位廣告投放 12 要點　290

Chapter 11　部落格概述　**295**

11-1　部落格的意義、特性及企業為何要設立部落格　296

11-2　部落客行銷的意義、合作效益及行銷成功的
五大重點　301

11-3　七個高人氣的免費部落格架站平臺　305

11-4　痞客邦部落格排行榜　306

11-5　成功部落客的關鍵點及成為人氣部落客的方法　307

11-6　部落格行銷概述　310

Chapter 12　關鍵字概述　**315**

12-1　關鍵字廣告的意義、功能及特性　316

12-2　關鍵字廣告成長的原因及其行銷運用原則　321

Chapter 13　其他專題　**327**

13-1　新竹巨城購物中心：百貨業最強社群的四大經營
心法　328

13-2　App 概述　330

13-3　「抖音」社群媒體概述　336

13-4　Dcard：打造最懂 400 萬年輕人的社群媒體　339

13-5　二大便利商店經營 LINE 群組，深耕熟客圈　340

13-6　手機 LINE 內容、功能、廣告類型與收費模式　341

13-7　線上訂閱制度成功，達成網紅、粉絲、平臺三贏
　　　模式　347

13-8　聽經濟 Podcast 大調查結果分析　349

13-9　聲音經濟報告摘要（Podcast）　351

Chapter 14　總結語──拉高格局！全方位徹底做好
行銷 4P ／ 1S ／ 2C ／ 1B 八項組合
工作　353

Chapter 1

數位行銷概論

1-1 數位行銷的定義、架構體系及其與傳統行銷之差異

1-2 臺灣數位行銷的最新六項趨勢報告

1-3 數位行銷的最新十三大趨勢

1-4 常見的十三種數位行銷方法

1-5 如何選擇數位廣告代理商的四要點

1-6 數位行銷與傳統行銷的比較分析

1-7 數位行銷可帶來哪些數據分析

1-8 網路（數位）廣告基本術語（請參閱第 9 章詳述）

1-9 數位行銷的十種招數

1-1 數位行銷的定義、架構體系及其與傳統行銷之差異

一、何謂「數位行銷」

「數位行銷」(Digital Marketing)，即以現代化數位科技媒體，包括網際網路 (Internet)、手機 (Mobile)、平板電腦 (iPad) 及電話 (Telephone) 等主要科技工具作為廠商與消費者間的溝通媒介；並透過這些媒體科技工具上的廣告、活動、促銷等行銷操作，達到廠商（廣告主）打造品牌、持續品牌溝通、提高顧客忠誠度及促進銷售之企業目標（目的）。此為「數位行銷」的意義。

簡單來說，「數位行銷＝數位工具＋行銷活動」；即是把行銷推廣的操作活動放在數位媒體科技工具上，以執行這些行銷活動，達成企業（廣告主）的各種行銷目標（圖 1-1）。

二、「數位行銷」整體架構概況

我們應先了解整個數位行銷框架概念（圖 1-2）。

(一) 是廠商（或稱品牌廠商、廣告主）。

(二) 是扮演協助角色的數位行銷公司、行動行銷公司、廣告公司、媒體代理商、公關公司及購物網站公司等。這些公司提供兩個功能：1. 為廠商設計規劃及執行數位廣告與數位活動的推廣；2. 為廠商提供產品上架銷售的推廣。

(三) 是透過數位行銷工具執行行銷活動：數位科技媒介工具，包括：

　　1. 網際網路：如官網（品牌官網）、Facebook 及 Instagram 粉絲專頁、購物網站、部落格、EDM、電子報、YouTube、關鍵字廣告、入口網站廣告、微博、推特、網路即時服務、病毒行銷與口碑行銷、網紅行銷……等。

　　2. 手機（智慧型手機：Smartphone）：如手機簡訊廣告、手機購物、手機頻道收看、LINE 官方帳號廣告、手機上網查詢、手機收發電子報郵件、手機 App 程式應用……等。

　　3. 平板電腦（如 iPad）：行動攜帶型的中小尺寸平板電腦操作及應用，並連上網際網路。

　　4. 電話：屬傳統的媒體工具，主要用於電話售後服務及電話主動 Call Out（打出）業務行銷等。

圖1-1 數位行銷的定義

| 數位行銷 | = | 數位工具 | + | 行銷活動 |

數位工具
(1) 網際網路 (PC、NB) (Internet)
(2) 智慧型手機 (Mobile phone)(Smart phone)
(3) 平板電腦（以 iPad 做泛稱）
(4) 電話 (Telephone)

行銷活動
(1) 影音廣告
(2) 網路遊戲
(3) 網路活動
(4) 促銷活動
(5) 形象活動
(6) 產品活動
(7) 微電影觀看
(8) KOL 網紅行銷活動
(9) 社群行銷活動
(10) 粉絲經營

圖1-2 數位行銷整體架構圖示

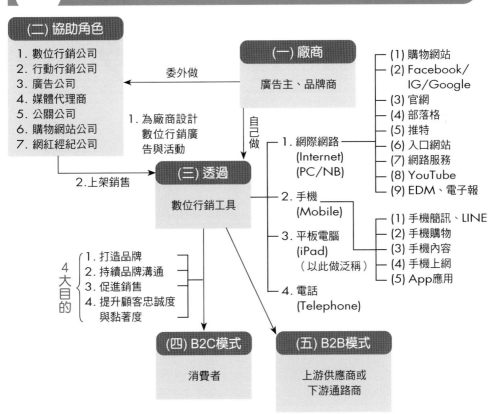

(二) 協助角色
1. 數位行銷公司
2. 行動行銷公司
3. 廣告公司
4. 媒體代理商
5. 公關公司
6. 購物網站公司
7. 網紅經紀公司

委外做

(一) 廠商
廣告主、品牌商

1. 為廠商設計數位行銷廣告與活動

2. 上架銷售

(三) 透過
數位行銷工具

自己做

1. 網際網路 (Internet) (PC/NB)
(1) 購物網站
(2) Facebook/ IG/Google
(3) 官網
(4) 部落格
(5) 推特
(6) 入口網站
(7) 網路服務
(8) YouTube
(9) EDM、電子報

2. 手機 (Mobile)
(1) 手機簡訊、LINE
(2) 手機購物
(3) 手機內容
(4) 手機上網
(5) App 應用

3. 平板電腦 (iPad) （以此做泛稱）

4. 電話 (Telephone)

4 大目的
1. 打造品牌
2. 持續品牌溝通
3. 促進銷售
4. 提升顧客忠誠度與黏著度

(四) B2C模式
消費者

(五) B2B模式
上游供應商或下游通路商

(四) **是 B2C 消費者端**：即廠商透過傳統行銷與數位行銷活動，達成四大目的。包括：1. 打造品牌與提高品牌知名度，以累積品牌資產。2. 持續品牌溝通。3. 促進銷售（提升業績）。4. 提升顧客忠誠度與黏著度。

(五) **是 B2B 上游供應商或下游通路商端**：即上、中、下游廠商間可透過電腦網際網路進行訂貨、接貨及收貨、結帳、物流進行、倉儲庫存、退貨等互動訊息的業務。

三、傳統行銷與數位行銷的差異

過去我們在行銷操作上，比較強調傳統行銷工具與行銷手法的操作。但在今日數位化科技時代，就必須將一部分的行銷預算及行銷操作移轉到數位行銷活動上。傳統行銷與數位行銷二者間，是有一些不同的；請參閱表 1-1 之比較。

四、傳統行銷重 4P；數位行銷重 4C

如表 1-2 所示，傳統行銷的企劃、執行及考核重心在 4P 上面，即：產品、通路、定價及推廣促銷，領域範圍較廣泛；但數位行銷則將重心設在 4C 上面，即重視社群、顧客關係、消費者溝通及顧客經驗與知識等。

五、三種行銷模式的演進

AIDMA → AISAS → SIPS

(一) AIDMA（傳統行銷模式）

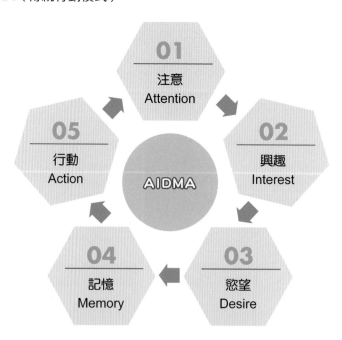

(二) AISAS (網路行銷模式)

(三) SIPS (社群行銷模式)

表1-1 傳統行銷 vs. 數位行銷

	（一）傳統行銷	（二）數位行銷
1.廣宣工具不同	以傳統電視、報紙、雜誌、廣播及戶外廣告為主	以 NB（筆記型電腦）、PC 的網路 (Internet)、智慧型手機及平板電腦為主
2.單向、行動間及與互動的不同	傳統行銷大多為單向、靜態，且消費者被動接收訊息	數位行銷不只是單向，大多時候亦可與消費者主動、行動間及互動進行
3.特定消費者的精準度	較低	較高
4.大眾與分眾行銷	較屬於大眾媒體行銷	較屬於分眾媒體、特定消費族群的行銷
5.相輔相成性	二者應該相輔相成	二者應該相輔相成
6.預算花費比較	花費成本較高	花費成本較低（但現在數位行銷成本已上漲）
7.適合消費群	中老年消費族群	學生及較年輕的上班族群
8.創意參與產品開發	較少、較低	較高、較多（可透過網路及手機參與）
9.銷售通路	實體通路較多	虛擬通路為主

資料來源：作者整理。

表1-2 傳統行銷 4P 與數位行銷 4C

傳統行銷 4P	數位行銷 4C
1.產品規劃 (Product) 2.定價規劃 (Price) 3.通路規劃 (Place) 4.推廣規劃 (Promotion)	1.社群經營 (Social Community) 2.顧客關係 (Customer Relationship) 3.消費者溝通 (Consumer Communication) 4.顧客經驗與知識 (Customer Experience & Knowledge)

資料來源：作者整理。

1-2 臺灣數位行銷的最新六項趨勢報告

根據國內知名且權威的 DMA（臺灣數位媒體應用暨行銷協會），在 2021 年集結 150 家會員的座談會及市場觀察，共同發表《2021 年臺灣數位行銷趨勢觀察》，歸納出下列六大數位發展趨勢，摘要如下：

〈趨勢一〉網紅 IP 化、全民化、平臺化

網紅行銷是目前最受品牌歡迎的類型，隨著網紅影響力的提升，延伸出了很多投射情感以及相應的消費符碼，帶動網紅經濟的進一步轉型，包括已有知名度者，積極跨足各種平臺，並開發周邊商品延展其影響力。

此外，由於數位平臺工具的普及化與多樣化，「會演是英雄」，品牌主也開始鼓勵自家較為外向的員工或忠實粉絲，善用社群平臺，推廣分享自家產品。伴隨網紅熱潮持續，行銷業者也朝向媒介平臺或網紅孵化方向發展，提供網紅相關數據分析，或投入網紅孵化的業務·

〈趨勢二〉Z 世代＝平臺生活時代

被稱為網路原住民，2000 年出生的 Z 世代，已正式邁入 20 歲的成年階段。這意味著，這群從小開始接觸論壇網站、即時訊息、社交網站為溝通必須工具的世代，將開始成為消費主力。

他們與平臺共生、習慣串流音樂、租用共享服務與有限動態的使用。Z 世代更在意當下的情緒，容易受環境氛圍的影響而進行購物決策，品牌的忠誠度相對較低。如何掌握 Z 世代的平臺生活與節奏，將是行銷人的新挑戰。

〈趨勢三〉麻花捲行銷時代來臨

當今消費者身處在多樣化數位媒體環境，與品牌的關係，已如同麻花捲一般地纏繞，重點在於要釐清行銷目的，透過數據，找出有效益的接觸點，以更即時、更有創意的方式產生有價值的內容，跟新世代接軌對話，不要讓消費決策流程出現斷鍵。

〈趨勢四〉關注新媒體與社群平臺崛起

在分眾化、同溫層效應之下，國際大型平臺成長力道有趨緩的現象，不少新平臺，包括 Clubhouse、Tik Tok、小紅書、bilibili、Dcard 等，都在年輕族群

中受到歡迎。愈來愈多的平臺的確帶來媒體資源配置的挑戰。但從正面的角度，也意味著行銷人可以有更多更靈活的選擇與消費者互動，開創不一樣的局面。

〈趨勢五〉線上策展成常態，帶動多方位體驗

2021 年在疫情影響之下，過去各類實體展演互動，不得不轉為線上舉行，進而改變了原本策展的場景互動模式與體驗邏輯，使用者也愈來愈習於這樣的溝通模式。隨著臺灣 5G 開通，基礎建設逐漸成熟，多裝置連結的高速傳輸立即性，加上結合各種辦識系統、數據技術，不僅給了更多內容應用的想像空間，也可望催生各種型態的虛擬社交空間，品牌如何理解並打造新溝通場景，將是另一值得關注的焦點。

〈趨勢六〉產業平臺生態圈成形

在行銷愈來愈講求場景、用戶的趨勢下，許多企業開始推動數位轉型，重點不僅僅在於提升企業內部數位化程度、強化數位資產，更開始藉由數據的導入，深度經營會員，形成「產品服務＋會員數據＋支付金流＋通路媒體」的生態圈。例如：全聯已漸有規模，未來將有機會帶動臺灣 MarTech 的成長力道，並帶來顧客在零售購物的創新體驗。

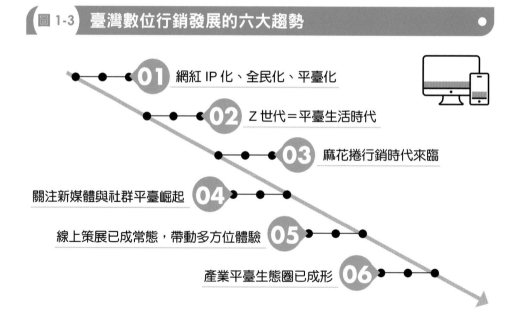

圖1-3 臺灣數位行銷發展的六大趨勢

01 網紅 IP 化、全民化、平臺化

02 Z 世代＝平臺生活時代

03 麻花捲行銷時代來臨

關注新媒體與社群平臺崛起 04

線上策展已成常態，帶動多方位體驗 05

產業平臺生態圈已成形 06

1-3 數位行銷的最新十三大趨勢

　　數位行銷已成為行銷操作的主流方式之一，在行銷上占有重要地位，值得重視。作者蒐集行銷實戰經理人的意見，整理成如下的數位行銷最新十三大趨勢，如下述：

一、網路直播崛起

　　現在國內有四大直播社群平臺，包括：

1. FB（臉書）。
2. Instagram (IG)。
3. YouTube (YT)。
4. TikTok（抖音）。

　　現在最多網路直播仍屬直播電商，也就是利用直播賣東西，例如：蝦皮購物、486 先生購物、陳昭榮阿榮嚴選購物、個別網紅直播購物等，個人或電商公司操作直播購物是最常見的。此外，還有像 17 Live⋯⋯等屬於休閒娛樂直播。直播購物或直播娛樂均有其吸引人的風格及特質，故能生存下去，有其收看流量。

二、內容視覺化

　　現今的網友或粉絲對網上太冗長、太複雜、太深的文案已沒有吸引力去點閱觀看，反而是圖片的、短片的、影音的，卻是最受歡迎及點閱率較高的，反而可以收到媒體宣傳效果。因此，現在 FB、IG、部落格、TikTok 等，都已轉向多利用圖片及影音來加以表達所要宣傳溝通的資訊，反而收到更好的效果。內容視覺化已經優於內容文字化。

三、電商業務更加擴大化，O2O 及 OMO 趨勢明顯

　　由於 2020 年 3 月起的新冠疫情，加上 2021 年 5 月 15 日起，全臺疫情進入三級警戒，很多餐廳只能外帶、不准內用；大飯店、旅行社、觀光業、航空公司、八大行業、居家上班、居家上課，影響非常深遠。因此很多實體零售業及服務業，都轉向外帶及電商網購業務。此種趨勢稱為 O2O（Online to Offline，線上到線下）或 OMO（Online Merge Offline，線上與線下融合）。其實，這也是企業的一種數位轉型及數位行銷的轉換操作。未來，可預見臺灣電商公司及一般公司的電商業務將會更加擴大。例如：

1. **原來電商公司**：momo、PChome、蝦皮、雅虎奇摩、博客來⋯⋯等，

2021 年生意特別成長。

2. **原來一般公司**：例如王品餐廳、瓦城餐廳、晶華大飯店、欣葉餐廳、牛排餐廳、八方雲集水餃店……等，全面增加外帶及電商業務。

四、網紅 KOL 行銷更見普及

近一、二年來，由於網紅的大量崛起，以及其後所擁有的死忠粉絲，使他們成為廠商產品／品牌行銷的重要代言人或廣告主角。一時之間，KOL 行銷（KOL, Key Opinion Leader，關鍵意見領袖）也就火紅起來，很多知名大咖或小咖的網紅，成為廠商們在社群網路做業配宣傳的很好合作對象。一些大咖網紅，例如：蔡阿嘎、HowHow、這群人、理科太太、阿滴英文、古阿莫、千千、聖結石……等百萬粉絲網紅，也成為網路上的名人及行銷主角。

五、企業社群粉絲團經營更加重視

一些中大型廠商及品牌，內部組織都有成立「社群小組」或「小編單位人員」，專責負責在 FB、IG、部落格、LINE、YouTube 等粉絲團（粉絲專頁）經營；希望透過專人專責的快速服務，以滿足及鞏固這些粉絲們；並使他們成為我們品牌的忠實、忠誠鐵粉，以長期穩固公司的每月業績。因此，這個社群小組，如何規劃及執行做好這些社群平臺的粉絲團經營，就成為極為重要之事。

六、更加行動化趨勢

1. 現在，全臺灣只要不是嬰兒，大概有 2,000 萬人以上，每人手上都有一支或二支的智慧型手機，其使用年齡層從 7 歲（小一）到 80 歲老人，大概都會使用手機。

   其中又以 LINE 的功能最常（每天都會）使用到，非常有幫助及簡單。

2. 現在，LINE 的功能，不斷擴充，已經有：
   - LINE 語音通話、視訊通話。
   - LINE Today：每天收看即時新聞文字或畫面。
   - LINE TV：屬於線上串流媒體 OTT（過頂服務）的一種，目前也是臺灣收視會員第一名的 OTT。裡面有很多電影、連續劇及綜藝節目。
   - LINE Pay：線上支付（付帳）。
   - LINE POINTS：紅利點數累積。
   - LINE 官方帳號廣告。
   - LINE Music 音樂。
   - LINE 貼圖。
   - LINE 群組、社群。

總之，LINE 已成為臺灣全客層最重要的全方位通訊工具、社群媒體、廣告媒介等，在數位行銷時代，它的角色自然是相當重要的。

七、企業行動 App 會員加速推展

除了 LINE 之外，現在各大企業、各大品牌都推出它們的行動 App 下載業務。因為 App 可以：查詢、預訂、下訂單、結帳、累積紅利、折扣、玩遊戲……等多元功能，也受到消費者歡迎及下載使用。最近，全家 App、王品 App、全聯 App……等都投入幾千萬，推出改良版、更好用、體驗更好、更多功能、更多好處的新款 App，並有數十萬人到數百萬人成為下載的行動 App 會員。行動 App 可以說是數位行銷最新的操作工具之一。

八、SEO 策略

一些中小企業為了提升它在 Google 搜尋引擎的點閱排名往前，因此，投入一些預算在 Google 關鍵字廣告上面，多少也收到一些效果。此種排名往前移，可使關鍵字查詢者更快地看到它們的品牌或企業，提升品牌及產品的曝光度及能見度，也是一種簡便的數位行銷工具。

九、數位廣告投放量明顯增加

近十年來，國內數位廣告投放量有明顯大幅增加，到 2021 年止，數位廣告量年度已超過 280 億元，與傳統五大媒體廣告量相當（也是 280 億元）。數位廣告量 280 億元，其中，九成集中在下列數位媒體：

1. FB 廣告。
2. IG 廣告。
3. Google 廣告。
4. YouTube 廣告。
5. LINE 廣告。
6. 新聞網站廣告。
7. 雅虎奇摩廣告。
8. Dcard、痞客邦廣告。
9. 其他內容網站。

十、IG 受年輕人歡迎，快追上 FB

IG 近三年來快速崛起，受到年輕人廣泛歡迎，其閱讀率及流量已快追上 FB（臉書）。因為，IG 以圖片及影為主力訴求，文字為輔助，因此，受到年輕族群歡迎（註：IG 已於 2013 年被 FB 臉書公司所收購，是同一集團的媒體）。

十一、YouTube 廣邀電視臺節目上 YT 觀看

近一、二年來，YouTube 影音平臺大量邀請知名、高收視率節目上 YT 平臺同步播出，吸引不少 YT 的觀眾觀看，提高 YT 的影響力。包括：TVBS 電視臺、

三立電視臺、民視等新聞節目及戲劇節目,都可在 YT 上同步觀看。

十二、三種傳統媒體(報紙、雜誌、廣播)廣告量大幅下滑

近十年來,三種傳統媒體的廣告量,顯示大幅下滑,情況相當淒慘。尤其報紙從二十年前 150 億廣告量,大量下滑到去年僅剩 20 億廣告量,使得《中時晚報》、《聯合晚報》、《蘋果日報》在 2020 年都宣告關門不辦了。雜誌及廣播廣告量亦大幅滑落,各家公司都慘澹經營,僅能打平經營或小賺經營。這三種傳媒廣告量的下滑,主要是受到電視媒體及數位媒體崛起的影響所致。因為它們的廣告量都移轉到這二種主流媒體。

十三、電視＋數位廣告＋促銷是比較理想的投放模式

就現今情況來說,廠商廣告量的投放模式,主要是以:「電視廣告＋促銷＋數位廣告」的模式進行,比較容易產生好的效果。電視因為全臺有 500 萬戶有線電視收視戶數,以及每天 90% 開機率,因此,電視是一種廣度夠的影音媒體,它對廠商品牌力打造,有其正面效果存在。而數位媒體則是以精準度為號召力,比較能夠精準地在想要的受眾 (TA, Target Audience) 面前呈現。故二種主流廣告媒體各有其特色,均應同時併用,才會有最佳廣告效果。

圖 1-4 數位行銷最新十三大趨勢

1. 網路直播崛起
2. 內容更加視覺化
3. 電商業務更加擴大化
4. 網紅 KOL 行銷更見普及
5. 企業官方粉絲團經營更受重視
6. 更加行動化趨勢
7. 企業行動 App 會員加速推展
8. SEO 策略適用中小企業
9. 數位廣告投放量明顯增加
10. IG 受年輕人歡迎,快追上 FB
11. YouTube 廣邀電視臺節目上 YT 觀看
12. 三種傳統媒體廣告量大幅下滑
13. 電視＋數位廣告＋促銷並進,是比較理想的投放模式

# 1-4 常見的十三種數位行銷方法

在實務上，一般常見的數位行銷操作方法，主要有如下十三種：

一、搜尋引擎優化 (SEO)

搜尋引擎優化 (SEO)，簡單來說，就是中小企業廠商投入關鍵字廣告。亦即提升該網站在 Google 和雅虎的搜尋引擎關鍵字排名往前一些，讓消費者在搜尋時，能在較前面的第一線曝光該網站，以提高品牌能見度。

二、部落格行銷

大部分人都有瀏覽過部落格文章，例如：尋找推薦餐廳、飲料店、診所……等，都會參考部落客意見及經驗；一些廠商也會找部落客撰文，推介公司的產品或品牌，以吸引網友注目。

三、Google 聯播網廣告

國內目前最大的聯播網廣告平臺，就是 Google 聯播網平臺。Google 聯播網廣告的計價方法，採用 CPC 點擊法計價，有點擊廣告才算價錢。點擊之後就可以提升轉換率，提高銷售業績。

四、FB ／ IG 廣告投放

國內目前比較多的社群媒體廣告投放，就在 FB 臉書及 IG (Instagram) 廣告投放。FB 及 IG 算是比較精準型的廣告投放，它投放的目標受眾與投放廣告的產品性質，兩者間有較密切的關聯性存在，故稱為精準型廣告。例如：有些網友經常上網查詢彩妝及保養品訊息，那麼此類產品的廠商品牌廣告，就會出現在這些網友的 FB 及 IG 上。

五、YouTube (YT) 廣告

全球最大的影音社群平臺，就在 YT (YouTube) 上。目前，國內 YT 也吸納了不少廣告量，YT 是以 CPV (Cost Per View) 觀看次數來計價。目前 CPV 大致在 1~2 元之間，如果某品牌廣告有 100 萬次的觀看量，那麼廠商就要支付 100~200 萬元之間的廣告宣傳費。

六、社群粉絲團經營

目前 FB 及 IG 全球使用人數，已超過 20 億人，臺灣也超過 1,500 萬人；中大型廠商及品牌，大都會成立專責社群小組及專責小編人員，專責每天 FB 及 IG

的粉絲團經營。包括貼文、回覆粉絲留言與意見、加強與粉絲們的良好互動，以養成一群高忠誠度的鐵粉，如此對品牌信賴度及對業績銷售的穩定，都會帶來很大助益。

七、網紅行銷（KOL 行銷）

現今最流行的網紅 KOL 行銷操作，就是找微網紅或大網紅幫公司的品牌或產品代言。由於這些網紅背後都有 5~100 萬以上的忠實粉絲喜愛，故很多廠商就找這些網紅拍短片、拍照片或貼文推薦產品，或是講出使用心得，以吸引粉絲們有所心動或強化品牌好印象。

八、網路直播行銷

現在透過 FB、IG、TikTok、YouTube 平臺，可以進行網路上直播，可以宣傳產品，可以導購，可以現場接單銷售等功能。例如：FB 上有 486 先生、陳昭榮的阿榮嚴選、阿滴英文學習、蝦皮購物……等，諸多直播行銷活動。

九、EDM 行銷

EDM（電子報、電子廣告訊息、電子宣傳單）也是過去常使用的行銷方法。但 EDM 要有開信效果，就要盡量做到分群 (grouping)、客製化（一對一）及精準化原則，才可以提高開信率及點閱率。

十、手機 App 行銷

現在各中大型公司及品牌都推出他們自己的手機 App 行銷。App 裡可以查詢各店址、累積點數紅利、預訂商品、也可以下訂購、亦可以付款，功能相當多元。只要顧客的 App 下載量多，而且又經常使用的話，是一個很好的行動行銷工具。

十一、LINE 官方帳號廣告

手機 LINE 裡還有一種中大型公司及品牌也經常使用的，稱為 LINE 官方帳號廣告。只要訂閱它，每天都會在 LINE 上傳送一些促銷訊息或產品訊息，也可以在上面點閱及下訂購。

十二、口碑行銷

有很多消費者，每天在網路上蒐集各項社群媒體上對某項產品、服務業、品牌的正評或負評，作為這些消費者採取購買行動的重要參考資訊，此即社群上的口碑行銷 (Word of Mouth Marketing, WOMM)。口碑行銷可以說是最便宜的數位行銷工具，因此，每個廠商、品牌、服務業，一定要做好產品品質及服務品

質，才能在社群媒體上有好的口碑傳播。

十三、官網行銷

官網，即是指品牌或廠商的官方網站，這些官網會介紹公司的沿革、使命、產品、品牌、各店、各館、促銷活動等資訊，並且可以連結到他們的官方 FB、IG 粉絲團或電商網購網站去。官網可以説是廠商或這個品牌的正式門面，代表這個公司或品牌的門面及內涵水準。

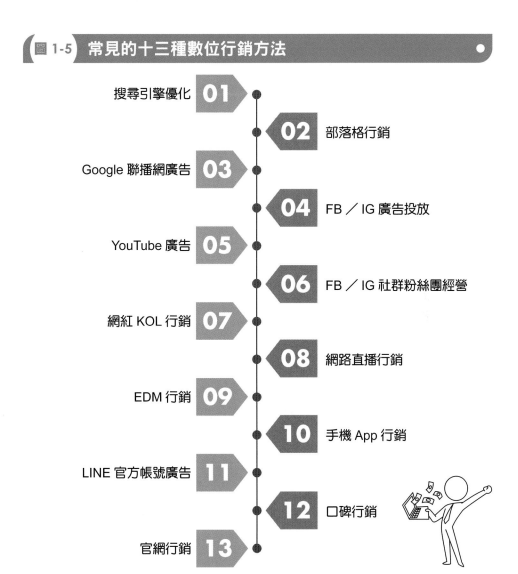

圖 1-5　常見的十三種數位行銷方法

搜尋引擎優化 **01**	
	02 部落格行銷
Google 聯播網廣告 **03**	
	04 FB／IG 廣告投放
YouTube 廣告 **05**	
	06 FB／IG 社群粉絲團經營
網紅 KOL 行銷 **07**	
	08 網路直播行銷
EDM 行銷 **09**	
	10 手機 App 行銷
LINE 官方帳號廣告 **11**	
	12 口碑行銷
官網行銷 **13**	

1-5 如何選擇數位廣告代理商的四要點

一、由於數位行銷及數位廣告日益重要，而且很多公司也提撥這方面的固定預算使用；但數位行銷及廣告操作，不同於傳統媒體的廣告操作，因此，很多廠商都必須仰賴在此方面更專業的數位行銷及數位廣告代理商，才能做好這方面的工作，避免浪費寶貴的行銷預算。

二、要如何選擇好的、對外有效果的數位行銷代理商呢？大致要思考到四個要點，如下：

(一) 首先，要了解你公司的行銷需求及行銷目標／目的

每個廠商及每個品牌，要操作數位行銷，都有它們不同的目標、目的及需求，首先就要先確認、確定我們自己的數位行銷目標、目的及需求。包括下列要件：

1. 要增加品牌的曝光度及能見度。
2. 要增加會員名單或會員數量。
3. 要提高粉絲們的按讚數、留言數、分享數、黏著度或互動率。
4. 要提升對新產品的認知度或新品牌高知名度。
5. 要強化會員們的忠誠度或回購率。

(二) 其次，要了解預算有多少

要了解我們上級高階主管，可以提列出多少的數位行銷或數位廣告的年度預算金額，或此波段預算金額；才能了解數位行銷可以做到多大、多小及了解資源限制考量。

(三) 要深入了解及選擇數位行銷代理商相關事宜及條件

接著，廠商們了解自己之後，也要了解這些數位行銷代理商的相關事宜，包括：

1. 代理商的服務內容、服務範圍、服務深度。
2. 代理商的最大專長及專長項目是哪些？
3. 代理商的過去成功案例有哪些？為何能操作成功？
4. 代理商在業界的口碑好不好？好在哪裡？不好在哪裡？
5. 代理商的運作模式為何？

圖 1-6　了解及選擇數位行銷代理商相關要點

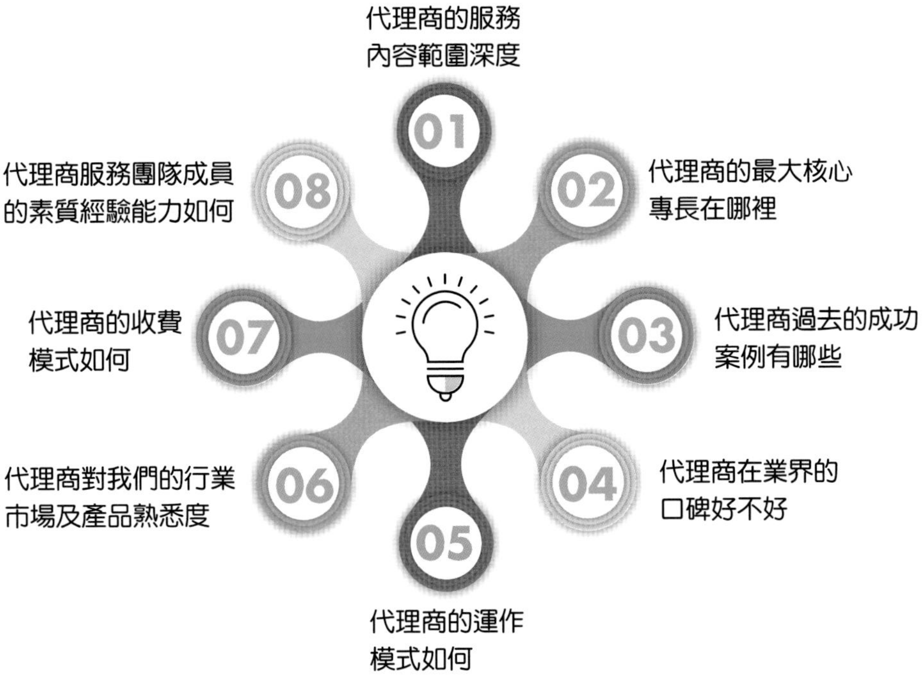

代理商的服務
內容範圍深度

01

代理商服務團隊成員
的素質經驗能力如何

08

02

代理商的最大核心
專長在哪裡

代理商的收費
模式如何

07

03

代理商過去的成功
案例有哪些

代理商對我們的行業
市場及產品熟悉度

06

04

代理商在業界的
口碑好不好

05

代理商的運作
模式如何

圖 1-7　如何選擇數位行銷及數位廣告代理商四要點

01 首先要了解你公司的行銷需求及行銷目標／目的

02 再次要了解年度數位行銷預算有多少

03 要深入了解及選擇數位行銷代理商的相關事宜及條件

04 要了解是否定期提供客製化分析報表及策略方向修正檢討

　　6. 代理商對我們公司的市場、行業及產品熟不熟？

　　7. 代理商的收費模式如何？合不合理？與其他同業相比較又如何？

　　8. 代理商的服務團隊成員素質、資歷、創意、能力及經驗又如何？

(四) 了解是否定期提供客製化分析報告及策略、方向修正檢討

　　最後，就是要了解代理商對我們的數位行銷專案，是否有提供定期的、客製化的數位分析報表及策略、方向修正與調整檢討報告及互動會議；以使此專案能夠朝向更有效益、更成功的目標邁進。

三、數位廣告代理商選擇四大重點

　　根據知名的 91App 行銷專家 Jessie (2020) 曾撰文提出，她對於如何挑選數位代理商的四大重點，如下摘述：

〈重點一〉確認該公司是否操作過相關產業且有成功案例

　　她認為最好要有相關經驗，如此可以減少試錯成本，經驗是難以取代的。

〈重點二〉能夠了解市場與消費趨勢，並能提出整套行銷建議

　　她認為不只是單一的投放臉書廣告，而是要搭配其他必要的行銷計畫，例如：促銷活動進行及其他社群操作等。

〈重點三〉能夠針對你的品牌現狀，規劃出合理的廣告策略

　　代理商在提案前，必須做好合理的全方位廣告策略規劃。FB 廣告投放，只是計畫中的一環而已。

〈重點四〉報價要合理

　　最後一個重點，她認為代理商的報價要合理；一般數位代理商的服務收費，是整個數位廣告及行銷活動預算的 15%。例如：此計畫總預算為 100 萬元，則數位代理商就收 100 萬 × 15% = 15 萬元的服務費收入。此即，廠商要付出總計 100 萬元＋ 15 萬元＝ 115 萬元的此波行銷預算。

四、數位行銷代理商服務事項

　　最後，一般來說，一家比較大型的綜合性的數位行銷代理商，大致可以提供下列數位服務：

1. FB ／ IG 粉絲團（粉絲專業）代操。

2. 搜尋引擎優化（關鍵字廣告投放操作）。

3. FB 廣告投放、IG 廣告投放。

4. YT (YouTube) 廣告投放操作。

5. 網紅 (KOL) 行銷操作。

6. Google 聯播網廣告投放操作。

7. 各大新聞網站（如 ET Today、udn 聯合新聞網、中時電子報）廣告投放。

8. LINE 官方帳號廣告投放操作。

9. 部落格及部落客行銷操作。

10. EDM 發送及製作。

11. App 製作及行銷操作。

12. 官方網站製作及維繫。

13. 網路直播製作及操作。

圖 1-8　數位代理商選擇的四大重點

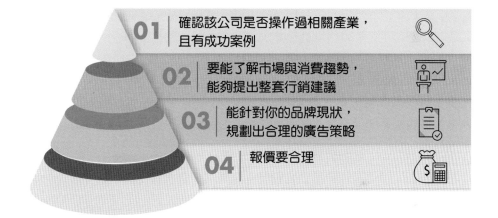

01	確認該公司是否操作過相關產業，且有成功案例
02	要能了解市場與消費趨勢，能夠提出整套行銷建議
03	能針對你的品牌現狀，規劃出合理的廣告策略
04	報價要合理

1-6 數位行銷與傳統行銷的比較分析

一、數位行銷與傳統行銷比較表

茲將數位行銷與傳統行銷比較如下表：

項目	(一)數位行銷	(二)傳統行銷
成本預算	較低些	電視廣告成本會較高些
時間性	長效	短效
可互動性	高	低
鎖定客源	容易些	較難些
效益追蹤	容易	困難些
數據分析	可分析	不易分析（無資訊）

從上表比較來看，數位行銷應該比傳統行銷方法來得優越些，難怪近十年來，數位廣告成長速度很快，而傳統媒體廣告卻大幅下滑減少。

二、傳統與數位行銷的外圍協助專業公司比較

在實務上，不管是傳統行銷或數位行銷領域，都有它們協助的專業公司，茲列表比較如下：

表 1-3 傳統與數位行銷協助專案公司

(一)傳統行銷專業公司	(二)數位行銷專業公司
1. 廣告公司	1. 數位行銷公司
2. 公關公司	2. 數位廣告公司
3. 媒體代理商	3. 社群行銷公司
4. 活動公司	4. 網紅經紀公司
5. 整合行銷公司	5. 口碑行銷公司
6. 市調公司	6. 行銷數據分析公司
7. 通路陳列行銷公司	7. GA 專業分析公司
8. 產品設計公司	8. 微電影、短片製拍公司
9. 贈品專業公司	9. 部落格行銷公司
10. 製作傳播公司	10. 行動行銷公司

1-7 數位行銷可帶來哪些數據分析

數位行銷執行中，比較容易有數據產生，可以做分析，比傳統行銷缺乏數據，以下是數位行銷時，可產生的數據項目，包括：

1. App 下載數、使用率、留存率。
2. 粉絲按讚數、粉絲留言互動數、粉絲轉分享數。
3. 網站每天流量多少、每天不重複使用者 (UU)、拜訪者 (UV) 有多少？
4. 網站、網頁、廣告的點擊率多少？ (CTR)
5. 業績轉換率 (Conversion rate, CVR) 是多少？
6. 網頁停留率、跳出率是多少？
7. EDM 開信率是多少？
8. 使用者、粉絲的屬性及輪廓大致如何？
9. 關鍵字搜尋數字多少？

表 1-4 國內數位行銷公司一覽表

	公司名稱	員工人數		公司名稱	員工人數
1	臺灣奧美集團	500 人	13	奇宏策略媒體	115 人
2	凱絡媒體	247 人	14	浩騰媒體	113 人
3	貝立德媒體	229 人	15	宇滙	107 人
4	聖洋科技	200 人	16	競立媒體	100 人
5	星傳媒體	198 人	17	傑思愛德威	100 人
6	實力媒體	186 人	18	跨際數位行銷	70 人
7	統一數網	155 人	19	域動行銷	65 人
8	媒體庫媒體	150 人	20	摩奇創意	60 人
9	威朋大數據	150 人	21	聯樂數位行銷	60 人
10	米蘭營銷企劃	120 人	22	成果行銷	45 人
11	安索帕	120 人	23	橘子磨坊數位	45 人
12	春樹科技	120 人	24	不來梅創意	40 人

1-8 網路（數位）廣告基本術語（請參閱第 9 章詳述）

茲列示主要數位（網路）行銷廣告基本術語，計十二項：

一、Page View (PV)：頁面瀏覽次數

即網友瀏覽頁面的網頁次數，網友到達此網頁一次，即伺服器遞送一次頁面到網友電腦，就計算此網頁的 Page View 一次。

二、Impression：曝光次數

當網友上網瀏覽頁面時，廣告系統偵測到有網頁產生並有廣告版位需曝光，則廣告經由廣告系統遞送出來，呈現在網頁上的次數即為曝光數，故經由廣告系統遞送出來的廣告，到網友所瀏覽網頁的網頁上一次，即為曝光數一次。

三、Traffic：流量

流量是指該網站或某一頻道的瀏覽頁次 (Page view) 的總和名稱，例如：Yahoo! 奇摩新聞頻道流量 1,000 萬次／天，即指該頻道一天內，網友們造訪的總頁面瀏覽次數有 1,000 萬次。

四、Unique User (UU)：每天不重複使用者

不重複使用者是指該網站或某一頻道的整體瀏覽頁次，是遞送到多少個別電腦 (Individual Portal)。

五、Cost Per Mille (CPM)：每千人次曝光成本

CPM 是網路曝光廣告的計價單位，指廣告曝光數曝光 1,000 次所要花費的費用（成本）。例如：CPM 500 即花 500 元就可以讓該廣告曝光 1,000 次到網友們所瀏覽的頁面；若需曝光到 100 萬次瀏覽，則需花費 500 元 × 1,000 個 CPM ＝ 50 萬元預算。

六、Click：點選數

網友瀏覽網頁看到所遞送的廣告曝光，進而使用滑鼠移動游標點選廣告到廣告主網頁，此點選即稱為 Click。例如：某一廣告 Click 為 35,000，即該廣告有獲得網友 35,000 次的點選。

七、Click Through Rate (CTR)：點選率、點擊率

即點選數 Click 除廣告曝光數 (Impression) 的百分比值，用來判斷該廣告的吸引點選的機率。例如：某一廣告曝光 500 萬次，得到 35,000 次的點選，則點選率為 35,000 次（點選）／ 5,000,000 次（曝光）＝ 0.7%。

八、Cost Per Click (CPC)：每次點擊成本

當得知上述的廣告曝光數 (Impression)、曝光成本 (CPM) 與點選數 (Click)後，將總點選數除以購買費用，即為每次點選所花費的成本，即 CPC (Cost Per Click)，用來衡量近來吸引網友點選的平均花費。

九、Cost Per View (CPV)：每次觀看成本

此即觀看 YouTube 每一次的成本，每一個 CPV 約為 2 元，故觀看 10 萬次，即要支付 20 萬元。

十、Cost Per Action (CPA)：即每次採取有效行動之成本計價

十一、Cost Per Sales (CPS)：即每次、每筆銷售成交之成本計價

十二、Cost Per Lead (CPL)：即每次獲得每筆名單之成本計價

圖 1-9 數位廣告的基本術語

01 CPM （每千人次曝光成本計價）	**02** CPC （每次點擊成本計價）	**03** CPV （每次觀看成本計價）
04 CPA （每次採取行動成本計價）	**05** CPL （每次獲得每筆名單成本計價）	**06** CPS （每次銷售成交之成本計價）
07 PV （頁面瀏覽總頁數）	**08** CTR （點擊率）	**09** Click （點擊數）

1-9 數位行銷的十種招數

　　中小企業資源和人力有限，在行銷上如何突圍？「王文華的夢想學校」創辦人王文華先生提出十大數位行銷技巧，讓中小企業不再苦於沒有資源行銷產品。茲摘述如下：

一、第一個技巧是「賣話題商品」

　　利用網路數位行銷，首先應該衝高網路的點擊流量。網站內容必須吸引消費者瀏覽的一個技巧是「賣話題商品」。之前網路流傳「淡定紅茶」的一篇文章，網路商品一搭上「淡定」話題便賣翻天。過去沒有數位資源，中小企業無法創造龐大的消費力量，但是現在可以藉由數位行銷扭轉劣勢。

二、第二個技巧是「提供人氣內容」

　　提供讓人有新鮮感、別人不知道的內容。近年流行影片長度 10 分鐘之內的微電影。Yahoo! 奇摩看中微電影的趨勢，放上偶像明星的音樂愛情微電影，湧入龐大的點閱率。

三、第三個技巧是「靈活運用打折」

　　美國藝人女神卡卡 (Lady Gaga) 選擇和美國最大的虛擬通路亞馬遜網站 (amazon.com) 合作，打出一張專輯只賣 0.99 美元為號召，消費者立刻將伺服器擠爆。

四、第四個技巧是「玩遊戲」

　　如果希望消費者可以停留久一點，「玩遊戲」成為行銷的第四個技巧。優衣庫 (UNIQLO) 當初在臺灣開第一家店，玩了一個有趣的遊戲——「網路排隊」。優衣庫網站有虛擬的百貨公司和隊伍，消費者可以選擇設定的人物角色到街上排隊，那時吸引了 63 萬人上網排隊，最後有 15 萬名消費者到現場。玩遊戲成為簡單又有效率的行銷方法。

五、第五個技巧是「丟問題」

　　成功的數位行銷者會增加互動，採取第五個「丟問題」給消費者的技巧，達到互動的效果。例如：美國職籃 NBA 用臉書行銷，粉絲猜下一場比賽誰會贏，以簡單的互動，吸引了正反兩方的支持者互相較勁。NBA 臉書目前擁有大約 4,000 萬名粉絲按讚，運用的行銷手法十分成功。

六、第六個技巧是「徵文、票選」

運動用品耐吉 (Nike) 曾舉辦徵文活動，在球場架設螢幕顯示器，網友可以留言給喜歡的球隊，耐吉收到文字後，到現場播放。

七、第七個技巧是「鼓吹揪團」

中小企業人手有限，不妨利用「鼓吹揪團」的技巧，讓數以萬計的網友幫忙宣傳。日本飲料爽健美茶就是利用揪團效應，舉辦滿 1,000 人按讚，產品就打七折的活動。消費者為了拿到折扣，除了按讚，也會希望找同事朋友一同來幫忙。簡單活動，留住人流，同時也讓粉絲替品牌宣傳。

八、第八個技巧是「親身參與」

網路的互動行銷，讓消費者親身參與的技巧很重要。爽健美茶廣告運用大量的大自然背景，為了加深消費者對產品的情感，邀請消費者去廣告的拍攝地點親身體驗。

九、第九個技巧是「分享使用經驗」

優衣庫推出 App（手機應用程式），消費者拍下自己購買衣服後的穿搭照上傳分享，也可以討論別人的照片，藉此挑起消費者購買意願。

十、第十個技巧是「易於購買」

中小企業的網站即使有高流量，行銷最終目的仍是要賺錢。所以最後一個行銷技巧便是讓消費者「易於購買」。像是日本推出用 App 訂購披薩，不用打上地址，點一下地圖指定送達場所，就可以送出訂單，甚至可以監控 Pizza 運送過程。運用數位工具，設計出易於購買的環境，才能真正達到有效行銷的目的。

圖 1-10 數位行銷的十種招數

01 話題商品，
衝高點閱流量

02 提供人氣內容
與具新鮮感主題

03 靈活運用
折扣促銷活動

04 提供有趣的
玩遊戲活動

05 丟問題給消費者，
達到互動效果

06 提供徵文、
票選活動，
與消費者互動

07 透過鼓吹揪團活動，
網友自動宣傳

08 讓消費者親身參
與及體驗

09 讓消費者分享
使用經驗

10 讓消費者易於購買，
達到銷售目的

問題研討

1. 請說明何謂數位行銷。
2. 請說明數位行銷的四大目的為何。
3. 請說明傳統行銷 4P、數位行銷 4C 為何。
4. 請說明何謂 AISAS 模式。
5. 請說明數位廣告的基本術語為何。
   (1) PV。
   (2) UU。
   (3) CTR。
   (4) CPM。
   (5) CPC。
   (6) CPV。
   (7) CPA。
   (8) CPL。
   (9) CPS。
6. 請列出數位行銷最新十三大趨勢有哪些。
7. 請列出常見十三種數位行銷方法為何。
8. 請列示如何選擇數位廣告代理商四要點。
9. 請列示數位行銷及傳統行銷的比較表。

Chapter 2

網路行銷綜述

2-1 網路平臺、網路行銷的意義及目標

2-2 網路發展對行銷的影響

2-3 網路如何影響消費者的行為

2-4 網路流量定義及 GA 分析

2-5 360 度全方位整合行銷傳播

2-6 從 AIDMA 進展到網路時代的 AISAS

2-7 網路行銷時代必須學習的七大知識及工具

2-8 SEO 是什麼？為何要 SEO 優化？

2-1 網路平臺、網路行銷的意義及目標

一、網路已成為傳播及營運平臺（七種平臺）

網路經過這十多年積極且豐富的企業營運發展，以及數位科技創新，已成為現代企業營運及行銷重要的一種對內及對外的傳播溝通及營運操作平臺。包括：

(一) 電子商務平臺 (e-Commerce platform)

有別於傳統的商務模式，在網路上也創新出新的電子商務經營平臺；包括 B2C、B2B、C2C 等新經營模式。

1. B2C：係指企業對消費者 (Business to Consumer) 的網路購物。例如：雅虎奇摩、PChome、蝦皮購物、momo、udn、博客來等購物網站均屬之。

2. B2B：係指企業對企業 (Business to Business) 的網路交易過程。它交易的對象不是一般消費者，而是以企業的採購人員為主。例如：國內外有一些原物料銷售網站、零組件交易網、農產品交易網、產品採購網……等。

3. C2C：即 Consumer to Consumer，指消費者對消費者的拍賣網。

(二) 社群平臺：社群網站的發展已日益普及，每一個網路族群似乎都會組成自己的網路社群。例如：FB、IG、YouTube、LINE、TikTok、Twitter、痞客邦、Fashion Guide 社群網路。另外，還有手機王 (Mobile)、遊戲（巴哈姆特）、資訊 3C……等專業的社群網站。

(三) 創新平臺：很多公司都透過網路無遠弗屆且通達全球各國的特性，而向外部的單位及外部人員蒐集更多的產品創意、技術創意及行銷創意。此方法即指在網路上的創新行為。例如：美國 P&G 公司、IBM 公司、樂高玩具公司；日本的日清食品公司、花王公司……等，均有此作法。

(四) 資訊平臺：如今大部分的中大型企業和上市櫃公司都有它們的官方網站。官網中，都會揭露出該公司的各種訊息。一般基本的營運資料、資訊，都可以從這些官網中查詢到。此外，還有不少專業的資訊提供網路平臺，包括某種產業知識、技術知識、產品知識……等資訊平臺。

(五) 多元行銷傳播平臺：例如：網路廣告的呈現、病毒行銷的傳播、網路置入式行銷、文字部落格、影音部落格……等，均為廠商、網紅、YouTuber、或個人部落客的多元化行銷傳播溝通的展現平臺。

(六) **市調平臺**：例如：itry 試用情報網。

(七) **集客平臺**：例如：永慶房屋影音宅速配。

二、「網路行銷」的完整方位架構

詳見圖 2-1。

三、網路行銷的意義

(一) 就廣義而言，網路行銷係指透過「網路」，作為傳播溝通平臺 (Communication Platform) 的所有相關行銷活動 (Marketing Activity)。

(二) 因此，從企業的官方網站建置與提供資訊給消費者、或在雅虎奇摩刊登首頁的橫幅廣告、或在 Google 刊登關鍵字搜尋廣告、或在 FB ／ IG 刊登廣告、或運用人氣部落格好寫手的宣傳活動、或在 Fashion Guide 化妝保養品試用網站中獲得好評、或提供影音公司網站、和成立特殊會員俱樂部網站、或募集各種產品創新與創意的網頁、或成立 FB ／ IG 官方粉絲團經營、或做網紅 KOL 行銷……等，均可視為「網路行銷」(Internet Marketing / Online Marketing / e-Marketing) 的操作內容與意涵。

四、網路行銷的目的與目標

(一) 網路行銷的目的

在全方位 360 度整合行銷傳播中，網路行銷已成為不可或缺的一環。尤其對以年輕學生及年輕上班族群為目標市場的產品行銷活動及媒介工具中，「網路」(Internet) 更成為不可或缺的主要行動方案之一。網路行銷指的就是廠商透過網路這個無遠弗屆的新興媒介，而能達到下列幾項目的：

1. 達成提升品牌知名度、喜愛度及忠誠度的目的。
2. 達成提升產品在虛擬通路或實體通路的銷售業績目的。
3. 達成透過網路的 CRM（顧客關係管理）計畫，能夠維繫、強化及增進與忠誠顧客或優良顧客的良好與互動關係。
4. 達成透過網路提供顧客必要且完整的產品資訊、使用資訊、促銷資訊、行銷資訊及其他相關周邊資訊。

(二) 網路行銷目標

另外，每個行銷活動之目的皆不同，企業主依其需求與方針設定目標，目標＋產品如同行銷種子，企劃、製作、媒體採購是因其生長，牽一髮而動全身。目標設定可分為四大方向：

圖 2-1 網路行銷的全方位架構 ●

企業 ⬇

・展開下列網路上的行銷活動

12. 其他行銷活動 →

・以網路作為傳播溝通平臺與行銷活動平臺（5種型態網站）

(1) 公司網站（官方網站、專屬產品網站）
(2) 入口網站
(3) 社群網站
(4) 購物網站
(5) 其他各式各樣網站

11. 公益活動 →

10. 會員活動及忠誠活動 →

9. 銷售 (Sales) 活動 →

8. 公關報導活動 →

7. 網路市調、民調活動 →

6. 服務活動 (Service) →
(1) FAQ
(2) Web-Center
(3) 其他各式各樣網路服務

← 1. 產品活動 (Product)
(1) 新產品創意來源
(2) 新產品測試活動

← 2. 定價活動 (Price)
(1) 定價試賣活動
(2) 促銷定價活動
(3) 多元化定價產品活動

← 3. SP促銷活動舉辦 (Sale Promotion)

← 4. 廣告活動 (Advertising)
(1) 關鍵字廣告搜尋
(2) 橫幅廣告
(3) 影音廣告
(4) 部落格置入廣告
(5) 社群廣告
(6) Google傳播網
(7) LINE廣告

← 5. 推廣活動
(1) 體驗活動
(2) 互動活動
(3) 遊戲活動

(1) 消費者
(2) 目標客群
(3) 會員網友
(4) 優良顧客
(5) 社會大眾

・達成下列目標
(1) 銷售
(2) 獲利
(3) 品牌資產
(4) 顧客忠誠度
(5) 形象良好
(6) 聲譽高

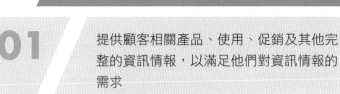

圖 2-2　網路行銷四大目的

01 提供顧客相關產品、使用、促銷及其他完整的資訊情報，以滿足他們對資訊情報的需求

02 透過網路的 CRM 系統，而能比較有效維持或增強與優良顧客的互動關係

03 希望達成產品在實體或網路通路銷售業績的目的

04 希望能提升品牌知名度、好感度及忠誠度的目的

1. 建立品牌 (Branding)：網路行銷或任何行銷的首要目標之一，就是建立品牌，打造出知名品牌與強勢品牌。
2. 蒐集名單 (Generating Leads)：蒐集客群名單、增加網站會員等，最重要的是能有效地進行分析運用或長遠的 CRM 系統。
3. 刺激銷售 (Accelerate Sales)：除了實體據點的銷售，電子商務 (Electronic Commerce) 使網路上的廣告到交易一氣呵成，CPS (Cost per Sale) 已是必然的趨勢。
4. 導入人潮 (Driving Traffic)：吸引人潮到網站或實體通路。訂定明確的目標，事後才能評估策略、創意企劃、製作、媒體執行等，每個階段是否達到預期效果，才有所謂成功與否。

圖 2-3 **網路行銷的四大目標**

01 建立品牌

02 蒐集名單

03 刺激銷售

04 導入人潮

五、網路行銷是什麼

網路行銷的英文為 Online Marketing 或 e-Marketing，是透過網路管道或網路平臺來行銷廠商的產品或服務。有時，網路行銷也可稱為數位行銷 (Digital Marketing)。

六、網路行銷範圍

網路行銷的範圍，可包括如下幾項：

(一) 付費廣告行銷

包括 FB、IG、Google、YouTube、LINE 等五種需付費的廣告行銷方式。

(二) KOL 網紅行銷。

(三) 口碑行銷。

(四) 社群行銷。

(五) 部落格行銷。

(六) 內容行銷。

(七) EDM 行銷。

(八) 搜尋引擎優化行銷（SEO 優化）。

(九) FB ／ IG 官方粉絲團經營。

圖 2-4　網路行銷：沒有討價還價區

了解及定義自己公司的產品及服務

01

確定產品的銷售目標族群 (TA)

02

確認公司此次行銷目標／目的

03

選擇網路行銷組合及方法有哪些？

04

確定預算有多少？以及使用方法的分配比例？

05

成效追蹤及方法、策略調整

06

一、網路快速發展對行銷環境面的影響

近十多年，網路快速的發展，包括商業網站的數量、企業官方網站的數量、個人部落格、社群網站、影音網站的數量、寬頻上網的家庭戶數、LINE 使用人數、上網使用人數等，都有多倍數的高速成長。此種現象對企業的經營面或行銷面，都帶來顯著的正面、負面或競爭性等各種面向的影響。對整體行銷環境面的影響如下：

(一) 過去「資訊不對稱」的現象，將獲得大幅改善

也就是說消費者可以在家裡的手機及電腦上網，從諸多網路上的各種管道而獲知他想要知道的資訊情報。包括廠商、品牌、價格、功能、效用、評價……等。因此，廠商必須「誠實行銷」；另外，也要「充分資訊行銷」才有實效。

(二) 消費者受到同儕（即網路社群）的影響，日益顯著

由於年輕族群（13~35 歲）幾乎每天都會上網，瀏覽網頁也好、互通LINE 也好、提供個人 FB 及 IG 文字或影音或圖片也好，我們可以說這一類同質性高的網路社群，就是一種關係密切、思想一致、評論相似、容易相信的一群消費者。因此，這些網友的確會受到同儕某種程度的不小影響力。

(三) 時間與空間的解禁，無遠弗屆與無所不在

網路是 24 小時、全年無休的；而與空間（即在你面前的實體通路）是不大相同的。因此，必然會有它的若干優勢及強項存在，廠商必須知所因應及洞察。

(四) 宅男與宅女族生意商機浮現

從國中生、高中生到大學生，這些族群人數約 200 多萬的消費族群中，又有一部分比例成為宅男與宅女族，這個族群的生活與電腦、手機及上網連結在一起。因此，衍生出相關的新商機，例如：線上遊戲與音樂、線上搜尋與購物、線上影視娛樂……等。

二、網路對「行銷 4P」的影響

(一) 網路對廠商「產品」(Product) 的影響

1. 網路平臺可作為廠商「新產品創意」的顧客意見來源。
2. 網路平臺可作為廠商徵詢顧客對「既有產品改善」的意見來源，以及對

即將上市新產品的「各種市調」意見的來源。

3. 網路平臺可作為廠商對產品相關「資訊情報」揭露與刊載的公開媒介管道，可讓消費者更了解公司的產品資訊。

4. 廠商很有可能開發出專為網路銷售的不同產品。

(二) 網路對廠商「價格」(Price) 的影響

1. 網路的無所不在與無遠弗屆，使價格資訊轉向了接近完全的透明化、公開化及比較化，因此，價格資訊不對稱性將不易存在。所以，廠商定價必須「合理」、「誠實」才行，如此才有價格競爭力。

2. 網路使得團購或低價折扣團購成為實現可行。

3. 網路的拍賣發展，日益普及。

4. 網路購物的價格，一般而言會比在實體通路便宜些，因為它們少了中間通路商所需的層層利潤。因此，廠商產品在網路及實體通路定價可能會有些許差別。

(三) 網路對廠商「通路」(Place) 的影響

1. 網路崛起，使過去著重在「實體店面」通路的銷售政策，改變為對「虛擬通路」的逐步重視。換言之，實體＋虛擬二者通路並重的線上＋線下融合政策是必然之趨勢。雖然實體通路仍占比較大的比例。

2. 網路崛起，使一些 B2B、B2C 或 C2C 的電子商務新興商業模式出現，這是一種創新的通路事業新商機。

3. 網路普及化使傳統多階層的通路結構逐步簡化、縮短化及扁平化，中間商通路不再是主導行銷銷售的完全角色，亦即，中間通路商的角色已有弱化趨勢。

(四) 網路對廠商「推廣、傳播、宣傳溝通」(Promotion) 的影響

1. 網路廣告、關鍵字廣告、微電影、網紅 KOL 及 LINE 廣告等，已成為廠商行銷推廣與宣傳的媒介工具之一。

2. 企業官方網站及官方 FB、IG、YouTube、網站等，亦成為企業對外傳播溝通的作法之一。

3. 網路社群的聚集及同質性，亦成為廠商在網路行銷操作上的主要目標對象之一。

4. 電子目錄 (EDM) 以及電子郵件 (E-mail)、電子報亦成為廠商在推廣活動時的行銷內容之一。

三、網路行銷的八大未來趨勢

(一) 實體通路與虛擬通路的相互整合及同時發展並存是必然的

例如：雄獅網站旅遊亦同時設立實體店面來服務消費者。而像 SOGO 百貨公司、統一超商、家樂福、新光三越百貨等零售實體通路，亦朝向虛擬網路購物全力推展。此即線上＋線下整合或融合的方向發展；此亦可稱為：O2O（Online to Offline, 線上到線下）、OMO（Online Merge Offline, 線上與線下融合）。

(二) 網路行銷已成為整合行銷傳播的必要一環

愈來愈多的廠商已把傳統的媒介預算挪移一部分到網路廣告及網路行銷活動上。它已成為 360 度全方位整體行銷傳播操作的一個必要環節以及媒體工具。

(三) 網路行銷的操作手法也日益多元化

除了傳統的網路橫幅廣告外，其他像關鍵字廣告、EDM、E-mail、部落格 (BLOG)、影音部落格 (VLOG)、置入式行銷、網紅行銷、LINE 行銷、微電影行銷、病毒式網路行銷……等，也都呈現多元變化。

(四) 網路開放式創新平臺，使網路行銷更具附加價值

透過網路，新會員和 VIP 會員或主動的會員，網路行銷操作對新產品的創意來源，及對新產品的各種上市前市調測試、對上市後的意見反應、對新服務的意見、以及對各種滿意度、各種排行榜的調查等，也都帶來了外部資源開放引進的重大效益。

(五) 對顧客關係與會員經營的互動加強與深刻化，更提升顧客對品牌或公司形象的忠誠度

透過企業的官方網站或產品的專門網站或是 FB 及 IG 粉絲專頁方式，或是網路會員制等行動，加上一些優惠的與尊榮的行銷活動，多少也將增強該公司或品牌與消費者之間的互動、良好、緊密與關懷的正面關係。

(六) 網路社群行銷日益重要

針對該公司產品的定位及目標客層，然後鎖定網路社群或特定社群網站，展開各種網路行銷活動，可能是花費小但效益大，而且比較精準的行銷方式。

(七) 誠實行銷是企業界一項良心的、根本的與必備的準則

由於網路的各種意見、小道消息、畫面、傳言……等表達陳述，都可以在網路及手機 LINE 上做快速且病毒式的蔓延傳播與擴散。這對該公司的企業與品牌形象，都將帶來強大的殺傷力。因此，企業必須不能造假、不

圖 2-5 **網路行銷的八大未來趨勢**

趨勢 **1**　實體通路與虛擬通路的相互整合及同時發展並存是必然的

趨勢 **2**　網路行銷已成為整合行銷傳播的必要一環

趨勢 **3**　網路行銷的操作手法也日益多元化。包括橫幅廣告、影音廣告、LINE 廣告、聯播網廣告、網紅行銷等

趨勢 **4**　網路開放式創新平臺，使網路行銷更具附加價值

趨勢 **5**　對顧客關係與會員經營的互動加強與深刻化，更提升顧客對本品牌忠誠度

趨勢 **6**　網路社群行銷日益重要

趨勢 **7**　誠實行銷是企業界一項良心與根本準則

趨勢 **8**　網路是新口碑行銷管道來源

Chapter **2**

網路行銷綜述

能誇大不實,必須做到誠實行銷才不會被網路社群攻擊或批評謾罵。

(八) 網路是新口碑行銷管道來源

　　最後,我們必須認知到網路及手機是現代化新口碑行銷的重要管道來源。各種有權威的排行榜、試用報告、推薦報告、影評星等推薦……等,都是被快速傳播的口碑。

四、網路行銷與傳統行銷有何差異

　　網路行銷已成為當今企業行銷操作工具上的必備項目,不管從企業的官方網站、企業的產品專業網站、入口網站的橫幅點選廣告、關鍵字搜尋廣告、網紅KOL 行銷、社群網站宣傳、影像網站廣告及微電影等,均已成為今日數位時代行銷的主要方式之一。

(一) 網路行銷的強項(優點)

　　網路行銷具有下列幾點的強項:

　　1. 不必外出便利性:網路是依賴消費者在手機及電腦滑鼠上的點選 (Click)
　　　 行動與行為,而不必外出;其與電視、報紙、雜誌及廣播的廣告宣傳行為
　　　 是不一樣的,Click 的行動是與眼睛看到手機及網站內容時的行動是互成
　　　 一體的。

圖 2-6　網路行銷的四項強點

01 不必外出的便利性

02 具互動性

03 具即時性

04 具低成本性

2. 互動性：網路行銷是由高度互動性 (Interactive) 及一對一方式的 (One-to-One) 行銷而展開的。

3. 即時性：網路行銷是具有即時性行銷 (Real Marketing)，其決策速度是較快的。

4. 低成本性：網路行銷所花費的成本，與電視及報紙媒體相比較，是較低的；因此，較吸引人投入去嘗試效果如何。

(二) 網路行銷的最大特色

網路行銷相較於傳統行銷而言，它最大的特長或特色，即在於它擁有完整與詳實的「資料庫」(Data-base)，以及可以展開「資料傳播」(Data-Communication) 與「資料庫行銷」(Data-Marketing) 相關工作。這在傳統舊時代採用人工或人為記錄與行銷傳播的工具及操作方法之間，是有很大的差別。例如：某百貨公司或某產品公司要舉辦一個週年慶或大型促銷活動，透過公司已擁有的電腦資料庫中，我們可以叫出相關比較精準的目標市場顧客名單，然後進行相關的網路行銷活動，以達到精準行銷之目的。

圖 2-7 網路行銷與傳統行銷的差異性

網路行銷與傳統行銷的差異性

01 網路行銷的強項（優點）

(1) 網路行銷是依賴消費者在手機及電腦滑鼠上的 Click 點選行動，不必外出。

(2) 網路行銷是以高度互動性及一對一方式的行銷而展開。

(3) 網路行銷是具有即時性行銷，其決策速度是較快的。

(4) 網路行銷與傳統行銷相較，其決策成本是較低的。

02 網路行銷的最大特長（特色）

(1) 即在於擁有完整的 Data-base，然後可以展開精準目標對象的 Data-Communication 與 Data-Marketing。

2-3　網路如何影響消費者的行為

一、過去模式：線性、單向模式

　　在網路尚未出現的時代，消費者通常是到實體據點去購買產品，而其受到傳統媒體廣告的影響。如圖 2-8，這是單向、資訊不是完全充分揭露的，以及在實體面去購買的傳統消費者行為。這是一種「線性」(Linear) 的消費行為。

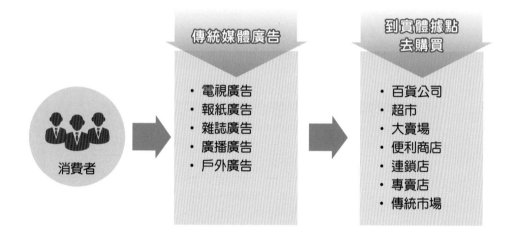

圖 2-8　過去傳統的媒體廣告與購買行為

消費者

傳統媒體廣告
- 電視廣告
- 報紙廣告
- 雜誌廣告
- 廣播廣告
- 戶外廣告

到實體據點去購買
- 百貨公司
- 超市
- 大賣場
- 便利商店
- 連鎖店
- 專賣店
- 傳統市場

二、現代模式：非線性、雙向、互動、多元、多樣、交互；實體與網路交互購買的時代

　　但在網路出現以及蓬勃發展的時代中，消費者的選擇性、比較性、分析性、理智性及便利性等都進步很多。而且呈現出「非線性」及「非單向式」的消費模式。

　　如圖 2-9 所示，消費者購買的通路已增為「實體＋網路 (O2O 及 OMO)」二者並存的現象，而消費者接觸媒體廣告宣傳時的資訊透明化的來源，除了傳統媒體之外，又增加了網路新興媒體的工具與媒介。因此，這幾者間形成交叉互動的可能性，更增加了多元化、多樣性及互動性。

圖 2-9 現代化消費行為的多元化、非線性化媒體交互影響

實體通路、電視廣告、平面廣告及網路媒體之間，
形成一個相互且多樣化交錯的行銷生態模式

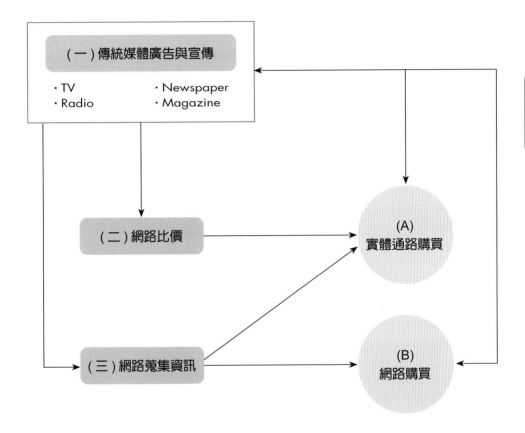

（一）傳統媒體廣告與宣傳

・TV ・Newspaper
・Radio ・Magazine

（二）網路比價

（三）網路蒐集資訊

(A)
實體通路購買

(B)
網路購買

2-4 網路流量定義及 GA 分析

一、網路流量定義

即是指網站的每日、每月訪問量或瀏覽量,想知道每天有多少使用者造訪。

二、常見網站流量指標

一般來說,網站流量的指標項目,主要有下列三者:

(一) UU:Unique User,即每日不重複的使用者,愈多愈好。

(二) UV:Unique Visitor,即每日不重複的拜訪者,愈多愈好。

(三) PV:Page View,即每日不重複的網頁瀏覽總數。PV 總數愈高,即代表此網站或此網頁被上網瀏覽的次數愈高,及愈熱門、愈受歡迎,網路廣告量也會愈多。

圖 2-10 常見網路流量的三個指標

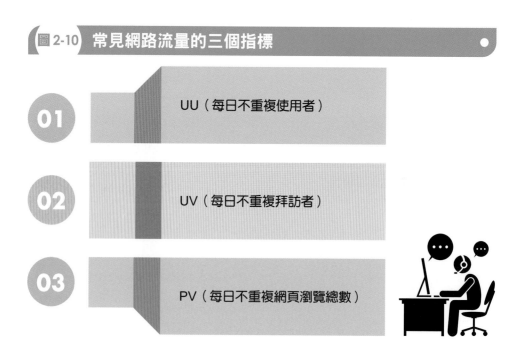

01 UU(每日不重複使用者)

02 UV(每日不重複拜訪者)

03 PV(每日不重複網頁瀏覽總數)

三、網路流量四種來源

實務來説，網路流量有四種主要來源，如下：

(一) 自然搜尋流量：亦即指網友從 Google 及雅虎二個搜尋引擎的關鍵字進入
而來的流量。

(二) 付費搜尋流量：指從 Google 關鍵字廣告付費而進入的流量。

(三) 社群流量：指從 FB、IG、YouTube 等社群網站而進入的流量。

(四) 直接流量：指網友直接從該網址或是「我的最愛」項目進入該網站的流量。
此種流量是最好的，既不花錢，網友又從我的最愛直接點選進入，表示有
忠誠度。

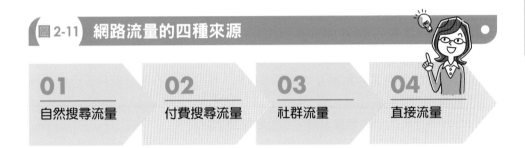

圖 2-11 網路流量的四種來源

01	02	03	04
自然搜尋流量	付費搜尋流量	社群流量	直接流量

四、為何要做流量分析

那麼，為何要做網路流量分析呢？主要有下列五大原因：

(一) 可以知道此網站經營得好不好？受不受歡迎？點閱瀏覽人數每天有多少
人？每天觀看有多少人？

(二) 可以知道每一波在網上的促銷活動效果好不好？促銷業績好不好？以後如
何改進才會更有效果？

(三) 可以知道新產品在網路上市被瀏覽及點閱的數量有多少？受不受歡迎？

(四) 可以知道該流量背後的網友群或粉絲群的簡單輪廓為何？

(五) 可以知道網路廣告被點擊的次數有多少？點擊率有多少？

以上這些分析，都有助於該網站的經營改善及加強，或是廠商對行銷措施的
調整及加強。

五、網路流量分析工具

(一) 目前，最主流的網路流量分析工具，即是指：Google Analytics，簡稱為
GA。

(二) GA 是 Google 公司提供的網路分析工具，其功能強大且基本版免費，故成為全球最普的數據分析軟體。

(三) GA 可以產出四種報表，包括：

    1. 目標對象報表。

    2. 客戶開發報表。

    3. 行為報表。

    4. 轉換報表。

(四) 上述這些報表，可以幫助我們了解，上網的使用者或造訪者，從進入瀏覽到最終轉換跳出的歷程大致如何；可以對這些瀏覽行為得出一些分析及判斷。

六、GA 三大特色

    GA 分析，具有三大特色：

(一) 以網頁瀏覽為單位，來量化資料。

(二) 能了解網站訪客的輪廓及流量從哪裡來；進站後的行為流程是否達成目標轉換。

(三) GA 的強項為網站流量來源分析及點擊歸因分析。

七、GA 的分析報表可得知哪些數據

    GA 是最重要的網站流量分析，從 Google Analytics 的分析報表中，我們可以得知下列三項的分析數據：

    1. 網站流量的來源類別（搜尋、社群媒體、廣告或直接流量）。

    2. 個別網頁的流量統計。

    3. 完整的訪客相關資料（性別、年齡層、地理位置）。

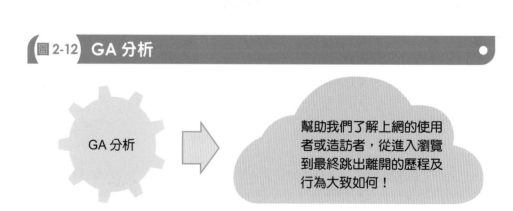

圖 2-12 GA 分析

GA 分析 → 幫助我們了解上網的使用者或造訪者，從進入瀏覽到最終跳出離開的歷程及行為大致如何！

2-5 360度全方位整合行銷傳播

當今的行銷已進化到360度全方位的整合行銷,而其所藉助的傳播溝通媒介,必須包含著傳統五大媒體廣告,然後再加上新崛起的網路及手機媒體。如圖2-13、2-14所示。

圖 2-13　由傳統媒體到新媒體的變化

01 傳統五大媒體廣告宣傳操作

+

02 網路及手機新興媒體操作

360度全方位行銷

圖 2-14　360度全方位整合行銷傳播

01 傳統五大媒體
・電視 ・雜誌
・報紙 ・戶外廣告
・廣播

02 關鍵字廣告 (Key Words Adv.)

360度全方位整合行銷傳播

04 網路廣告／社群粉絲專頁經營
・FB ・LINE
・IG ・YouTube
・Google

03 部落格行銷／網紅行銷 (Blog Marketing / KOL)

2-6 從 AIDMA 進展到網路時代的 AISAS

一、AIDMA（傳統時代）

在傳統時代引起消費者購買決定的過程模式 (Process Model)，即是大家所熟知的 AIDMA 模式。

在產品剛上市時，廠商投入大量廣告，打造品牌知名度，即在引起消費者的注意。另外，廠商各種折扣、抽獎、贈品、免息分期……等促銷活動，即在促使消費者展開行動。

圖 2-15　傳統購物模式

Attention	Interest	Desire	Memory	Action
引起注意	引起興趣	引起欲望	記憶	促使行動

二、AISAS（數位網路時代）

不過到了數位網路時代，已經有很大改變，AIDMA 已轉變為 AISAS。

圖 2-16　數位網路購物模式

Attention	Interest	Search	Action	Share
引起注意	引起興趣	展開檢索、搜尋	購買行動	共有分享

在數位網路時代，很多年輕上班族或宅男宅女族，均透過電腦及手機上網去搜尋、檢索各種相關的資訊情報，並加以比較分析，然後理性採取購買行動。最後，在使用之後，還會把使用經驗、心得、感受，不管是好的或壞的，透過部落格、透過 FB ／ IG、意見論壇、網路民調機制、病毒式網路散播……等各種方式，表達出自己的經驗，與網友們分享，或共有或互動討論或激起共同心聲，此即 Share 的意涵。

圖 2-17 傳統時代 AIDMA 到數位網路新興時代 AISAS 模式

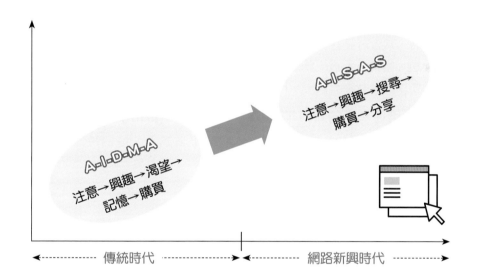

2-7 網路行銷時代必須學習的七大知識及工具

一、網路行銷的時代必備：社群經營觀念

社群經營是進行網路行銷前的必備概念，一定要先認識如何在網路上進行社群經營，才有辦法使用好工具。

二、臺灣主流應用社群平臺：FB (Facebook)

FB 的使用是絕對要學的網路行銷經營，個人帳號的利用或者投放 FB 廣告，目前網路行銷有很大的占比會是 FB 行銷的使用。當我們在 FB 上開始進行各式各樣的點擊時，其實就是在幫 FB 累積數據，因為每一個點擊就代表著我們的習慣、行為或興趣，當這些都被記錄之後，我們的每一個帳號就代表著我們可能會做的決定有哪些或消費行為有哪些。FB 投放就是如此產生了。

三、以圖像溝通為主的新興年輕社群：IG (Instagram)

IG 算是一個新興的社群平臺，2012 年被 FB 收購了，IG 的特性屬於純照片分享社群，是時下年輕人（15~30 歲）最愛用的社群工具。IG 未來可能會超越 FB 的使用性。

四、全臺灣廣為使用的通訊軟體：LINE

LINE 是目前臺灣最大的通訊軟體，約有 1,800 萬的用戶，只要有智慧手機的人，幾乎都有一個 LINE 帳號。一般而言，LINE@ 生活圈及 LINE 官方帳號均可進行網路行銷。

五、行之有年的內容行銷平臺：部落格行銷及 KOL 行銷

部落格基本上是內容創作，利用有深度的內容來進行粉絲建立與建立部落客的影響力。網路上有影響力的人，通稱為意見領袖，包括網紅 KOL 行銷（網路紅人）、知名部落客等均屬之。

六、全球最大搜尋引擎：Google

Google 的關鍵字搜尋廣告及 Google 聯播網是常見的網路行銷。

七、全球最大影音平臺：YouTube

YouTube 現今為全球最大影音平臺。

圖 2-18　網路行銷時代的七大知識與工具

2-8 SEO 是什麼？為何要 SEO 優化？

一、SEO 是什麼

(一) SEO 全名為：搜尋引擎優化，英文為：Search Engine Optimization。

(二) 這是一種透過了解搜尋引擎的運作規劃來調整，以及提高目的網站在有關搜尋引擎內排名的方式。

(三) 簡單來說，就是想辦法取得該關鍵字在搜尋引擎上的排名，讓使用者搜尋該關鍵字時，更容易看見你的網站。

二、為何要 SEO 優化

目的就是為了取得 Google 搜索引擎上更好的排名，以增加網站流量。因網站流量是一個網站的命脈，一個網站若沒有流量，就表示沒人點閱，就沒有存在意義。

圖2-19 SEO 優化的意義

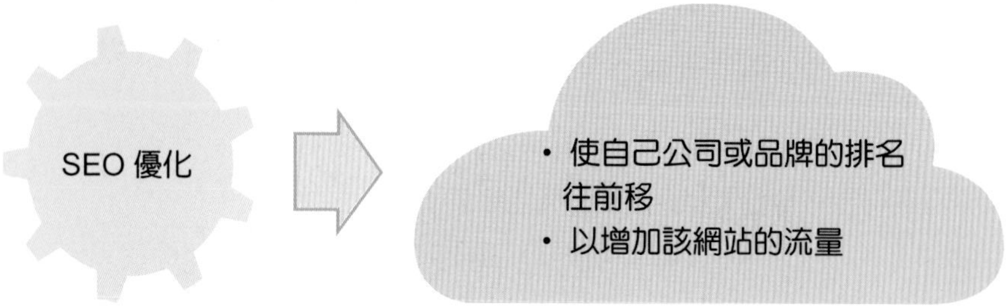

SEO 優化 ➡

- 使自己公司或品牌的排名往前移
- 以增加該網站的流量

1. 請列示網路上有哪幾種平臺。
2. 請說明網路行銷的意義。
3. 請說明網路行銷的四大目的。
4. 請列示網路快速發展對行銷環境面的四大影響。
5. 請說明網路發展對廠商在「產品面」的影響為何。
6. 請說明網路發展對廠商在「定價面」的影響為何。
7. 請說明網路發展對廠商在「通路面」的影響為何。
8. 請說明網路發展對廠商在「推廣宣傳面」的影響為何。
9. 請列示網路行銷的四點強項。
10. 請列示 360 度全方位整合行銷傳播。
11. 請列示何謂 AIDMA 及 AISAS。
12. 請列示網路行銷時代的七大知識及工具為何。
13. 何謂 SEO？為何要 SEO 優化？
14. 何謂 GA？
15. 何謂網路流量？何謂 UU、UV、PV？
16. 網路行銷的範圍有哪些？

Chapter 3

社群行銷概述

3-1 社群的定義及社群平臺比較分析

3-2 社群行銷的定義及優點

3-3 傳統行銷與社群行銷的區別

3-4 社群行銷的優勢及五大要點

3-5 某餐飲店的社群行銷術

3-6 社群經營的要點、圈粉及工作角色分配

3-7 企業的社群行銷專題概述

3-8 各社群平臺的使用度及優劣分析

3-9 小型企業利用社群網站行銷的八項錯誤

3-10 社群行銷的企劃案例

3-1 社群的定義及社群平臺比較分析

一、社群是什麼

(一) 從早期的 BBS、部落格，到現今流行的 Facebook、Instagram、LINE……等，這些社群已然成為大家創作、分享及互動的網路平臺，各自逐漸成為另一種熱門的網路趨勢。

(二) 所謂的社群，就是：「網路社群是社會的集合體，當足夠數量的群眾在網路上進行了足夠的討論，並付出足夠情感，形成與發展人際關係的網路社會，則虛擬社群因而形成。」

(三) 簡單來說，一群具有相同興趣的人，聚集在一起的地方，像是 Facebook、Instagram、LINE、Twitter、YouTube……等，有人群聚的平臺，都可稱之為「社群」。

(四) 社群的本質是人，而 Facebook、Instagram、LINE……這些媒體都只是經營社群的工具。

二、三大社群平臺的比較

根據臺灣網路報告目前國內社群平臺使用率最高的是三大平臺，即 Facebook、Instagram、LINE，再加上 YouTube 等四者。表 3-1 是呈現三大社群平臺的比較。

三、五種社群平臺比較分析

一般來說，經營社群媒體時，都會先主力經營一個社群平臺，穩定後再延伸到其他社群媒體，建議根據主要消費族群的習慣來選擇主力平臺，可以預期得到更好成果，以下介紹五個常見的社群平臺，作為挑選時的參考（參表 3-2）。

四、實務上，社群網站的兩大類型

目前社群網站的經營型態，可分為提供部落格、相簿、交友等綜合型服務的「一般社群網站」，以及基於特定興趣與嗜好，發展而成的「利基型社群網站」。前者如 Myspace、Facebook 及 IG，後者如國內最大美容討論社群 Fashion Guide、3C 討論社群 mobile01 及 Dcard 等。來自四面八方的網友，根據個人喜好，加入各種社群，在這一片「專屬」的園地，和其他網友分享、討論生活。

圖 3-1　社群的定義

01
社群的定義
係指一群具有相同興趣的人，聚集在一起的地方，像是FB、IG、LINE、YouTube……等有人群聚的平臺，都可稱之為社群。

02
社群媒體的主體，主要是人，或稱為粉絲群。

03
社群媒體的主要工具，主要是 FB、IG、YouTube、LINE、Twitter、TikTok 等。

表 3-1　三大社群平臺比較

	Facebook	Instagram	LINE
(1) 使用率	90%	70%	92%
(2) 年齡層	20~70 歲	12~35 歲	全客層（12~85 歲）
(3) 呈現方式	以文字為主，照片及影片為輔。	以照片及影片為主，文字為輔。	文字、照片、影片等多種格式並用。
(4) 特色與經營建議	透過粉絲專頁經營品牌，可投入少許預算，宣傳店家形象或推廣產品貼文。	可拍攝精美的產品宣傳照片或影片，利用限時動態吸引目光。	可發起群組或社群聚集顧客群，或是建立官方帳號，可即時宣傳品牌、提供折價券或解決顧客問題。

資料來源：作者整理。

表 3-2 五種社群平臺比較分析

	平臺特性	主要使用族群
(1) Facebook	使用人數多，素材除了照片及影片之外，使用族群對文字的接受度也很高，適合用來經營官方網站，發布重要的內容。	使用者年齡層分布廣泛，主要的活躍族群大約介於 30~50 歲左右，樂於分享有趣的內容。
(2) Instagram	以相片為主要素材，重視相片拍攝技巧及排版能力，適合分享即時生活（限時動態），太多的文字素材較不受歡迎。	使用年齡層較年輕，即時、快速的互動可以增加品牌的黏著度。
(3) YouTube	主要素材是影片，隨著影音內容逐漸取代傳統電視節目，廣告效益不斷提高。	使用者觀看影片的習慣大多跟隨喜歡的 KOL，執行社群行銷時，建議多跟 KOL 進行合作。
(4) Twitter	歐、美、日、韓常用的社群媒體，適合即時、簡短的訊息傳播，也是很多迷因圖的發源地。	使用者大多喜歡第一手的消息，即時、快速的訊息，或是有趣的圖片，都能引起大量的關注。
(5) Podcast	藍牙耳機普及後，開始盛行的社群媒體，雖然互動機制較少，但可以隨時接收訊息的特性，受到很多通勤族的喜愛。	通勤族、家庭主婦、學生等族群，一邊做事和通勤的同時，可以一邊接收資訊，或是提供睡前時間的陪伴感，適合培養受眾對品牌的依賴感。

資料來源：數位公關行銷公司，2021 年。

圖 3-2 社群網站二大類型

01 一般廣泛型社群網站
- FB
- IG
- LINE
- YouTube
- Twitter

＋

02 利基型社群網站
- Fashion Guide
- Dcard
- Mobile01
- 遊戲社群

3-2 社群行銷的定義及優點

一、社群行銷的定義

〈定義一〉

1. 根據臺灣網路報告，國內 12 歲以上的上網人數多達 1,900 萬人之多，整體上網率高達 85%。

2. 所謂「社群行銷」，就是在聚集群眾的網路平臺上，經營網路服務或行銷產品的過程。有別於電視臺廣告、大型看板、DM、報紙廣告、公車廣告……等傳統行銷的範疇，而透過 Facebook、YouTube、Instagram、LINE……等社群媒體的傳播途徑，網路社群行銷的型態，不僅多樣、創新、效率高、曝光時間長，更可以將行銷能量發揮到最大效益。

〈定義二〉

根據社群行銷專家孫傳雄 (2009) 的定義，如下：

1. 個人或群體透過群聚網友的網路服務，來與目標顧客群創造長期溝通管道的社會化過程。

2. 從早期大禮堂般群聚的如 BBS、論壇，漸漸地趨近於個人化專屬空間（如部落格以及 Facebook 及 IG）。

3. 而個人或群體（當然包括企業）可以運用如此的網路服務，來與目標顧客群來往、溝通與認識彼此。

所謂社群行銷，最正確的比喻，就是「選舉時，各政黨選樁腳→挑選議題開說明會與造勢會→博感情→催票」。

〈定義三〉行銷學之父──科特勒

當企業不再只靠產品的功能面來吸引消費者時，唯一能吸引消費者的方法，就是與他們的心靈產生共鳴，用企業的理念與使命，讓消費者覺得欽佩和感動；再透過言行一致的實踐，讓消費者感受到真實與信任，進而成為企業的粉絲。這就是所謂的「行銷 3.0」。

1. 攻占消費者的心，是最有力的行銷：消費者接收產品資訊的方式，已經從過往「廠商→消費者」的單向垂直傳播，轉變為「消費者←→消費者」的雙向網狀連繫。而當廠商再也無法單憑廣告就獨占消費者的心與荷包時，想要抓住消費者目光，最好的作法就是把消費者拉進來，讓他們成為自己的發聲管道。

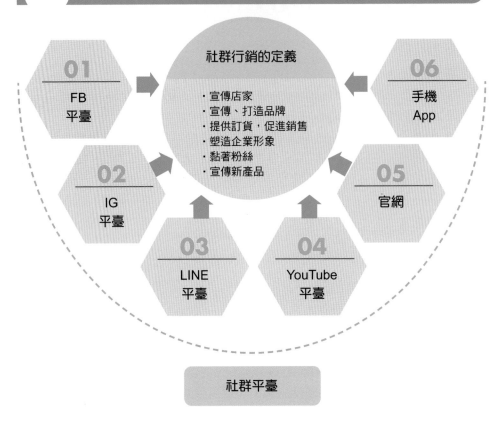

圖 3-3 **社群行銷的意義與功能**

社群行銷的定義

- ·宣傳店家
- ·宣傳、打造品牌
- ·提供訂貨，促進銷售
- ·塑造企業形象
- ·黏著粉絲
- ·宣傳新產品

01 FB平臺

02 IG平臺

03 LINE平臺

04 YouTube平臺

05 官網

06 手機App

社群平臺

2. 用精神與理念和消費者產生心靈共鳴：一旦消費者願意為某一樣產品背書、甚至積極宣傳，這份消費者與消費者之間的社群感染力，就會成為最強大的傳播力量，讓廠商甚至不用打廣告，也能讓產品名聲與口碑往外擴散，贏得廣大潛在客戶的心，讓好感轉化為實際的購買行動與支持。

〈定義四〉

1. 口碑行銷是有目的的商品行銷，發動來源為產品或服務廠商，散布過程是由廠商來進行傳播分散。

2. 病毒行銷是非目的性的議題行銷，發動來源為網友使用者，傳播過程為網友自行發動。

二、社群行銷的優點

網路社群行銷的優點，可以包括以下三點：

(一) 即時溝通，靈活度高

可即時發表新品或是優惠訊息，再根據顧客的反應與變化來調整行銷方式。

(二) 受眾精準，投遞優化

可以只針對目標受眾或是區域擬定行銷策略，讓你的貼文或廣告更精準的投遞，創造最合適的內容及產品，來獲得更多的回應與好感度。

(三) 預算彈性，成效數據化

行銷花費門檻較低，投遞時間的調整也更有彈性，每次投遞的過程都可以化成數據，清楚得知到目前為止有多少人看過這則廣告，以及後續的互動行為，讓你可以更明確地分析廣告成效，為企業挖掘更多潛在顧客。

圖 3-4　社群行銷的三大優點

01

即時溝通，靈活度高！

02

受眾精準，投遞不斷優化！

03

預算彈性，成效數據化！

3-3 傳統行銷與社群行銷的區別

一、傳統行銷

藉由產品、價格、促銷、通路來區分產品，並透過間接性與多層性的行銷方式曝光來達到行銷目的。但傳統行銷方式並未能使業者了解消費者對產品的反應及回饋，而且傳統行銷所耗費的經費與人力較高。

01 被動式訊息

消費者成為單純的資訊接收者。

03 市場導向

如何將產品賣得更好，讓更多人來買商品。

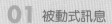

消費者　策略

曝光　動線

02 間接性、多層性（廠商與媒介）

(1) 廣告傳單 DM、報導雜誌、廣告車。
(2) 電視媒體廣告。
(3) 顧客介紹。

04 單向性（廠商與商家）

(1) 店面位置。
(2) 商品擺設。

二、社群行銷

社群行銷為數位行銷其中之一，為近年來廠商漸漸著手經營的區域。社群行銷為虛擬社群，透過社群網站或手機 App 來經營，進而了解業者與客戶的互動，以及消費者與消費者之間的互動；此行銷手法效益比傳統行銷來得廣，且經費較低廉。

01 主動式參與並提高黏著度

消費者可直接互動並不再是單純的資訊接收者，也成了品牌與商品的參與者。

03 顧客導向

(1) 如何透過網友將商品推廣並擴散。

(2) 縮短廠商與消費者之間的距離。

消費者　策略

曝光　動線

02 客製化（廠商與網友）

(1) EDM。
(2) 網路廣告。

04 雙向互動性（網友與網友）

讓消費者在認知品牌前，可以先了解網友的看法與建議。

圖 3-5 傳統行銷與社群行銷的區別

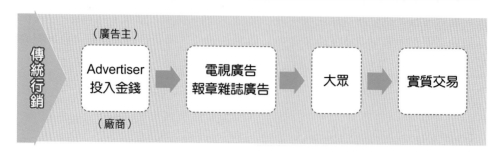

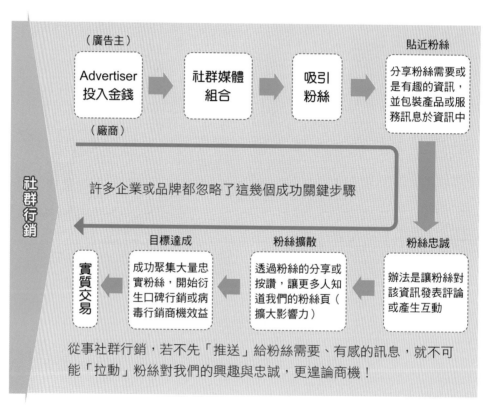

從事社群行銷，若不先「推送」給粉絲需要、有感的訊息，就不可能「拉動」粉絲對我們的興趣與忠誠，更遑論商機！

3-4 社群行銷的優勢及五大要點

一、社群媒體行銷的四大優勢

相較於傳統媒體，社群媒體具有以下四大優勢：

(一) 社群媒體的凝聚力強，銷售時容易鎖定目標客群。

(二) 透過即時、頻繁的互動，企業更容易建立品牌形象。

(三) 訊息傳播快速，可以即時更新資訊。

(四) 透過社群平臺將受眾分類，提升客戶管理的效率。

二、社群行銷的五大要點

簡單來說，社群行銷計有重要的五大要點，如圖 3-7，說明如下：

(一) 設定行銷目標及精準受眾

社群行銷第一個步驟就是要設定好行銷的目標及目的，到底是宣傳品牌目的、促進銷售目的、改變粉絲認知、加強對新產品上市認知或提高粉絲忠誠度、黏著度等各種不同目的。目的若不同，則社群行銷作法也會不同。

其次，要抓出行銷的精準受眾，了解其輪廓為何？有何特性、有何需求？才能做到精準行銷。

(二) 選定社群平臺

其次，就要選定運用哪一個社群平臺；例如，要投放網路廣告宣傳，那麼要投放在 FB、IG、YouTube、LINE、Google 聯播網、Dcard 或……等。由於社群廣告預算有限，也不能全部都投放，故要選定比較優

圖 3-6　社群行銷的四大優勢

01 社群媒體的凝聚力較強，銷售時容易鎖定目標客群

02 透過即時、頻繁的互動，企業更容易建立品牌形象

03 訊息傳播快速，可以即時更新資訊

04 可將受眾分類，提升顧客管理效率

圖 3-7　社群行銷的五大要點

先、合適及有效果的社群平臺先做。

(三) 規劃優質、受歡迎、有效果的內容及素材

　　第三個要素，就是要思考及規劃在社群媒體、社群粉絲專頁上，要推出哪些類型、哪些呈現方式的優質、受歡迎及有效果的內容及素材。如果內容很少人看、也沒有回應，那就是失敗的社群內容。

(四) 強而有力的行動誘因

　　第四個要素，就是希望能夠誘發粉絲群們看到內容後，能引發他們採取購買的誘因；因此，一些大抽獎、人人有獎，促銷優惠的行銷措施，就是很好的行動誘因。

(五) 追蹤成效，不斷優化、調整

　　最後一個要素，就是要定期透過社群媒體的粉絲數據結果，展開追蹤成效及目的達成效果如何。如果尚不理想，就要不斷優化及調整一些策略、方向、內容及作法，才能往好的結果前進。

3-5 某餐飲店的社群行銷術

一、社群行銷三大要素

　　某餐飲店透過三大要素：1. 產品力、2. 店頭魅力、3. 文案力，讓其三家餐飲店都能高朋滿座，而且每天都有源源不絕的消費者主動推廣，幫這三家店做正面口碑行銷。

(一) 產品力：獨家特色美食

　　　　餐飲店品牌操盤策略當中，最基礎的就是「產品力」，這也是餐飲必備的致勝關鍵，做出差異化的產品，打造亮眼有特色的餐飲商品。

　　　　「產品力」就是品牌擴散的基礎元素。

(二) 店頭魅力：消費者拍照上 FB 及 IG 分享

　　　　餐飲店有一個行銷必殺技，就是在店鋪設計的時候，一定把「讓人想拍照」這樣的場景元素設計進去，讓店鋪不會死板板，每個人來店都想「拍照上傳社群媒體分享」，透過這樣的場景設計，創造「口碑效應」。

圖 3-8　餐飲社群行銷三要素並重

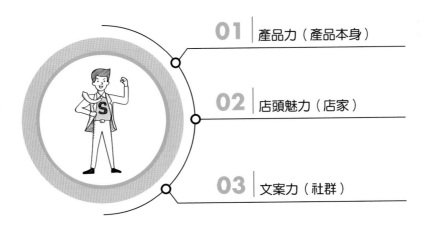

01 ｜ 產品力（產品本身）

02 ｜ 店頭魅力（店家）

03 ｜ 文案力（社群）

(三) 文案力

　　　　發文就是要思考「發文目的」及「發文主軸」是什麼？

　　　　社群發文有五個目的：

1. 以銷售為目的：希望透過貼文引發消費者到店消費。
2. 活動訊息：有時候舉辦一些活動讓粉絲參與，建立與粉絲面對面的互動。
3. 分享訊息：透過分享訊息與粉絲互動，建立與顧客間的情感。
4. 品牌形象：每一個訊息露出對品牌的用心以及希望跟消費者溝通的事項。
5. 善用顧客見證替品牌加分：顧客使用心得就是產品的最佳見證，上述幾個方向可以穿插使用，避免只有單一主題，讓粉絲感到枯燥乏味。

圖 3-9　餐飲業：社群發文五大目的

01　以促進銷售為目的

02　活動訊息發布

03　分享訊息互動

04　品牌形象建立

05　善用顧客見證替品牌加分

3-6 社群經營的要點、圈粉及工作角色分配

一、社群經營關鍵四要點

(一) 建立品牌好印象

想要讓粉絲變顧客，需為品牌建立好印象。以下為需注意事項：

1. 大頭貼照：使用店家或品牌的標誌或圖形符號，方便粉絲辨識。

2. 用戶名稱：使用店家或品牌名稱，方便粉絲辨識，也可以再加上「store」、「shop」等關鍵字，更容易搜尋。

3. 網站：利用店家網址或 Facebook 粉絲專頁連結網址，引導粉絲進入你的官方網站進行購物，以及參加社群優惠活動。

4. 個人簡介：用簡單幾句話介紹你的產品或服務，也可以加入品牌概念說明，或可善用「#」主題標籤。

(二) 視覺取勝，用照片、影片說故事

社群行銷最搶眼的內容就是每一則貼文的照片、影片；因此，在社群平臺上行銷，照片是最關鍵的因素。依貼文主題為產品巧妙搭配背景、燈光、擺設。再加入故事性、生活元素與品牌風格，形成一張張精美照片或一段影片，讓客群對產品留下深刻印象，達到推廣的效果，也更能提升客群對品牌的信任感。

(三) 設定行銷目標及客群

1. 目標客群：了解目標客群，才能為社群經營帶來最大的價值，不管男／女性、學生、青少年、小資族、上班族、銀髮族或專業人士，依目標客群的需求設計文案主題與活動進行推廣，如果預算足夠，還可以找合適的網紅或部落客為產品開箱。

2. 行銷目標：在進行任何行銷活動之前，必須訂定一個明確的目標，像是希望增加營業額、提高品牌曝光度、建立品牌形象，還是希望找一位網紅為你推廣新產品，增加更多追蹤者……等，有了清楚的行銷目標，才可以有方向性的分析行銷策略，讓你投入的時間及金錢產生最大效益。

(四) 標註地點與 Hashtag (#) 優化貼文

在貼文中標註地點，可以觸及更多你所在地區的用戶，而 Hashtag 是

圖 3-10 社群經營關鍵的四要點

01 建立品牌好印象

02 視覺取勝,用照片、影片說故事

03 要設定行銷四目標及客群

04 要標註地點與 Hashtag (#) 優化貼文

全世界用戶的共通語言,用戶可以快速搜尋到你的貼文。使用 Hashtag (#) 的技巧,應用簡短的關鍵字,比冗長的文字訊息來得更有效益。

二、社群經營的「按讚」迷思

現在很多人對於按讚的態度,從初期的滿腔熱血,到後來變得意興闌珊,可是看到親友貼文又不好意思不捧場。所以,擁有高的按讚數字並不代表提高了轉換率與關鍵績效指標 (KPI),更不代表會轉換成購買商品率。所以大家要想辦法增加的,應該是貼文的正面留言次數及轉分享次數。

圖 3-11 「按讚」迷思

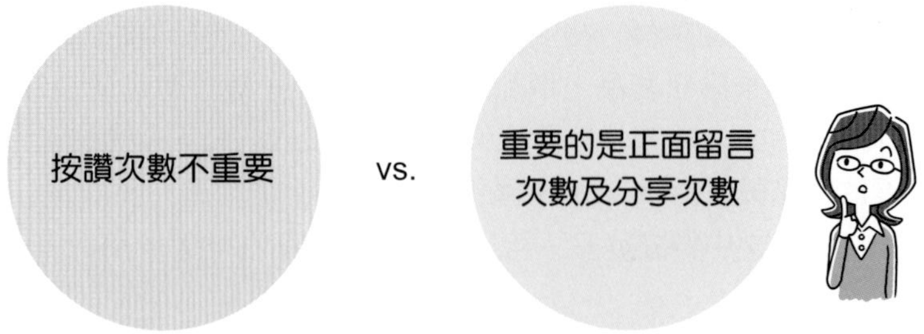

按讚次數不重要 vs. 重要的是正面留言次數及分享次數

三、圈粉

對品牌經營者而言，透過社群吸引粉絲、培養鐵粉，幾乎是品牌成功的關鍵。各行各業都要靠打造社群圈才能成功生存，每個人都要齊心協力塑造一種「圈粉」(Fanocracy) 文化，持續在顧客心目中留下深刻印象。

「圈粉」一詞的英文，由「Fans」及「Anocracy」組合成「Fanocracy」而來。fans 就是粉絲，anocracy 原本是政治學術語，意指不由政治體控制的「無支配體制」。因此，集結成粉絲體系，稱之為「圈粉」。

能夠留住人心，才是真正圈粉。按了一次讚，甚至短時間累積多少粉絲不是重點，對我們的品牌不夠認識，也不能算是粉絲。讓粉絲成為「鐵粉」，甚至成為「信徒」，是成功打造獲利模式的首要課題。總之，圈粉＝培養粉絲忠誠度。

四、三大策略決定圈粉成敗

商業品牌社群網站，要爭取粉絲的認同感，成為鐵粉，主要要特別注重以下三大策略：1. 視覺策略，引起共鳴；2. 內容策略，提高討論；3. 互動策略，產生口碑。

圖 3-12 圈粉

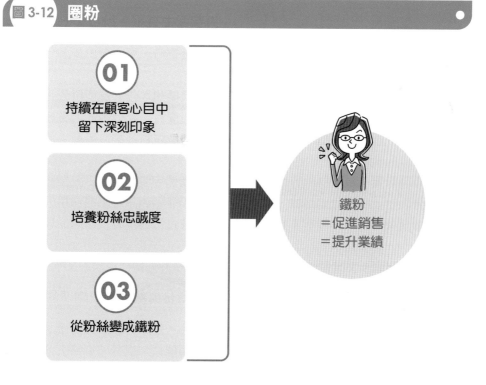

01 持續在顧客心目中留下深刻印象

02 培養粉絲忠誠度

03 從粉絲變成鐵粉

鐵粉
＝促進銷售
＝提升業績

圖3-13 圈粉成功的三大策略

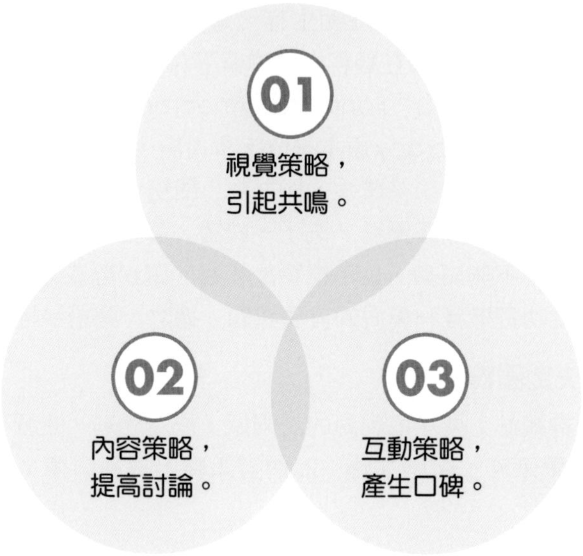

五、社群經營的工作角色分配

企業要經營 FB、IG、YouTube、LINE 網路社群時,可能會由多人分工來經營此網站,這些人的分工如下:

(一)**趨勢分析者**:趨勢分析對社群經營占有很重要的地位,這個角色必須知道目前受眾喜愛的內容方向是什麼,時事、節慶可搭配行銷的內容、產業趨勢分析,以及自身品牌優劣勢為何;對趨勢敏銳且社群意識高,通常能提供內容經營適當操作的靈感來源。

(二)**製圖設計者**:為社群內容經營設計可用的圖像,製圖者除了要能將影音、圖像內容,結合行銷目的,了解何種素材可達到訊息傳遞的功用外,對智財權及版權也需具備基本知識,提供原創或合法的內容,好讓品牌行銷使用。

(三)**文案撰寫者**:文案是一個品牌的靈魂,能完整的把靈魂釋放的文案撰寫者,是掌握品牌精神的關鍵角色。除了理解何種文案能抓住受眾的心,更要具備將文字帶有轉換下單的設計作用。

(四)**社群互動者**:小編人員擔任社群互動的角色,是維持品牌與受眾之間感情的協調者。好的互動者需要耐心與基本公關能力,以打破網路上人與人之

圖 3-14 社群經營工作者的五種角色分配

01 趨勢分析者

02 製圖設計者

03 文案撰寫者

04 社群互動者

05 成效分析者

企業組織內部的
「社群小組」必備的五種人才

間的距離,同時也提高品牌的好感度。

(五) **成效分析者**:成效分析者除了要全面了解這段期間規劃的內容外,也必須具備分析受眾反應與互動回饋的能力。除了知道數據要如何忠誠反應經營成果外,也要了解環境變化如何影響社群經營。

六、經營粉絲團的四層引導流程

(一) **第一層**:接觸。在粉絲團經營上的第一層目的,都是先「接觸」。先想辦法接觸到粉絲,或許是偶然的一篇文章吸引他,這是第一次的接觸。

(二) **第二層**:提升黏著度。想辦法使粉絲們持續地關注我們,提升黏著度。

(三) **第三層**:互動。如果有一天,粉絲願意開始與我們互動(按讚、留言、分享),代表著這樣的粉絲是願意開始用行動支持我們,會更容易吸引到他來消費。

(四) **第四層**：引發購買。最後才是接收銷售訊息。有些人經營粉絲團的盲點就是只 PO 營業資訊、銷售訊息，在貼文中毫無互動、溝通，只有冷冷的表達，所以也就不會想要繼續黏著了。

圖 3-15　經營粉絲團的四層流程

01 接觸　　**02** 提升黏著度　　**03** 互動　　**04** 引發購買

(五) 經營粉絲團溝通三元素

1. 與粉絲們溝通三元素：文案、圖片及影像三者。

2. 如何撰寫文案

(1) 「標題」是一個引頭，好標題會吸引人想要繼續往下看。只要讀者會被標題吸引，點擊進去，有流量，基本目的就算達成。

(2) 文案內容掌握三原則：①適時斷句。文字內容太長，會令粉絲懶得看。②應要「易讀」、「易懂」、「清楚表達」。僅使用白話文表達，不要太多專業名詞。③利用貼圖製作視覺效果。

圖 3-16　貼文三個元素

01 文案　　**02** 圖片　　**03** 影像

三者並重、兼具！

七、觀察粉絲的各種反應與評價

(一) 受眾反應就是讓品牌可以長久經營的關鍵。每一次的貼文是否能讓粉絲看了之後，產生進階的轉換動作，或是能否打造自主口碑傳播的效果。而所謂受眾的反應，即：按讚→留言→分享→購買等。

(二) 社群平臺洞察報告。不論是 FB 或 IG，每個商業帳號的後臺，電腦版或手機版其實都內建了各種大大小小的洞察報告數字。透過這些數字的呈現，我們可以觀察到整體帳號的成長、觸及率、互動率等，也可以逐一檢查單篇貼文的表現。

　　　另外，觀察法也可以評價。例如：收到 10 則留言，有一半留言是批評的，有一半是好的。我們可以觀察這些留言是正評或是負評。

　　　除了社群平臺留言之外，也有「給星評價」，五顆星代表滿意的滿分。

八、「內容產出」模式

(一) 不管是 FB 或 IG，一切都還是得依靠平時的內容及主動，來鞏固社群圈的厚度。社群圈愈厚，愈有機會影響陌生潛在粉絲，把他們圈進來成為粉絲。而我們也可以依據平常的貼文內容，不斷加強社群圈的凝聚力，此模式即是：

內容產出→觀察受眾反應→蒐集受眾回饋→調整內容再產出

(二) 所謂「內容為主」的意識逐漸抬頭，使專注在「內容行銷」變成社群行銷的重要指標。對 IG 而言，圖片及影片的吸引人視覺，就是最優先要經營的部分。視覺是抓住大家目光的敲門磚，而文字則是圈住粉絲的最好機會。

3-7 企業的社群行銷專題概述

一、企業與社群行銷的關係

1. 聲量：做曝光。
2. 口碑：做品牌。
3. 評價：抬聲望。
4. 導購：帶銷售。

二、各種社群媒體的不同特性

1. YouTube：影音內容、分享平臺。
2. Facebook：文、圖、影音綜合交友平臺。
3. Linkedin：文字內容，職場深度社群。
4. Instagram：文、圖、情境氛圍社交平臺。
5. Wordpress：文、圖、影音內容平臺。
6. LINE：文、圖，即時訊息交友。
7. Pintrest：圖、情境氛圍社交平臺。

三、各類型社群媒體的相關網站

如表 3-3。

四、各類型社群媒體的主要特性

如表 3-4。

五、社群可以為企業做什麼

1. ORM：Online Reputation Maintain（線上企業聲望維繫）。
2. OPR：Online Public Relations（線上公共關係）。
3. CRM：Customer Relationship Maintain（顧客關係維繫）。
4. WOMM：Word of Mouth Marketing（口碑行銷與品牌認同）。
5. BI：Business Intelligence (Customer Insight)（商業智慧／消費者洞察）。
6. 企業可以透過社群媒體與直接或潛在顧客溝通互動，甚至導購。
7. 透過社群媒體可以凝聚蒐集更多消費者動態意向。

表 3-3　各類型社群媒體的相關網站

	社群類型	相關網站
1	社交平臺	Facebook、Podcast、MySpace、SOCL、tumblr
2	討論區	巴哈姆特、Fashion Guide、Mobile01、卡提諾論壇、伊莉論壇
3	資訊媒體	Inside、Tech Orange、Womany、iswii、MMDays、數位時代
4	部落格服務	Wordpress、Wretch、Pixnet、Xuite、Blogger、Sina Blog
5	微網誌	Twitter、新浪微博、Plurk
6	即時通訊	Skype、QQ、LINE、WhatsApp
7	線上交友	愛情公寓、BeautifulPeople.com、Linkedin
8	網路相簿	Picasa、Flickr、Instagram
9	影音平臺	YouTube、Blog TV、Vines
10	社群書籤	Digg、Delicious
11	BBS	臺大批踢踢、Dcard
12	知識平臺	知識＋、Ask.com

表 3-4　各類型社群媒體的主要特性

	社群類型	主要特性	效益周期
1	社交平臺	擴散、散播與分享	時效短
2	討論區	議題討論與發展、串聯式互動	時效短
3	資訊媒體	報導性、分享性、自主性	時效長
4	部落格服務	個人媒體、口碑經營	時效長
5	微網誌	第一手資訊	時效短
6	即時通訊	即時連線互動	時效短
7	線上交友	發展較專注之人際關係	時效中
8	網路相簿	照片分享、透過照片互動	時效中
9	影音平臺	影片分享、透過影片互動	時效長
10	社群書籤	書籤分享、透過書籤互動	None
11	BBS	議題討論與發展、串接式互動	時效短
12	知識平臺	一問一答、置入性行銷	時效長

六、社群凝聚與擴散的影響力十大關鍵

1. 區隔多元與多樣的議題。
2. 明確精準與精確的族群。
3. 精心製作與設計的內容。
4. 常態蒐集與歸納的資料。
5. 內化吸收與消化的知識。
6. 專注投入與付出的經營。
7. 掌握議題與操作的敏感。
8. 互動回覆與回應的用心。
9. 穩定持續與不斷的發文。
10. 組織團隊與用人的投資。

七、社群溝通與認知關聯的建立順序

如圖 3-17。

圖 3-17 建立社群溝通的順序

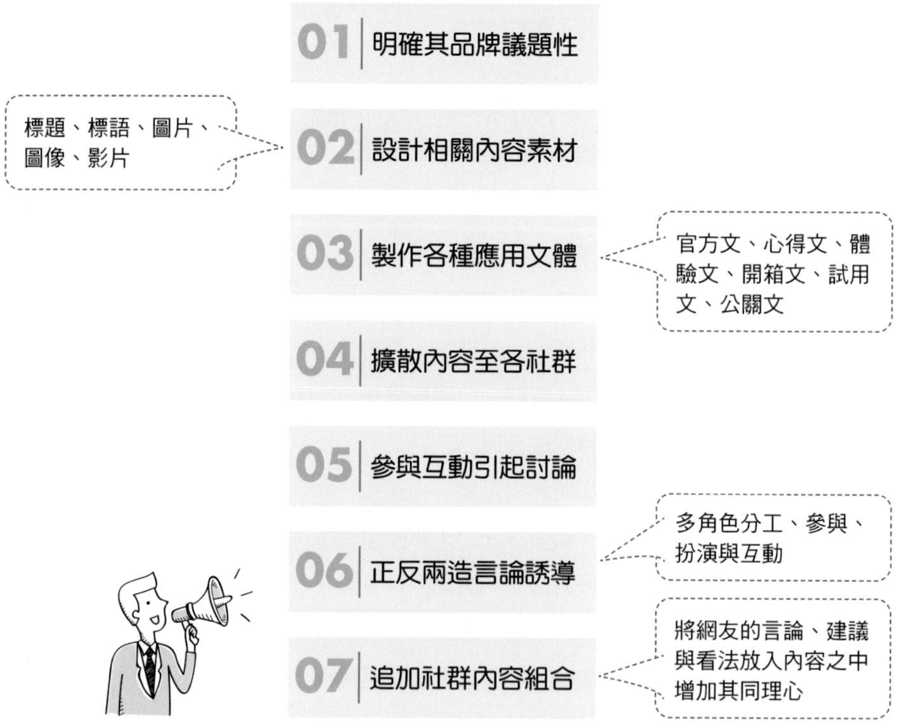

01 明確其品牌議題性

標題、標語、圖片、圖像、影片 → **02** 設計相關內容素材

03 製作各種應用文體 ← 官方文、心得文、體驗文、開箱文、試用文、公關文

04 擴散內容至各社群

05 參與互動引起討論

06 正反兩造言論誘導 ← 多角色分工、參與、扮演與互動

07 追加社群內容組合 ← 將網友的言論、建議與看法放入內容之中增加其同理心

八、社群內容的製作元素

如圖 3-18。

九、運用 BFD 公式，引起網友閱讀

1. Beliefs：信念，目標對象相信什麼、態度又是什麼？
2. Feelings：感受，他們的感覺、感受最強的是什麼？
3. Desires：渴望，他們最想要的是什麼，想要看見什麼？

十、社群行銷要持續長期地做

1. 花多少時間蒐集議題相關資訊，整理並消化成為可操作之議題。
2. 一年 365 天隨時都有進行各種議題的溝通與交流。
3. 每天必須分配足夠的時間發文、互動、回應與分析。
4. 每個議題操作的長短由觀察來的整個傳遞、散播狀況而定。

圖 3-18　社群行銷內容的製作元素

（一）故事性

| 01 加料的 | 02 真實的 | 03 感人的 | 04 敘事的 |

（二）製作元素

| 01 主題的 | 02 情境的 | 03 可渲染的 | 04 可記憶的 |

（三）自己所愛

5. 無時無刻都有熱門話題在社群蔓延著，是不是能隨時掌握。

十一、經營社群，應該做的事項

1. 持續觀察、監控與蒐集社群口碑。
2. 多元化故事行銷包裝議題與內容。
3. 使用符合企業品牌之內容作溝通。
4. 於官網、EC（電商）平臺做社交媒體優化。
5. 訂出明確溝通議題並設計其內容。
6. 需要持續口碑與議題的發布溝通。
7. 豐富內容多元化設計圖像與影片。
8. 結交與維繫相關社群媒體之關係。
9. 考慮社群導購，進行內容鋪梗包裝。

十二、經營社群，不應做的事項

1. 品牌溝通盡量避免用過度煽動議題。
2. 粉絲頁經營不要用他人的內容操作。
3. 社群人員工作安排盡量清楚，不要雜。
4. 各社群媒體操作要持續，不要炒短線。
5. 不要顧此失彼，依照有限資源做判斷。
6. 切記不要過度回應或是情緒性發言。
7. 避免過於刻板無聊單調的官方內容。
8. 不要純粹用利益的角度作社群行銷。
9. 純粹廣告的內容盡量不要直接使用。

十三、社群行銷內容的製作流程

如圖 3-19。

十四、社群行銷內容的型態

1. 新聞報導形式：速度。
2. 專業文章形式：深度。
3. 趣味分享形式：廣度。
4. 分析報告形式：準度。
5. 共同創作形式：參與度。
6. 影片音樂形式：娛樂度。

圖 3-19 社群行銷內容的製作流程

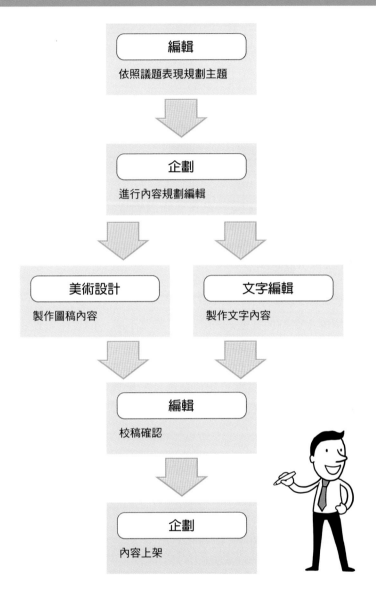

十五、經營社群，內容才是王道

只有做出符合網友需求、需要的內容，才能吸引網友持續黏著度、關注，並進一步獲得網友們的支持與回饋。

3-8 各社群平臺的使用度及優劣分析

一、FB

臺灣長期以來的社群平臺使用分布，以 FB 為最大宗。其使用年齡及性別也較平均，不僅是年輕族群，55~65 歲的中年人使用者也不少。如果目標族群是全年齡層的品牌，在 FB 上發展是比較理想的。

二、IG

臺灣使用率第二名的為 IG，主要年齡層仍以年輕族群用戶分布較多，約 18~35 歲，且女性使用者比例稍高一些。IG 以視覺為主，主打影音與圖片呈現的品牌，就會選擇用 IG 作經營工具。IG 可以大量呈現多張作品，限時動態版位的使用率也是全世界最高的。

三、Twitter

過去 Twitter（推特）在臺灣的市占率雖然不高，但近年來使用率有小幅成長。Twitter 的好處是轉推分享非常容易，只要按一個鍵就能分享到自己的頁面中，且動態消息的呈現方式，會以當下發出的貼文為優先曝光，所以能快速收到最新的消息。但 Twitter 對文字、圖片及影片的呈現就比較壓縮；所以，若想呈現比較多的文字內容或多張完整圖片樣貌，Twitter 恐怕就不太適合。

四、YouTube

至於以影像及音頻為主的呈現，在 YouTube 上發展內容，可以讓受眾獲得較佳的觀看體驗。

圖 3-20 各社群平臺使用的優點

01 FB
如果品牌的銷售對象是全客層，則多使用FB。

02 IG
如果品牌對象是18~35歲年輕人，則多使用IG。

03 YT
如果品牌宣傳素材是短影片，則多使用YouTube。

3-9 小型企業利用社群網站行銷的八項錯誤

社群網站蓬勃發展,加速資訊傳遞的速度,為小型企業帶來新商機;但利用社群網站行銷並非無往不利,專家建議小型企業利用社群網站行銷時,留心八個常犯的錯誤。

〈錯誤一〉未事先計畫

儘管許多社群網站提供免費應用程式,但花下去的時間就是金錢,所以須先確立目標、設定達成計畫、決定投入的時間和資源,以求開花結果。

〈錯誤二〉太快一頭栽入

並非每個社群網站都適合所有商家和企業主,如果一次嘗試所有平臺,反而容易顧此失彼。先研究哪個平臺最適合業務目標,以及競爭對手和客戶常用哪些平臺?

〈錯誤三〉忽略投資報酬率

小型企業的時間和資源均有限,所以要勤於追蹤網路行銷效果,以衡量是否值得投資。確保你有既定目標及檢核成果的方法。大部分社群媒體應用程式提供分析工具,並有求助欄解釋使用方法。

〈錯誤四〉未充分利用平臺建立品牌

每個社群網站平臺都提供眾多資訊欄,供企業填寫品牌訊息並插入圖像,但許多小型企業讓這些欄位留白,不僅未掌握吸引消費者的機會、降低自己出現在搜尋結果的機率,還破壞公司形象。

〈錯誤五〉沒有互動的老王賣瓜

在宴會上遇到只會自我吹噓的人最掃興。如果無法傾聽或讓消費者參與意見,網路行銷也徒勞無功。別害怕加入討論或發問,如果有人問你問題或發表言論,務必予以回應。

〈錯誤六〉不能面對負面評價

難免會碰到滿腹牢騷的客戶給了負面評價,但千萬別刪他們的貼文,以免被誤會成對自己的品牌不具信心。應該正面溝通並全力解決對方的疑慮,才能贏得

客戶忠誠度。

〈錯誤七〉捨不得花時間經營

在網路上經營品牌非一蹴可幾,須有投入時間的心理準備。社群網站行銷見效的關鍵,在於持之以恆的上網互動,即使一天僅 10 分鐘也行。如果無法投入時間,最好別貿然開始。

〈錯誤八〉欠缺熱情

社群網站行銷沒有熱情,就不會成功。如果企業主對網上互動不具熱情,但握有資源,不妨另找員工負責。

圖 3-21　小型企業利用社群網站行銷的八項錯誤

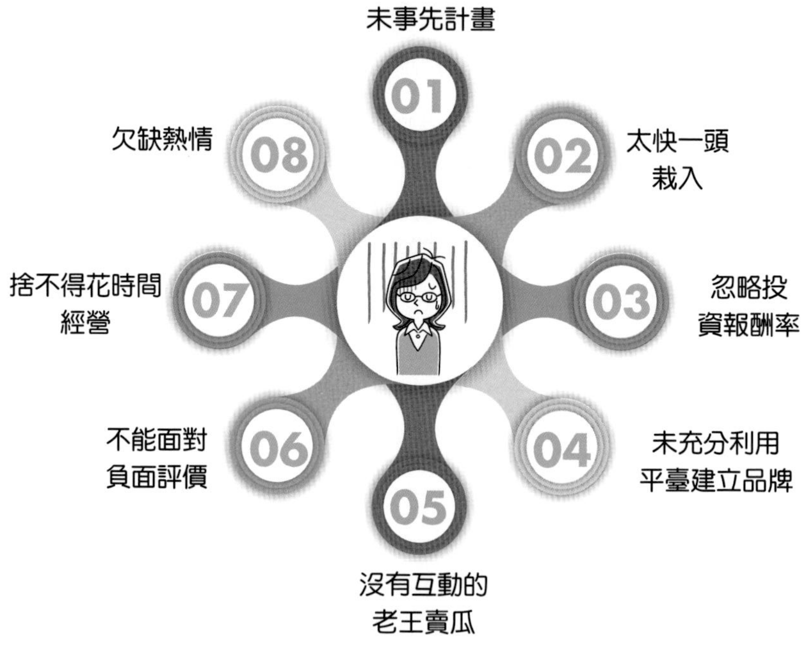

3-10　社群行銷的企劃案例

〔案例一〕○○購物網站社群行銷操作策略報告

(一) 消費者分析

根據資策會消費者輪廓與本購物網消費者年齡分析，34 歲以下網購族群占比約 72.1%，而本購物網則集中於 30~49 歲，約占 71%，消費者在年輕族群的品牌指名度有提升的空間。

(二) 社群貢獻度

近一年自社群平臺 Facebook 所導入的訪次，每月平均○○○○人次，客單價○○○○元，轉換率○○%，六月分加入新血經營後，造訪及業績均較前一個月略有提升。

(三) 競網分析

本公司購物網與競爭對手 MM 購物網屬性相反，MM 購物網站有以 Facebook 為操作平臺，每月流量約○○萬人次，推估營業額每月約○○○萬元左右，約占整體業績 1%，大量以贈獎活動與異業合作結合，提升社群。

(四) 社群策略

本公司購物網路族群年齡稍高，並以女性為主，在年輕族群指名度較低，因此社群策略在業績方面提升網媽族的消費；在流量導入方面，以提升年輕族群的指名度和信賴度。

圖 3-22　購物網站的社群行銷策略

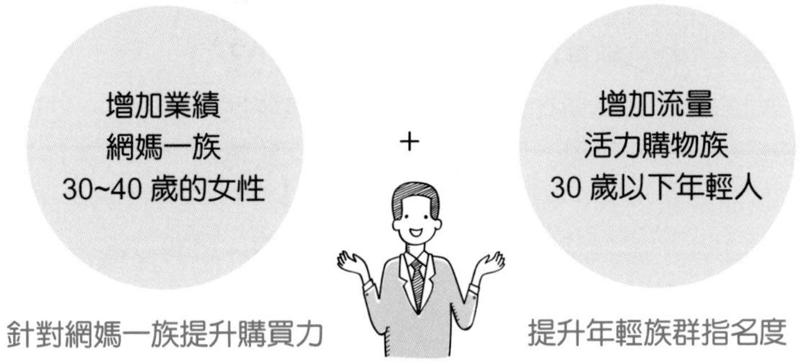

增加業績
網媽一族
30~40 歲的女性

＋

增加流量
活力購物族
30 歲以下年輕人

針對網媽一族提升購買力　　　提升年輕族群指名度

(五) 網媽一族特性

1. 社群天性：樂於與人分享、喜歡看部落格及 Facebook。

2. 最愛買：親子育兒產品、女裝配件、美妝保養品、生活用品。

3. 網媽一族的特性是易於分享好康、對價格敏感、並對親子產品等具高度興趣。

(六) 網媽一族——○○好省團

1. 對象：懷孕期間或小孩在 10 歲以下之父母。

2. 活動方式：申請加入○○好省團，不定期獲得用品，申請加入先贈送尿布、濕紙巾 8 折券，每月再贈送生活用品 85 折券，以吸引族群消費，繼續利用部落客、網媽口碑推薦，加強推文力道，加速導入新會員。

3. 試用品來源：從各廠商募集。

圖 3-23　使網購會員增加的策略

(七) 網媽一族——部落客大力寫手

　　部落客大力寫手，針對本網站熱賣商品為主，以「育兒親子類」、「女裝配件」及「美妝保養品」為標的，針對網媽一族喜愛的部落客做挑選，初期規劃 10 品交由知名部落客（每日流量在 5,000 人次以上）撰寫。

　　目前規劃：「育兒親子類」2 品、「女裝配件類」3 品、「美妝保養品」5 品。

(八) 網媽一族——精打細算比價網

　　本網站購物在這些比價網站的平均成交轉換率在○○～○○%之間，相較於單純的購物平臺，更能拉出客戶成交的最後一哩。參考國外社群＋導購的創新經營模式，如中國蘑菇街時尚購物社區及美國 yelp 網站，以網媽注重的生活、廚具及美妝保健類商品來比價，以獨立網址經營，隨時置入本購物網商品。

　　目前兩大比價網每月共約導入○○○○訪次，推估此網站建立後，有

機會導入〇〇〇〇訪次。

（九）**活力購物族**

　　特性：先從信賴度高的網站開始比價挑選商品，找到更便宜的時候，會挑選便宜的網站購買。

　　本公司購物網多數為看過電視購物、了解品牌、年齡層較高，但商品折扣具備競爭力，只要我們能夠成為年輕族群的口袋名單，就有機會達到成交。

　　利用社群提升年輕族群指名度和信賴感。

（十）**活力購物族──網路故事：省錢超人**

　　利用網路名人生動有趣的言論，以省錢超人為主題，利用其提高品牌在社群的擴散力。

　　活動方式：拍攝有故事的話題影片，吸引年輕網友傳遞話題。

　　影片平均閱覽次數約 300,000 次以上瀏覽。

　　省錢超人預估〇〇〇次觀看，預計導入〇〇％的流量。

（十一）**活力購物族──異業合作贈獎**

　　與電影、娛樂及目前廠商洽談合作，以資源交換的方式，獲得年輕族群所喜愛的贈品，以此開放試用及贈獎，預計活動排程如下：

　　過往一檔吸引〇〇〇人次點閱，其中約〇〇％為新訪客，6 個月約可創造〇〇〇人次新訪客。

（十二）**其他社群操作**

　　目前已在進行的社群活動如下：

1. WeChat 與 LINE 合作案：目前正在進行官方帳號的建立，頁面建置完成後即可上線。

2. Samsung 合作專案：與 Samsung 合作 Smartphone、SmartTV 上架 App，正進行 App 建置與合約簽訂。

3. 好嗨社群遊戲專區：以遊戲吸引網友黏著度，預計於 8 月底前上線營運。

（十三）**計畫預算**

　　本次社群擬執行「〇〇好省團」、「省錢超人」、「異業合作贈獎」、「部落客大力寫」、「精打細算比價網」等五個活動，預算預計〇〇〇〇〇〇元，約導入〇〇〇〇〇訪次，預計達成〇〇〇〇〇元實際業績及未來品牌效益。

〔案例二〕○○購物網站保健美妝社群經營報告

(一) 社群切入點

針對 30~39 歲女性族群，解決她們所在意的問題。

1. 我們有什麼

虛擬購物唯一主打嚴選價值的網購平臺。

2. 最需要品質保證的保健食品，健字號一次到位。

線上客服、商品評鑑等服務機制。

(二) 社群溝通主張

1. Woman Power

從商品延伸到新資訊，提供購物價值，給會員夠力的美麗。

2. 我們可以做什麼

(1) 經營品牌價值、提升社群人數

‧ 延續○○購物最大品牌價值──○○嚴選，提供高規格即時服務。

‧ 設計擬人角色，以第一人稱方式進行溝通。

(2) 利用新聞平臺創造議題及新族群領導人，以提升參與度

‧ 將主要訊息內容與○○新聞網同步，協請進行編輯，以轉載型式露出於粉絲團，讓粉絲相信內容具有新聞價值。

‧ 以商品或優惠，提供○○社群露出，導入新族群。

(3) 經營具有價值的內容，擴大傳播度。

除商品及優惠外，提供具有價值的知識內容。

(三) 社群經營第一步

1. 以健康美麗俱樂部為主題，同步刊登於○○新聞網＋○○購物網＋ FB。

滿足多數女性族群，導入潛在客層。

2. 以好的商品、好的知識為支持。

優勢商品：以線上最大健字號專賣店為首波主打。

3. 以專業醫師提升價值作為好的互動。

與站內同步，邀請醫師進行諮詢。

4. 取○○○諧音，設計「○○喵」形象，經營網址熟悉度。

(四) 整體溝通架構

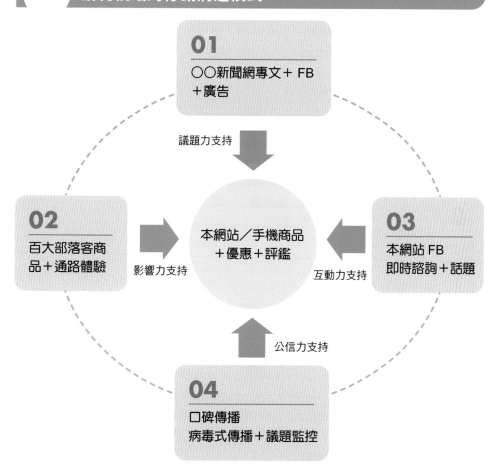

圖 3-24　購物網站的行銷溝通模式

01

○○新聞網專文＋FB
＋廣告

議題力支持

02

百大部落客商
品＋通路體驗

影響力支持

本網站／手機商品
＋優惠＋評鑑

03

本網站 FB
即時諮詢＋話題

互動力支持

公信力支持

04

口碑傳播
病毒式傳播＋議題監控

(五) 執行說明——專業性

第一波溝通主題

代謝力決定妳的健康與美麗
給妳兩大武力：輕盈力與裸實力

1. 針對會員輪廓偏好，分別邀請三位醫師駐站。
   - 婦產科：○○○主任醫生／醫學大學附設醫院。
   - 小兒科：○○○院長／診所院長。
   - 醫美整形外科：○○○經理／健康事業。
2. 依據商品波段制定主題，每月 9 篇，形成專欄。
   - 增加本網站商品主題活動議題充實度。
   - 刊登於新聞網頻道，增加可信度。
3. 本網站 FB 社群：健康美麗問診室。
   - 每週 1 小時進行粉絲互動，專業團隊 Live 諮詢。
   - 新聞網健康頻道文章有限度轉載。

(六) 執行說明──影響力

> 鎖定輕盈力與裸實力－兩大波段主題
> 以保健／美食商品為主力

1. 人選 Must
   - 市場知名度：近期單日訪次均值○○○以上。
   - 部落客發文主題與產品契合度。
2. 產品 Must
   - 廠商相對能投入資源，提供通路優惠組合者。
   - 除主題契合度外，另考量後續合作與培植性。
3. 合作 Must
   - 圖文授權○○○與○○○使用，增加銷售賣點。
   - 以導流為目的，同步利用部落客本人 FB 發布文章。

(七) 執行說明──部落客體驗

以人氣部落客花猴為例：○○○溫泉酒店體驗撰文。

1. 中午 12 點造訪○○○○人次。
   新發文於 2 小時瀏覽人次達萬人，FB 粉絲近○○萬。
2. 部落客與網路社群中，相當於藝人經營。
   對各自部落格要求高，圖文均會經過編輯。
3. 該部落客以營造生活的優雅質感為主，搭配老公（阿宅）的攝影，可依據酒店特色做發揮。

(八) 執行說明──**價值力**

　　1. 24 小時速達體驗組，立即解決你的問題。

　　　　‧ 針對主題、跨廠商包裝單週體驗。

　　　　‧ 結合 FB 募集體驗心得。

　　2. 評鑑再升級，專業營養師即時回覆。

　　　　‧ 專案約聘營養師，針對保健館評鑑作即時問答。

　　　　‧ 彙集問題，發布於網站內作為會員自我診斷。

　　3. 保健館 Care U 電子報

　　　　保健館訂單設計專屬電子報，關懷餐後滿意度。

(九) **第一波時程規劃──七月**

	類別	項目	7/W1	7/W2	7/W3	7/W4
1	活動端	活動主題及波段確認 (7/17~8/11)				
2		前置作業規劃執行				
3	專業醫師	合作模式確認				
4		攝影等前置作業進行				
5		首次上線諮詢				
6	部落客	部落客及商品確認				
7		寫稿／審稿				
8	廣宣	廣宣計畫提出 (7/9)				
9		製作期				
10		上線				

　　部落客宣傳為波段操作，預計 7/17 與廣宣同步上線。

(十) **預算與目標──○○年第三季**

　　以三個月為週期，相關社群操作媒體編列○○○萬元。

　　1. 直接效益；營收新增○○○○萬元，占目標營收比○○ %（目標○○億○○萬元）。

　　2. 間接效益：網站形象宣傳，提升消費者體驗，養成社群正向力。

	類別	項目／月分	7 月	8 月	9 月	Q3
1	預算	部落客	萬	萬	萬	萬
2		三師＋營養師	萬	萬	萬	萬
3		社群媒體	萬	萬	萬	萬
4		新聞網	萬	萬	萬	萬
5		小計	萬	萬	萬	萬
6	效益	導入訪次	人次	人次	人次	人次
7		轉換率目標	%	%	%	%
8		銷售件數	件	件	件	件
9		新增營收	萬	萬	萬	萬
10	投產比					

〔案例三〕某購物網社群行銷作法分析

（一）○○購物網近 3 個月，每月流量約 18 萬人次，營業額每月約○○○萬元左右，約占整體業績 1.1%，大量以贈獎活動與異業合作結合，提升社群。

項次	類別／月分	4 月	5 月	6 月
1	訪次	183,411	179,567	185,344
2	轉換率	3.2%	3.3%	3.1%
3	客單價（元）	1,846	1,727	1,672
4	業績金額（元）	10,834,454	10,233,702	9,606,750

（二）分析近半年發文類型，共有六種主要類型，大致發文分配如下，其中生活化的網路分享最多人按讚，抽獎最多留言，部落客發文最多人分享。

編號	發文類型	發文頻率	發文占比	按讚次數	留言次數	分享次數
1	商品推薦	每天 5 篇	68%	463	7	13
2	每日一賠	3 天 1 篇	12%	456	12	5
3	網路分享	2 天 1 篇	17%	4,265	28	356
4	部落客分享	1 月 1 篇	0.5%	2,133	411	376
5	吉祥物	1 週 1 篇	1%	1,356	12	17
6	按讚抽獎	1 週 1 篇	1%	2,765	499	352

(三) 每日一賠

　　留言標的：針對 3C 產品，以故事方式利用 300 字左右文章敘述。

　　平均按讚數：456

　　平均留言數：12

　　平均分享數：5

　　發文頻率：3 天一篇

(四) 網路分享

　　留言標的：針對網路熱門圖片進行轉貼，多為可愛寵物、有趣事物分享。

　　平均按讚數：4,265

　　平均留言數：28

　　平均分享數：356

　　發文頻率：2 天一篇

(五) 部落客分享

　　留言標的：與部落客合作適用商品，並在粉絲團發文加強宣傳。

　　平均按讚數：2,133

　　平均留言數：411

　　平均分享數：376

　　發文頻率：1 月一篇

(六) 吉祥物露出

　　留言標的：主要露出吉祥物，宣傳品牌。

　　平均按讚數：1,356

　　平均留言數：12

　　平均分享數：17

　　發文頻率：1 週一篇

(七) 按讚抽獎

　　留言標的：粉絲按讚＋留言＋分享，可以抽試用品或禮券。

　　平均按讚數：2,765

　　平均留言數：499

　　平均分享數：352

　　發文頻率：1 週一篇

問 題 研 討

1. 請說明社群的定義為何。
2. 請列出國內社群平臺使用率最高的是哪四種。
3. 請說明社群行銷的定義為何。
4. 請列示網路社群行銷有哪三個優點。
5. 請分析傳統行銷與社群行銷的區別在哪裡。
6. 請列出社群經營關鍵的要點為何。
7. 請說明何謂圈粉。
8. 請列示社群經營的工作有哪五種角色。
9. 請說明內容產出模式為何。
10. 請列示社群行銷五項要點為何。

Chapter 4

臉書行銷綜述

4-1 何謂臉書？臉書粉專已成為行銷一環

4-2 建立粉絲專頁的必備資料、使用工具及製作步驟

4-3 企業的臉書粉絲團經營要訣

4-4 臉書行銷的功能及效益評估

4-5 臉書廣告常見的失敗原因

4-6 臉書發文的設計策略、操作粉絲互動及提高銷售轉換率

4-7 紮穩六個基本功：避免經營 FB 粉絲團徒勞無功

4-8 十種增加 FB 貼文觸及率的方法

4-9 FB 臉書廣告投放失敗的六大原因

4-10 臉書廣告無效的五個原因

4-11 造成 FB 廣告成效不佳的九大原因

4-12 臉書廣告的格式與版位

4-13 如何使用臉書廣告的受眾洞察報告

4-14 網路直播的優勢、直播平臺及步驟

4-15 臉書行銷與經營案例

4-1 何謂臉書？臉書粉專已成為行銷一環

一、何謂臉書

（一）臉書 (Facebook, FB) 是一種提供社交網路服務的網站。是一個人與人可以互相連結，並透過相片、影片、個人近況日記、隨時隨地傳達網路意見留言……等，享受溝通樂趣的虛擬空間。臉書最基本的功能便是「留言」，包括個人近況、上傳自己拍的相片／影片、以及轉貼欣賞的歌星／明星相關 YouTube 影片、推薦網站的連結等，都可以透過在塗鴉牆留言的方式來與朋友分享。

（二）臉書是一種社交平臺，幫助人們把真實世界中的朋友圈搬到網路，利用這個數位工具，人們以圖文分享和按「讚」(Like) 的機制，達成自我表達、與人連結，進而讓人際關係產生更緊密的歸屬感，無論使用者居住在哪一個國家或城市。

二、臺灣熱衷臉書全球第一，1,000 萬人天天上線

（一）**臺灣每天至少 1,000 萬人上臉書**：臺灣人瘋臉書程度居全球之冠。據臉書官方公布的臺灣用戶數據，每天至少 1,000 萬人上臉書。以臺灣 2,335 萬人口估算，等同每 10 人中有逾 4 人每天使用臉書，比任何國家的民眾對臉書還「黏踢踢」。臺灣人黏臉書的程度高於以往任何網路平臺，但能不能將「按讚」化成實際行動，有待觀察。據臉書官方數據，臺灣每月平均 1,400

表 4-1 臉書 (Facebook) 小檔案

創 立 時 間	2004 年 4 月
創 辦 人	祖克柏 (Mark Zuckerberg)
特 色 功 能	可免費申請帳號、開社團、設粉絲專頁、建立活動、玩遊戲、即時通訊、打卡按讚、分享等功能。手機版、電腦版均可用。
用 戶 數	全球每月至少用一次的用戶有 15 億人，每天至少用一次有 10 億人，約 1,800 萬個粉絲專頁。
臺灣用戶統計	每月活躍用戶：1,400 萬人，每天活躍用戶：1,000 萬人。

圖 4-1　臉書的使用功能

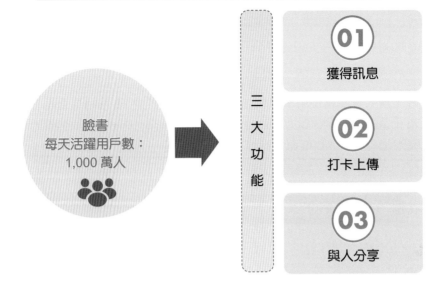

臉書
每天活躍用戶數：
1,000 萬人

三大功能

01 獲得訊息

02 打卡上傳

03 與人分享

萬人，每天約 1,000 萬人上臉書，其中 710 萬人透過智慧型手機或平板電腦登入，每天至少用一次的活躍用戶，占每月活躍用戶比率達 71%，較香港 67% 及全球 61% 要高。

(二) **隨時隨地打卡留言**：臉書的出現令民眾生活型態有不少改變。打卡（在臉書上標示所到之處的地理位置）是特別流行的現象。臺灣人喜歡隨時隨地透過臉書打卡、即時分享照片，特別是餐廳美食、人物自拍。臉書漸漸成為現代人獲得訊息及分享的主要管道。愈來愈多人不看入口網站或新聞網站，而是透過臉書個人化的動態時報收看新聞，掌握親朋好友動態。不少民眾愛在餐廳吃飯時，把菜餚拍照上傳臉書打卡，以致上菜後不能馬上舉箸，要先拍照打卡。

(三) **餐廳利誘打卡宣傳**：不少店家也透過臉書行銷，如餐廳給來店消費打卡者折扣優惠。業者說，此優惠可讓打卡者和臉書朋友都廣為宣傳，拓展知名度。

三、強而有力的行銷：臉書是史上最強的攬客工具

FB 目前全球會員人數超過 27 億人，已是全球最大社交網路服務公司。表 4-2 是各公司在 FB 的粉絲人數。

表 4-2	美國企業的 FB 粉絲人數表				
公司	美國可口可樂	美國星巴克	迪士尼	愛迪達	臺灣 7-11
粉絲人數	1 億	3,673 萬	5,275 萬	3,774 萬	350 萬

　　為什麼連名媛貴婦使用的歐洲名牌精品也都要設立 FB 粉絲專頁呢？原因就在於社群行銷的超強攬客能力，這些精品名牌看重的就是臉書驚人的攬客特質。目前，臺灣國內已有 1,800 萬人登錄為臉書的會員。

圖 4-2　臉書具有超強的行銷力

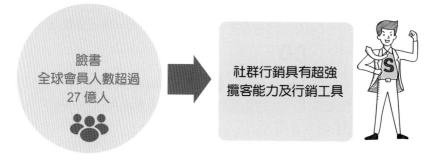

臉書
全球會員人數超過
27 億人

社群行銷具有超強
攬客能力及行銷工具

四、FB 粉絲專頁已成為行銷一環

(一) 根據 2020 年統計，FB 每月有超過 27 億的活躍使用者，如果把旗下著名的服務加入統計，其中 21 億使用者還會同時使用 Instagram、Whatsapp、Messenger。有超過九成六是透過行動裝置登入的會員，根據數據顯示，FB 觸及到多達 60% 的網路使用者，儼然成為最受歡迎的社群平臺。

(二) FB 網路黏度強，使用者可以透過網路，經由電腦、平板、智慧型手機……等管道，連繫所有會員。經由社群力量，無論個人、社團，甚至是公司行號，都能在 FB 上連繫及交流。FB 粉絲專頁更能協助公司、組織與品牌分享動態，與用戶連結。隨著 FB 的流行，粉絲專頁已經成為行銷重要的一環。

圖 4-3　FB 是良好溝通的行銷工具

01 吸引粉絲、與粉絲互動交流

02 把企業的產品及促銷訊息傳達給粉絲

03 建立品牌知名度及好感度的很好行銷工具之一

4-2 建立粉絲專頁的必備資料、使用工具及製作步驟

一、申請臉書 (FB) 帳號

建立粉絲專頁前，必須先擁有 FB 帳號。只要準備一個 E-mail 帳號，再輸入一些基本資料，就可以申請了，註冊完全免費。以下簡單說明 FB 帳號的申請方式：

(一) 開啟瀏覽器，在網址列輸入 http: www. facebook.com 進入。

(二) 首頁會顯示註冊表單，先在欄位中輸入姓氏、名字、電子郵件……等相關資訊，接著選按「註冊」鈕，再經過搜尋朋友、基本資料填寫與大頭貼照上傳，即可完成帳號註冊。

二、建立粉絲專頁前的準備資料

(一) **粉絲專頁名稱**：好的名字等於成功的一半，一個好的粉絲專頁名稱，簡潔、有力，更要好記、好找，店家多會直接使用公司名稱命名，或可以從產品服務關鍵字思考。

(二) **封面相片**：剛進入粉絲專頁時，首先映入眼簾的就是封面相片，所以第一件事當然就是為全新的粉絲專頁新增封面相片。當公司有新產品、新服務、新活動、新消息時，不妨更換封面相片進行宣傳，效果會更好。

(三) **大頭貼**：大頭貼代表粉絲專頁的風格，為粉絲專頁設計一個顯眼而具代表性的大頭貼，不僅能加深瀏覽者印象，也能夠協助其他粉絲找到這個粉專，許多店家會選擇使用 Logo 標誌作為大頭貼。

(四) **專業詳細資訊**：為粉絲專頁加入店家描述，除了一般業務內容，還要包括營業時間及聯絡方式，讓用戶可以快速找到你。

圖 4-4　建立粉絲專頁的四項準備資料

| **01** 粉絲專頁名稱 | **02** 封面照片 | **03** 大頭貼照片 | **04** 專頁的詳細資料 |

三、粉絲專頁封面照片使用注意事項

進入粉絲專頁，第一眼看到就是大大的封面照片，透過一些主題素材的搭配，再加些創意，就能呈現充滿設計感，又兼具巧思的封面照片，緊抓粉絲目光。例如：餐廳裡受歡迎的菜色、鞋店中熱賣的球鞋照片……等，都是粉專很好的封面素材，不僅可以吸引粉絲，還能突顯最新活動與專頁特色。

圖 4-5　粉絲專頁封面照片

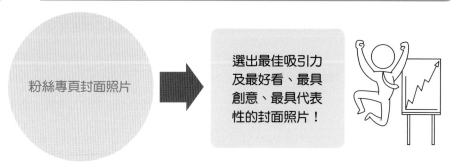

粉絲專頁封面照片　➡　選出最佳吸引力及最好看、最具創意、最具代表性的封面照片！

四、粉絲專頁的使用工具

臉書是歡迎廠商在平臺上從事商業行為的，主要有四種工具，如下：

(一) 粉絲專頁 (fan pages)：所有人都可以瀏覽。

(二) 社團 (Group)：擁有臉書帳戶用戶才能瀏覽。

(三) 廣告：主要為聚焦行銷廣告，要收費。

(四) 在粉絲專頁裡，FB 還提供給管理者「精準行銷」的數據分析工具。包括：

圖 4-6　臉書平臺上的四種工具

01 粉絲專頁

02 臉書社團

03 臉書廣告

04 精準行銷的數據分析工具

粉絲數目的變化、屬性分析、互動參與、新收的按讚數、人口統計圖表……
等。

五、製作粉絲專頁的七大步驟

廠商製作粉絲專頁，應有如圖 4-7 的七項步驟。

圖 4-7 製作粉絲專頁的七大步驟

01 進行競爭者調查 ----- 例如：專頁名稱不要相同

02 決定策略、大方向 ----- (1) 目的與角色定位
(2) 主要目標客層
(3) 名稱為何（例如：商標、品牌名稱、命名）

03 建立粉絲專頁

04 加入數位內容（各頁面內容） ----- (1) 塗鴉牆
(2) 資訊
(3) 網誌
(4) 影片
(5) 照片
(6) 連結
(7) 活動
(8) 討論

05 設法加入核心粉絲多少人

06 開始與粉絲對話

07 針對如何增加粉絲而思考行銷策略

4-3 企業的臉書粉絲團經營要訣

一、粉絲專頁經營的三個 C

粉絲專頁最難的不在於製作，而在於每天的經營與管理。重要者有三點：

(一) **數位內容（Content ＝與粉絲共享）**：粉絲專頁裡的塗鴉牆留言（如訊息、連結、相片及影片等），管理者每天需在塗鴉牆貼文，最好有一篇與粉絲分享。

(二) **溝通（Communication ＝與粉絲對話）**：藉由與粉絲間的互動，可以讓廠商有全新的發現。因此，與粉絲直接對話的互動功能，絕對不可少。

(三) **競賽（Contest ＝競爭意識）**：各公司粉絲專頁如何贏得粉絲的注目爭奪戰，必須有競爭意識，以贏得粉絲每天忠誠的瀏覽或留言按讚。

二、成功經營企業 FB 粉絲團的十大訣竅

國內臉書粉絲團行銷專家權自強 (2013) 依其過去曾為三十多家中小企業業者，專職經營 FB 粉絲團的豐富經驗，綜合歸納出與成功經營 FB 粉絲團的十大訣竅，如下簡述：

圖 4-8 好的粉絲經營三個 C

01
好的內容（好貼文、好的貼圖、好的影片）
(Content)。

02
好的互動、溝通
(Communication)。

03
好的競爭意識
(Contest)。

（一）首先，命名正確就已成功一半。如果是有品牌的企業，就以品牌來命名；如果不是大品牌，他認為，以推廣的理念命名會優於機構名稱。例如：我會變瘦粉絲團、貓奴互助會等，比較沒那麼多商業化氣息，也可以爭取目標群眾的認同感。

（二）第二個要素是，互動模式比「一言堂」的單項資訊傳遞，更能活絡粉絲團。一個叫做「釣魚人」的粉絲團，鼓勵網友將自己釣的魚 PO 上去跟大家分享，比起部分名人單一訊息的張貼，更能創造互動。

（三）而創造互動的好處，是有助於增加訊息在 FB 上曝光的機會。不過，究竟該怎樣增加互動？因此，第三個要素就是：要創造或留意可被分享的「有梗」內容。要不斷地去想其他人會想分享這則訊息嗎？通常有趣的標題、圖片和影片，較易吸引人。

（四）第四，多用疑問句製造互動。例如：「下午天氣不好，外面下起了雨」，這是肯定句，不易引起互動。比較好的方式是：「外頭有下雨嗎？」（疑問句）「請大家說一下自己住的縣市有沒有下雨？」（要求問答句）「請大家說說住的地方的下雨情況，從回答的人裡頭抽出一個，送 new iPad 一臺。」（禮物回答句）

（五）第五，多用上傳圖片來發文。「永遠不要只發文字而已」，因為圖片占的分量比較大，在塗鴉牆較容易被看到，而且可愛或特殊的圖片，可增加被分享轉載的機會。

（六）第六，發文的時間點有學問。一般來說，最佳的發文時間為週一到週五的 7:00~9:00、13:00~14:00；還有週一到週四的 19:00~24:00，分別是上班族通勤、午休和晚上下班的時間。通常週五晚上到週日下午都不適合發文，因為大家多半會外出，但週日晚上 19:00~24:00 也是一個好時機，大家外出返家後，通常會看看 FB 訊息，或是上傳出遊照片分享。

（七）第七，多辦虛擬或實體活動，活絡粉絲團。可在粉絲團上推出集滿多少粉絲就可抽大獎，或是只要按讚就捐錢給公益團體，或徵求兔年兔寶寶照片等活動。另外，也可不定期舉辦實體網聚，凝聚向心力。辦活動重點不在於活動設計多巧妙，而是人人都可以參與。因此，他建議，設計的遊戲或活動要愈簡單易懂愈好，遊戲規則也是愈短愈好，最好一天就可以玩完。他強調，粉絲要的是好玩有趣，而不是獎品的大小。

（八）第八，人味很重要，要投入你的角色。「立康阿嬤的中藥保健園地」粉絲團，會用阿嬤的臺灣國語和口吻來發文，分享保健知識，角色的經營就很到位。

（九）第九，透過發文拉近距離。「各位家長覺得如何？」和「爸爸媽媽們覺得

怎麼樣呢？」兩者的問法就有明顯的距離感差異，要盡量拉近和粉絲的距離。

(十) 第十，第一人稱和第三人稱的差異。粉絲團的經營要多用第一人稱，讓粉絲覺得是你在寫自己的親身體驗，會更有親切感。

圖 4-9 成功經營企業 FB 粉絲團的十大要訣 ●

01 命名正確就成功一半

02 強化與粉絲的互動性

03 要創造有梗的內容

04 多用疑問句製造互動

05 多使用上傳圖片來發文

06 發文時間點有學問

07 多舉辦虛擬或實體活動，以活絡粉絲團

08 人味很重要，要投入你的角色

09 透過發文，拉近距離

10 要多用第一人稱，會更有親切感

三、企業內部專人負責經營粉絲專頁

經營 FB 粉絲專頁需要花時間，得有人負責定期更新內容和資料，配合企業的目標，適時推出對應的行銷活動，經營者最好是能代表公司的人。對企業不熟的人，寫起 FB 的內容會有種隔層紗的熱情不足。然而，不管內包或外包，做 FB 行銷都還不是那麼大的問題，重點在於是不是找到對的人才。

在美國，「社群經理」(Online Community Manager) 是一個發展中而且逐漸重要的職務，主要的工作內容是社群領域的行銷。從執行面來看，社群經理人要具備公關經驗、會做行銷、又能辦活動，會拍照、寫稿、還要有面對危機處理的 Know-how 和對話的能力。社群經理職務屬於新興領域，臺灣的企業傾向把社群經營掛在行銷部門，學校裡尚未有「社群經理系」等學科培養專業人才，更彰顯了社群行銷人員自我養成的重要性。

圖 4-10 社群經營需要專才

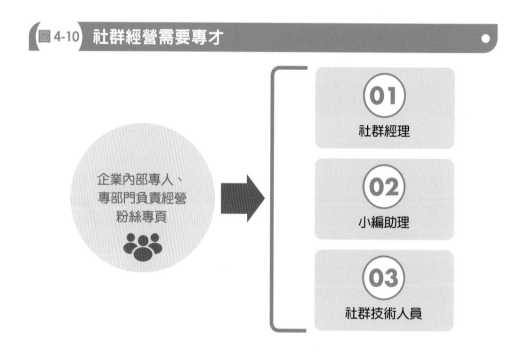

企業內部專人、專部門負責經營粉絲專頁

01 社群經理

02 小編助理

03 社群技術人員

4-4 臉書行銷的功能及效益評估

一、臉書行銷的功能（成效）

臉書行銷的各種操作方式，可對廠商帶來下列正面的功能和效益：

1. 打造及提升品牌知名度、喜愛度及忠誠度。
2. 強化與顧客的黏著度。
3. 創造口碑傳播效應。
4. 宣傳公司及品牌各種訊息。
5. 為顧客帶來各種折扣或優惠。
6. 促進產品的銷售業績。
7. 與顧客建立即時與互動的關係。
8. 讓顧客適度參與公司的產品創意及評核。

二、如何知道在臉書行銷的效益

粉絲專頁成立後，粉絲也上門了，如何知道是誰經常拜訪你的粉絲專頁？還有，粉絲們在專頁上都做些什麼事呢？「精準數據分析」是 FB 平臺中提供給粉絲專頁經營者的績效測量工具，幫助經營者找出粉絲的資料，以及粉絲在專頁的各種活動情形。包括每天和每月的活躍用戶、點擊數、瀏覽數、回應

圖 4-11　FB 的八大行銷功能

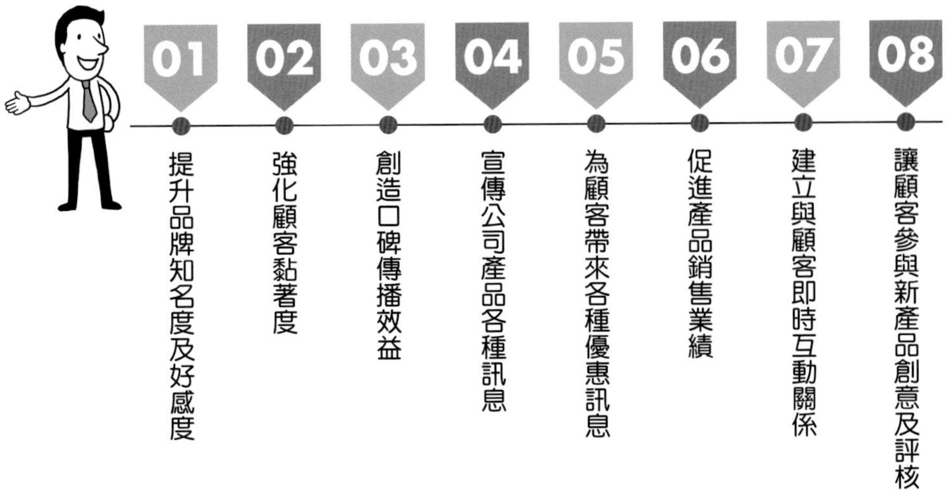

01	02	03	04	05	06	07	08
提升品牌知名度及好感度	強化顧客黏著度	創造口碑傳播效益	宣傳公司產品各種訊息	為顧客帶來各種優惠訊息	促進產品銷售業績	建立與顧客即時互動關係	讓顧客參與新產品創意及評核

率、每天的按「讚」數、累積的按「讚」數、粉絲數和粉絲的組成分析、互動的程度（塗鴉牆訊息、影片、照片、收看率）等，還有粉絲專頁的外掛應用程式和廣告效果，精準數據都可以告訴你。

比對數據資料，看看什麼東西受到粉絲的歡迎，什麼內容粉絲反應冷淡。如果這些數字都呈現正向的成長，表示你的粉絲專頁正朝著好的方向進行。如果不是，就要好好檢討。拜 FB 數據可得性和即時性之賜，行銷人員可以準確評估及優化行銷活動的基礎，在和消費者互動的過程中，與時漸進地測試、改進行銷及媒體策略等。

三、臉書可以省下多少行銷費用

美國 Vitrue 公司根據對大小品牌操作 FB 的經驗數據，統計分析出粉絲的價值，當一個企業專頁擁有十萬粉絲，等同於產生了約臺幣 1,000 萬元（33 萬美元）的媒體價值。這是之所以粉絲團夠大的粉絲專頁，可以成為一個自營媒體，自己生產內容給粉絲讀者，省下仰仗外部媒體的大筆費用。

大企業的百萬粉絲團可以轉換的廣告價值就更高，數字上看億元。中小型的粉絲專頁，如果粉絲數達 1 萬人，保守推估也約有臺幣百萬元的廣告效益。

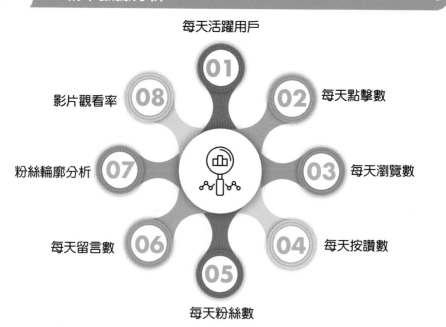

圖 4-12 FB 精準數據分析

每天活躍用戶 01
每天點擊數 02
每天瀏覽數 03
每天按讚數 04
每天粉絲數 05
每天留言數 06
粉絲輪廓分析 07
影片觀看率 08

圖 4-13　高粉絲量＝高媒體價值

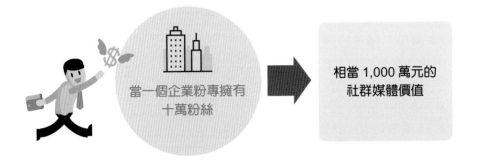

當一個企業粉專擁有
十萬粉絲

相當 1,000 萬元的
社群媒體價值

四、回應粉絲的批評

在 FB 粉絲專頁上的惱人廣告和垃圾留言，想當然爾，要經常清除，但是哪些看起來是對企業品牌的批評罵聲呢？真想把那些負面文字都刪除掉？千萬不要！哪裡出錯就面對解決！

建立品牌忠誠度最好的方法，就是用誠實的心態和透明的溝通與粉絲交往，儘管是出現在塗鴉牆上的負面評論，也要讓它自然消長，而不要刻意消音。回應 FB 批評是一種危機處理，在搞清楚狀況並著手解決問題的時候，行銷界慣常有兩種處理方式，一是讓社群中的粉絲來回應，另一種是經營者在外部平臺回應。

圖 4-14　解決粉絲批評

面對粉絲批評

01
用誠實心態及透明溝通
方式，回應給粉絲們

02
不要刪掉負面文字

當問題太過針鋒相對時，專家建議用 FB 粉絲專頁以外的平臺回應。例如：傳送 FB 私人訊息給粉絲，或在官網、部落格及其他媒體頻道公開說明，這是避免日後無止境的謾罵一再於 FB 發生。

五、FB 廣告：精準行銷

FB 廣告幫助行銷人員做精準定位，在這之前，我們幾乎沒有看過任何一個廣告系統，可以針對特定的年齡、性別、區域和興趣、學經歷、工作地點做廣告，當這些條件加起來要找到精準受眾時，會更彰顯這個工具有多麼好用。

買 FB 廣告可以找到目標粉絲！在一開始的時候投資廣告，可以幫助粉絲團快速成長，所以 FB 廣告應被定位為一種投資，而不是花費。FB 廣告幫助廣告主找到目標對象，加上 FB 廣告的設計依照「被點擊」或「有曝光」才收費，結合粉絲專頁的內容及應用程式，廣告主能夠透過精準和互動的廣告模式，與消費者進一步接觸，在提高品牌知名度的同時，又可以了解目標對象的輪廓。

FB 和 Google 的廣告模式很相像：任何人都可以做廣告、瞄準目標對象，並讓你抓緊每天廣告預算，衡量成果。廣告的購買方式有「點擊收費」(CPC) 和「曝光量計費」(CPM)：「每當有人點擊才收費」和「每當有人看見才收費」，改變了一網打盡、老少通吃的廣告刊登和付費方式。

如果某個粉絲專頁的目標，是希望把 FB 的流量導入特定的活動頁面，「點擊計費」會是好方式；若是想針對讓更多人看到和知道某個品牌廣告活動頁面，「曝光量計費」是有效的工具。

FB 廣告除了精準定位，還有一個更關鍵且明顯的社群影響力。FB 和尼爾森媒體研究 (Nielsen Media Research) 針對幾百萬受眾的大規模市場調查，有一項重大發現：如果一則廣告下方顯示你的朋友也推薦這個廣告，那麼和一則單純只有標題、圖片、文案的廣告相比，有朋友推薦的廣告比沒有朋友推薦的廣告，在最後的採購意願上效果差四倍。

FB 廣告的標題限定在 25 字以內，內文不超過 135 個字，可附上一張照片 (110x80 pixels)，在這樣有限空間製作廣告，不容許絲毫的文字浪費，簡潔有力的標題、內文再附上主題鮮明的照片，是常見的廣告樣板。

圖4-15　FB 廣告：精準行銷

01　FB 可以找到廣告主所需要的目標消費族群與粉絲

02　視 FB 廣告是一種長期投資而不是花費

4-5 臉書廣告常見的失敗原因

一、沒有投入足夠時間去研究及學習

許多面臨失敗的廣告主，往往不願意先靜下心來了解與學習 FB 廣告，FB 廣告本身有著許多功能與規則，這些說不上困難複雜，但是不去學習就不會知道，自然就無法加以應用與避免違規。因此，投入時間去學習是新手的第一要務，先別急著亂投廣告了。除了投入學習時間之外，也需要給廣告足夠的運用時間，尤其是需要比較長的時間進行評估或考慮後，才會購買的產品，你可能就會發現第一次看到廣告就會購買的人非常少。

二、忽略廣告內容的重要性

但是廣告素材卻是自己需要額外下功夫的事情，並且會大幅影響廣告效益與成本，內容本身如果不好，受眾精準也沒有用。

三、沒有策略、計畫、追蹤分析

如果要說最大的錯誤是什麼？那麼一定會說，沒有擬定任何策略與計畫。這聽起來很蠢，偏偏是很多人持續在犯的錯誤，以為準備好預算投放廣告就可以了。所以，在擬定任何策略、目標之前，你需要深入了解市場、目標受眾、競爭對手，這將有助於創建更有效的廣告活動。請記住，對於不同受眾來說，需要以不同方式進行推廣，而不是試圖只用一則廣告活動打動所有的人。所以 FB 廣告分成三種不同的活動主軸：品牌認知、觸動考量、轉換行動。

四、沒有分配足夠的預算

很多企業、老闆是不想花錢買廣告的，但是在聽說、試試看或逼不得已的情況下，還是會選擇投放 FB 廣告，不過往往只是提撥小預算。而且當他們發現沒有任何效果時，就馬上停住了，不願意再做任何投資與學習。

圖 4-16　臉書廣告常見失敗的四大原因

01	02	03	04
沒有投入足夠時間去研究及學習	忽略廣告內容表達的重要性	沒有策略、計畫及追蹤分析	沒有分配足夠的預算

4-6 臉書發文的設計策略、操作粉絲互動及提高銷售轉換率

一、臉書的設計發文策略

(一) 先弄清楚正確的發文觀念

　　發文不是想到就發,也不是時事走什麼就跟著發,最重要的觀念是:平時就要累積好對於相關主題、議題的關注與焦點,並且持續不斷地閱讀與吸收。

(二) 設計發文策略及轉換素材:發文架構三大要素(圖 4-17)。

圖 4-17　臉書發文內容要訣

(三) 設計發文策略及轉換素材:粉絲們喜愛資訊的比重(圖 4-18)。

圖 4-18　臉書發文內容影響力

※ 重要!你不得不知:
(1) 人們分享影片足足是連結的 10 倍。
(2) 照片受歡迎的程度比連結多 5 倍。

(四) 設計發文策略及轉換素材:短文的力量

　　140 字內效果最佳,閱讀極限不超過 250 個字。因為網路資訊繁雜眾

多，人們對於深度閱讀的能力相對變得簡化不少，所以每一則資訊宜盡量擷取重點，能在簡短扼要的 140 字內發揮最理想，超過就會開始產生遞減效應。

(五) 設計發文策略及轉換素材：內容設計策略

1. 驚喜新奇的。2. 有趣生動的。3. 貼近生活的。4. 具有互動的。

5. 教育意義的。6. 多點提問的。7. 詢問調查的。

二、內容是給人看的

1. 驚喜新奇的 (Amazing)：吸引人的內容大多可以在第一時間給人一種「哇！」的感受，人們會因為初次的反應，對其內容產生相當深的印象。

2. 有趣生動的 (Interesting)：人們對於有趣生動的內容會比較容易注意到，太過陌生或生硬的資訊反而容易被忽略。

3. 貼近生活的 (Life)：內容資訊盡量貼近人們的生活、不要讓資訊看起來太

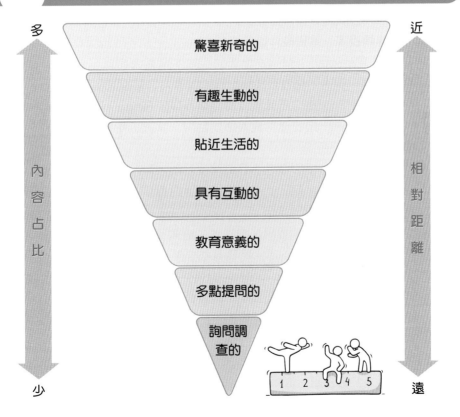

圖 4-19　對臉書內容產生的距離

遙不可及。跟人們的生活有關，人們會比較有參與感、認同感。

4. 具有互動的 (Interactive)：當人們能對一項資訊產生了認同感之後，內容進而要引導他們願意參與互動，不論是較激烈的議題，還是能引起人們討論的題目。

5. 教育意義的 (Education)：閱讀內容的時候，能在不經意之間，讓人們同時學習到一些知識，並且具有明確教育意義的資訊，可以增加內容的真實性與象徵性。

6. 多點提問的 (Question)：在內文中加入一些問號，引導人們思考，如果有些問題能夠引起他們共鳴，反而容易增加與人們之間的互動。

7. 問卷調查的 (Survey)：大多數的人，對於數據以及一些現況指標分析，比較容易產生印象，而透過問卷調查方式，不僅能夠跟使用者互動，同時還可以誘導人們反覆觀看內容，查看資訊變動情況。

三、臉書提高銷售轉換率

(一) 提高銷售轉換率基礎要件

1. 直接點。2. 聰明點。3. 用心點。4. 創意點。5. 逗趣點。6. 特別點。7. 技巧點。不刻意廣告，只無意間銷售。

(二) 提高銷售轉換率：基礎要件說明

1. 直接點 (Directly)：與網友之間的互動不需要太客氣，有時候要他們點讚、分享、留言，可以直接寫出來，引導人們做相對反應。

2. 聰明點 (Be Smart)：不論經營粉絲專頁或是 Blog，甚至是引導轉換成為消費。經營者一定要懂得觀察網友動向、狀況，找出適合與他們互動的模式。

3. 用心點 (Try Harder)：多花心思與網友互動、觀察動向、了解網友的心態，並且持續進行各種不同行為，產生相應的資訊，轉為知識，成為應對進退的行為。

4. 創意點 (Creative)：當用足心思，了解網友對資訊的意向時，讓自己與網友之間的互動多些創意，不論是在文案、還是在圖像的呈現上，盡量多元多向。

5. 逗趣點 (Funny)：用另類思考去逗逗網友，營造出一種能夠讓人會心一笑的氛圍，人們在歡愉的情緒下，比較會放鬆防禦心態，此時互動、轉換上會較為容易。

6. 特別點 (Special)：人們平時於生活中接觸到大量貧乏普通的資訊，所以要引起人們的注意，最好是特別點，但太多的特別，反而會顯得不特別。

7. 技巧點 (Technical)：即便要直接，也不要給人過度生硬的感受；即便要轉換，也不要給人過度刻意在做，化行為與無形之中，將人們適當引導至所設定的區域裡，妥善運用技巧轉化目標。

圖 4-20　提高銷售轉換平臺的七個要點

01	02	03	04	05	06	07
直接點	聰明點	用心點	創意點	逗趣點	特別點	技巧點

(三) 提高銷售轉換率：社群導購比較

圖 4-21　社群導購轉變

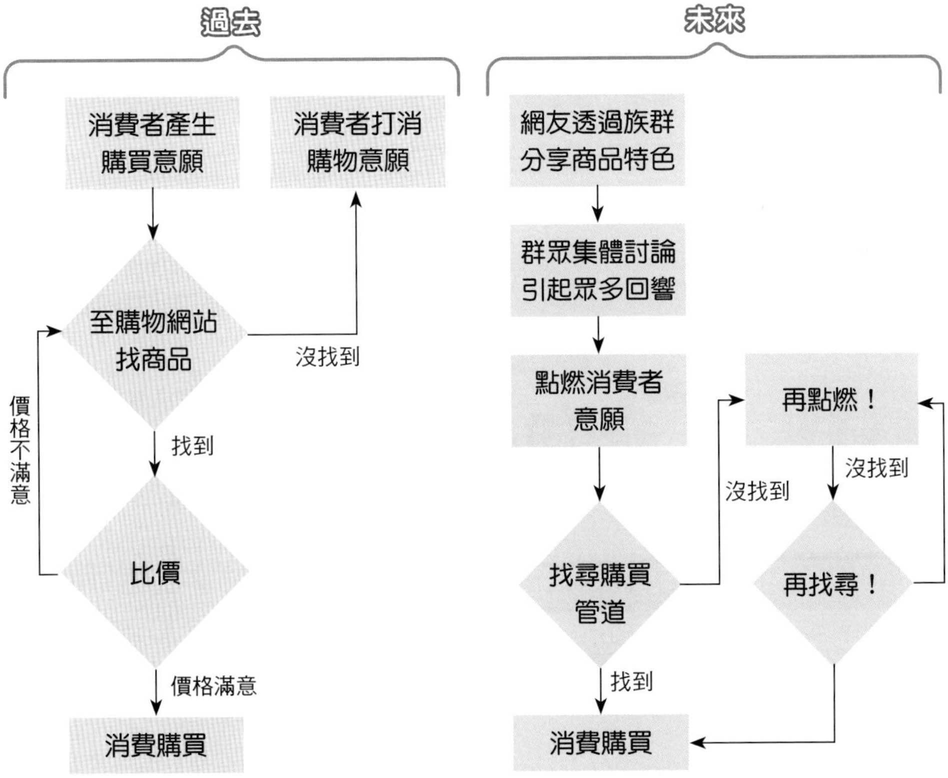

4-7 紮穩六個基本功：避免經營 FB 粉絲團徒勞無功

國內知名的網路行銷達人「林杰銘 Jay Lin」，在一篇網路文章中 (2020) 明白指出，若要做好 FB 粉絲團經營，必先做好六個基礎功；由於文章相當精闢，且富實務經驗，值得學習者參考。將其文章重點摘述如下：

一、豐富粉絲團的基本資料

許多品牌不太重視粉絲團的「關於」介紹；有些將其空白，另一些則顯示過時的資訊，這會導致客戶很難獲取正確的資訊。對於本地企業（餐廳、咖啡廳、美容工作室、旅館……等），FB 粉絲團還提供了位置以及連繫方式，可以讓潛在客戶能夠直接與商家連繫或查看地點。

(一)「關於」的作法建議：請確保在「關於」中填寫盡可能多的資訊。可以用來展示品牌起源、獎項認證和使命，並且不定期更新公司的連繫資訊。

(二) 大頭照和封面圖的作法建議：除了「關於」資訊之外，圖片也可以幫助客戶，了解一家公司和快速傳遞識別品牌的標誌。更新封面可以按季節和行銷需求來更改封面圖，例如：介紹品牌、展示重點產品、促銷或優惠活動……等。1111 人力銀行就放上了他們的年度重點活動資訊。

圖 4-22 111 人力銀行 FB 粉絲團社群行銷

二、使用粉絲專頁按鈕和頁籤

設定粉絲專頁按鈕，可以協助訪客快速完成各種操作，包括：預約、致電、發送消息、安裝應用程序、玩遊戲、購買……等。雖然有多種按鈕選項，但是你只能夠選擇適合希望客戶完成的其一動作。粉絲專頁按鈕位於封面圖下方，要進行修改，請點擊藍色按鈕，然後添加最合適的目標網址。FB 粉絲團就像是品牌的迷你網站，頁籤可以幫助訪客找到所需要的資訊。預設頁籤沒有太多選擇，除非你自行啟用和設定，例如：服務內容、商店、優惠、網址、工作機會、直播……等。

三、規劃精彩動人的發文計畫

內容顯然是 FB 粉絲團的核心價值，你不可能不餵食它、不花心思照料它，就期待它能瘋狂幫你賣出產品。所以，你必須確保內容是有料的，沒有好內容，一切都是空談，而且這也是取得粉絲認同和肯定的最佳來源之一，請開始產出高質量內容吧。然而，所謂的高品質內容，並不是你認為的好就是好，你至少必須考量到以下四個要點：

(一) **目標受眾**：所謂好的內容，是建立在目標受眾之上，而不是你自己喜歡就好。請把你的受眾特質寫下來，這對於社群內容行銷和廣告投放，都有莫大的幫助。

1. 粉絲的年齡層在什麼範圍？
2. 是男、是女，還是老少通吃？
3. 他們關切哪些興趣或議題？
4. 還有哪些問題尚未被滿足？

圖 4-23　了解目標受眾四要項

01 了解粉絲的年齡層在什麼範圍？

02 了解粉絲群男性多或女性多，還是老少通吃？

03 了解他們關切哪些興趣或議題？

04 了解還有哪些問題尚未被滿足？

(二)**內容取向**：發布貼文人人都會，但關鍵在於什麼樣的內容，能夠真正引起粉絲興趣，讓他們願意真正參與到你的網路社群之中。內容必須要跟目標受眾產生連結，否則之間永遠有一道鴻溝，請試著想一想以下問題：

1. 你的內容要給哪些人看？
2. 為什麼會喜歡這些內容？
3. 在意哪一些事情或問題？
4. 容易跟什麼內容有共鳴？
5. 願意與他們朋友分享嗎？

圖 4-24　思考內容取向五要項

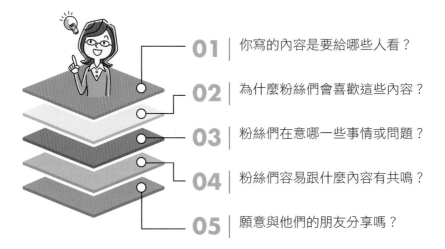

01 ｜ 你寫的內容是要給哪些人看？

02 ｜ 為什麼粉絲們會喜歡這些內容？

03 ｜ 粉絲們在意哪一些事情或問題？

04 ｜ 粉絲們容易跟什麼內容有共鳴？

05 ｜ 願意與他們的朋友分享嗎？

(三)**貼文長度**：FB 不是雜誌或新聞平臺，一般而言，用戶並沒有任何準備想閱讀「落落長」內容的預期，如果沒有必要或緊急性，盡量保持簡短扼要，並善用文案的力量引起粉絲的興趣度。假設你的內容不是三言兩語能清楚道盡，你應該把內容放在你的行銷基地，也就是你的網站。如此一來，貼文上不僅不用長話連篇，也能將辛苦經營的社群流量導回你真正的頁面，而粉絲團需要做的，只是轉分享與引導點擊。

(四)**發文時間**：時間影響可能超乎你的想像，雖然它根本不是萬能的解決之道，但對於觸及效果來說，它相對重要。試著想想看，假如你要發放宣傳 DM 給路人，在同一地點、人力、方法與內容為考量之下，你要選擇最多人潮的時段、還是人潮稀少的時段呢？以上這個問題，答案顯然非常明顯，臉

書粉絲團的發文時間也是同等道理，如果你能選擇在最多粉絲上線的時間發文，自然能夠接觸到最多粉絲數。

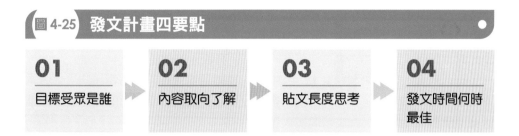

圖 4-25 發文計畫四要點

01 目標受眾是誰　▶　**02** 內容取向了解　▶　**03** 貼文長度思考　▶　**04** 發文時間何時最佳

四、定期產出內容和發文

很多朋友在申請建立 FB 粉絲團之後，往往是虎頭蛇尾。一開始的雄心壯志都慢慢地消失於無形之中，一副就是不在乎天長地久，只在乎曾經擁有的心態。最常見的致命錯誤之一，就是發文開始散漫或者無法定期產出優質內容，而這也是粉絲開始慢慢遺忘你或遺棄你的時候。為了避免發生這樣的悲劇，除了要事先規劃發文策略之外，最好是排定時間用於產出實際內容與乖乖地發文，並且搭配洞察報告，適時調整與檢驗成效。當然，為了更輕鬆管理粉絲團，善加使用貼文排程功能也未嘗不可，只是留言審查和回覆是不可偷懶的日常管理工作。

不要因為初期看不到明顯的成效，而放棄經營網路社群。因為網路社群是網路行銷手法中，很難被抹滅的行銷管道。過去是、現在是、未來肯定也會是。重要的是要擁抱變化、掌握最新的趨勢與技術，而不是輕易捨棄它。

五、掌握廣告投放技能

截至目前為止，FB 一直是改了又改，這不僅局限於演算法和使用功能，連廣告介面和功能也總是如此的情形。因此，只是單方面於粉絲團上發文是遠遠不足的。很明顯地，除了透過好內容自然擴散之外，花一些錢買通關也是非常必須的。這對於貼文曝光和觸及更多潛在客戶，是非常有用的。因為這已經是臉書定下的遊戲規則了（只有某部分的粉絲會看到貼文）。如果你的宣傳能力不是非常充足，哪怕你勤於創造內容與發布內容，行銷成效都會事倍功半。

再說，經營平臺也需要謀利生存，經營平臺如果不想辦法有更好的獲利機制，又如何能改進各項功能與服務呢？因此，在 FB 花錢完全合情合理，但得要學會如何花得對，也就是要掌握到廣告投放的操作技巧，並且與時俱進。

六、從洞察報告找尋隱藏事實

FB 粉絲專頁的洞察報告數據，可以告訴你很多你可能不知道的隱性事實，包括你的受眾資料和貼文回應情況，也有各種圖表統計能讓你知道粉絲團的表現成效。好處是，你可以更專注於粉絲會喜歡的內容，或者減少、移除成效較低的貼文類型、內容。而且假設你從一開始並不完全了解你的目標族群，這有可能會讓你感到驚訝，因為或許會跟你想要的結果，有很大的落差。

舉例來說，如果你是針對 18 至 30 歲、喜歡潮流服飾與穿搭資訊的男性，洞察報告將告訴你哪些是較為成功的內容、受眾是否真的吻合以及區域差異。如果數據顯示壓根不吻合，就表示問題大了。

图 4-26 **FB 粉絲團經營基礎六要點**

06 要從洞察報告中找尋隱藏事實

01 務必要豐富粉絲團的基本資料

05 要掌握廣告投放技能

02 要正確使用粉絲專頁按鈕及頁籤

04 要定期產出內容及發文

03 要規劃精彩動人的發文計畫

4-8 十種增加 FB 貼文觸及率的方法

根據國內知名的「哈利熊部落格」專文 (2020) 提出十種認為對增加 FB 貼文觸及率、閱讀率的方法，茲摘述如下：

1. **分析你的十大貼文**：負責臉書的社群小組成員（小編們），可以先了解在過去各種貼文中，哪些貼文類型及貼文標題、內文是較受粉絲們歡迎的，往後就盡量朝此類型貼文或貼圖轉向。

2. **發布高品質、且對受眾有價值、可利用的好內容**：社群小組成員們，必須每天思考貼文的內容，是否真的是高品質的、且對受眾（粉絲們）是否是有價值、且可用來參考生活上可利用到的好內容，才能 PO 文上去。

3. **發布長青內容**：有些貼文內容是比較屬於短期內看完就沒有用的，有些則是比較屬於長期可參考使用的貼文內容。社群小組必須盡可能平衡、並進而提供一些短期、長期性質的貼文，這樣是比較理想的內文結構。

4. **考慮最佳的貼文時間**：粉絲們通常是上班族居多，他們白天也都要上班工作，不可能每個小時都上網瀏覽各種粉絲團。一般來說，經過長期觀察經驗顯示，每天晚上 9 點後、或是中午上班時休息時間、以及週末不上班時間等，是比較有空滑手機或上網自由自在瀏覽的較適宜貼文的時間點。

5. **多使用臉書直播功能**：臉書有強大的直播 (Live) 功能，此種方式可使粉絲們的觸及率大大提升。因此，適當時候、適當頻道提供官方粉絲團的直播功能，應能使粉絲團流量大幅增加，達到企業的目標效應。

6. **多使用圖片及影片**：臉書社群小組應考慮貼文盡量少用文字，而是多使用圖片及影片或漫畫、插畫等，較能受到一般受眾的觀看及瀏覽。這已經是被很多粉絲團所肯定的方向。

7. **多舉辦票選、大抽獎、折價券贈送、折扣促銷活動**：根據零售業及服務業的實證顯示，在實體上及粉絲團上舉辦各類型促銷優惠活動，都能吸引眾多粉絲們的心動及行動。因此，只要配合各種節慶（如週年慶、母親節、情人節、春節、中秋節、勞工節、雙 11 節……等），推出令粉絲們有感的促銷檔期活動，自然就會提高臉書的觸及率與閱讀率。

8. **讓自己的粉絲團與眾不同，有特色**：企業社群小組從一開始設置粉絲專頁，在視覺設計上、圖文呈現及發布內容上，應盡量有自己的特色及差異化，

讓粉絲們覺得此粉絲團是與眾不同的、有特色的，是定期想上來看的，這就成功了。

9. **每天定期更新貼文**：社群小組也必須堅持每天應該定期推出新的貼文，而不是放一些陳舊的貼文，要讓粉絲們覺得，此粉絲團是每天很認真、用心在經營這個粉絲團的，這種肯定感及每天的新鮮感是很重要的。

10. **更專注於提高價值而非單單觸及率**：FB 粉絲團的經營，長期來看，應關注是否持續提高對粉絲們的價值感及價值用處，這是很大的原則方向，而非單單看他們的觸及率或按讚數。

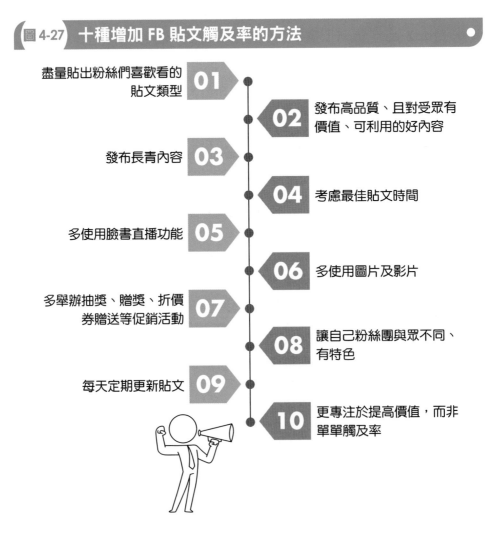

圖 4-27 十種增加 FB 貼文觸及率的方法

盡量貼出粉絲們喜歡看的貼文類型　01

02　發布高品質、且對受眾有價值、可利用的好內容

發布長青內容　03

04　考慮最佳貼文時間

多使用臉書直播功能　05

06　多使用圖片及影片

多舉辦抽獎、贈獎、折價券贈送等促銷活動　07

08　讓自己粉絲團與眾不同、有特色

每天定期更新貼文　09

10　更專注於提高價值，而非單單觸及率

4-9 FB 臉書廣告投放失敗的六大原因

實務上來説，FB 臉書廣告投放失敗，也是經常看到的。而致使投放失敗，歸納起來有六大原因，如下：

〈原因一〉你的目標對象 (TA) 設定不夠精準。臉書設定 TA，如能愈精準，成效就愈有效。包括：年齡、性別、興趣、居住地……等，目標對象的輪廓要抓得愈精準愈好，如此才能夠讓該看到廣告的 TA 都能接觸到。

〈原因二〉你的廣告圖片、影片或文案太不吸引人。臉書廣告的圖片若不吸引人看，那麼底下文字也就不看了，因此，圖片一定要抓住粉絲的目光才行。此外，文案寫得太無聊、太冗長、太制式化、沒抓到重點或太注重強迫銷售等，均使這個臉書廣告沒人想看，也是一個失敗的廣告。

〈原因三〉考慮產品競爭力本質。如果產品的優點多——競爭力強、質感高、功能強、有獨特性，又比別的品牌好，那麼 FB 廣告就必須提高業績效益及取得新會員、新顧客。如果產品本身的各項競爭力，都比其他品牌差，社群媒體上的口碑也不好，那麼再多的臉書廣告投放也沒用。因此，必須先把產品力的本質做好才行。

〈原因四〉你不會分析 FB 提供的數據結果。FB 通常會提供非常完整的數據報告，包括 CTR 點擊率多少？ CPM 多少？成果、價格、頻率等數據，以判斷廣告效果如何。在 FB 粉絲專頁「洞察報告」中，可了解各項貼文的瀏覽數、按讚數、留言數、分享數，可了解哪些貼文受到歡迎？哪些不受歡迎？

〈原因五〉不能只重視廣告投放技巧，而是要搭配正確的行銷規劃方案。臉書廣告的投放，不僅只是重視它的技巧而已，而是要宏觀來搭配它有一個完整的行銷企劃方案。臉書廣告只是這個方案裡面的一環而已，不是全部，這樣才有完整的行銷攻擊力及行銷綜效 (Synergy) 產生。

〈原因六〉你的 FB 廣告價格太高。FB 廣告是以拍賣競價形式進行的，你有可能買到的價格偏高，產生效益收不回來的狀況。因此，必須注意 FB 廣告價格是否不合理偏高了。

〈小結〉總之，投放臉書廣告要用心的學習，不斷累積經驗、不斷測試及不斷優化改善，如此才能成功投放 FB 廣告。

如何建立 FB 臉書廣告？一般來説，投放臉書 FB 廣告，大概有七大步驟，如圖 4-29。

圖 4-28　FB 臉書廣告投放失敗的六大原因

01 你的目標對象 (TA) 設定不夠精準

02 你的廣告圖片、影片及文案，太不吸引人，沒人看

03 你的產品競爭力本質不夠

04 你不會分析 FB 提供的數據結果

05 要有完整的行銷計畫方案做搭配才比較夠力

06 你的 FB 廣告價格太高了

圖 4-29　如何建立 FB 臉書廣告的七步驟

01 選定此次廣告目標、目的為何

02 選擇精準的廣告受眾

03 決定廣告刊登版位

04 設定預算有多少

05 挑選廣告格式

06 下單

07 評估並管理廣告成效

4-10 臉書廣告無效的五個原因

　　臉書廣告雖然已經很普遍地被應用，有些企業覺得有效果，有些企業則覺得沒有效果。實務上來說，臉書廣告無效，可歸納為五個原因，如下述：

　　〈原因一〉沒有重視廣告內容品質。臉書廣告的文案、圖片、影片素材，品質若不佳，就沒人想看。只要有好素材、好內容、有價值內容、吸引人注目內容，就吸引很多人看廣告。

　　〈原因二〉沒有策略、沒計畫、沒有追蹤分析。不是亂投放廣告就有效果，一定要深入了解市場、了解目標受眾、了解競爭者，並訂定自己的目標、目的，訂定對的策略及計畫。另外，每做一次臉書廣告，就要追蹤分析，不斷改善、求精進。

　　〈原因三〉沒有投入足夠時間。如果投放人員缺乏經驗、歷練及專業知識，也會使臉書廣告沒有好的效果。所以企業裡的社群小組人員或找外面的數位代理商，一定要多充實這方面的知識及有足夠時間的實踐經驗。

　　〈原因四〉沒有分配合理預算。一般中小企業因為財力資源不夠，經常只撥個小預算，一試沒成功就收手不做了。做臉書廣告，一定要分配合理且足夠預算，而且長期做下去，效果就會逐漸呈現出來。

　　〈原因五〉沒有測試任何廣告。透過測試，可以了解很有用的資訊，然後再優化投放，過程不斷測試，從中學習經驗，就會愈來愈好。

圖 4-30　臉書廣告無效的五原因

01 沒重視廣告內容品質	**04** 沒有分配合理預算
02 沒有策略、沒有計畫、沒有追蹤分析	**05** 沒有測試任何廣告
03 沒有投入足夠時間	

4-11 造成 FB 廣告成效不佳的九大原因

另外，知名的網路達人雪倫 (Sharon, 2020)，也曾在一篇網路專文中，提出她經驗中的 FB 廣告成效不佳的九大原因，如下：

一、臉書廣告設定相關原因

1. 廣告目標／目的設定錯誤。
2. 廣告受眾 (TA) 設定錯誤。
3. 廣告最佳化設定錯誤。
4. 預算投入太低或太高而致浪費。
5. 廣告素材不佳。
6. 廣告追蹤沒做好。

二、網站結帳流程出問題

三、產品品質不佳問題

四、心態操之過急，想要很快看到成果

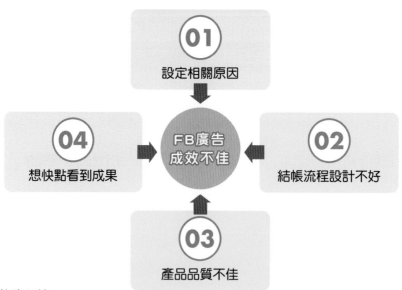

圖 4-31　FB 廣告成效不佳

4-12 臉書廣告的格式與版位

一、FB 臉書廣告的四種格式

常見的 FB 臉書廣告，主要有四種呈現格式，如下：

1. **單一圖片**：透過一張圖片展示品牌，可用來吸引人流前來網站、下載 App 或吸引人來看。
2. **單一影片或輕影片**：以影音及動作展示產品或品牌特色，以吸引用戶目光，輕影片長度則短一點。
3. **精選集**：針對個別用戶顯示您產品目錄中的商品，亦可自選精選集的圖片或影片。此廣告格式只有在行動裝置才能看到。
4. **輪播圖片或輪播影片**：可展示至多達十張圖片。

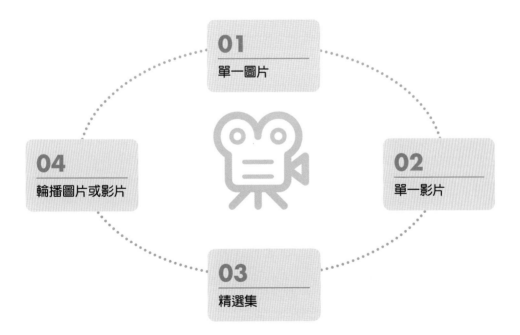

圖 4-32 FB 臉書廣告四種格式

01
單一圖片

02
單一影片

03
精選集

04
輪播圖片或影片

二、FB 臉書廣告的三種版位

FB 臉書廣告版位的呈現所在，主要有以下三種：

(一) 側欄廣告：稱為 Right Hand Side Ads（簡稱 RHS）。

1. 優點
   - CPM 費用較低。
   - 有利品牌曝光。
2. 缺點
   - CTR 點擊率較低，大約 0.5%~2%。
   - CPC 費用較高。
   - 文案數字有限。

(二) 桌面動態消息廣告：稱為 Desktop News Feed Ads (DNF)。

1. 優點
   - CTR 平均較高（2%~10%）。
   - CPC 費用較低。
   - 圖片讓吸引力增加。
   - 易被分享而獲更多曝光。
2. 缺點
   - CPM 費用較高。

(三) 手機版動態消息廣告：稱為 Mobile News Feed Ads (MNF)。

1. 優點
   - CTR 點擊率較高。
   - CPM 費用較低。
   - 視覺排版清楚。
   - 容易快速獲得曝光。

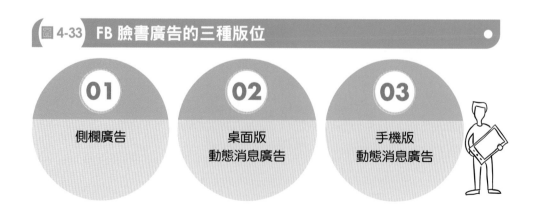

圖 4-33 FB 臉書廣告的三種版位

01 側欄廣告　　02 桌面版 動態消息廣告　　03 手機版 動態消息廣告

4-13 如何使用臉書廣告的受眾洞察報告

就操作實務細節而言，要如何使用 FB 廣告的受眾洞察報告 (Audience Insight)，有如下說明：

一、 首先要進入 FB 廣告後臺，並點擊上方選單中的工具，再選取洞察報告，即可以開始進行分析。

二、 有四步驟，如下：

〈步驟一〉設定廣告受眾類別。包括所有 FB 用戶、或自訂廣告受眾、或連結到你的粉絲專頁受眾等。

〈步驟二〉選擇欲比較的參數。參數包括：地點、年齡、性別、興趣、行為……等。

〈步驟三〉研究不同數據類別。包括：

1. 人口統計變數。例如：使用者背景（如年齡、性別、教育程度等基本資料）。

2. 粉絲專頁按讚數。

3. 地點（熱門城市、國家）。

〈步驟四〉儲存廣告受眾。針對分析結果，可進一步將這些廣告儲存並命名，以便以後直接取回。例如：臺灣 35~39 歲年輕女性，我們猜測她們有看韓劇或綜藝節目興趣，根據以上結果，發現受這個群體歡迎的品類，包括：美妝保養、流行服飾等。

〈小結〉FB 廣告受眾洞察報告，是屬於大範圍、可提供一個大方向趨勢，但你想了解某些貼文為何熱門或不熱門時，就難以精確分析了。

圖 4-34 FB 洞察報告的使用步驟

01 設定廣告受眾	▶	02 選擇比較參數	▶	03 研究數據類別	▶	04 儲存廣告受眾

一、網路直播四大優勢

現在，利用網路進行直播 (Live) 的趨勢，有愈加流行之狀態。說到底，直播相對於其他的影音，有下列四大優勢：

1. 具有即時影像、真實性高。
2. 可將現實互動感搬到網路上。
3. 可做電商導購，創造業績之用途。
4. 比起明星，更貼近觀眾。

圖 4-35　**直播四大優勢**

01 具即時影像、真實感高

02 可將現實互動搬到網路上

03 可做電商導購，創造業績

04 比起明星，更貼近觀眾

二、直播：三種用途、六個直播平臺比較

近二、三年來，直播有日益火紅之趨勢，值得深入了解。茲介紹國內直播的三種用途及六個直播平臺，比較如下：

(一) **自媒體經營直播**：包括網紅、YouTuber、部落客等，都是自媒體經營者。他們大致上透過三種直播平臺操作播出，包括：

1. YouTube 直播：例如：網紅、YouTuber 個人以及一些電視臺節目，都在 YouTube 上以直播播出。

2. FB 臉書直播。

3. IG 直播。

(二) **品牌導購直播**（電商＋直播）

1. 個人在 FB / IG / YouTube 社群媒體直播導購，賣商品。

2. 電商平臺直播。

(三) **休閒娛樂直播**：也有些在才藝、星座命理、歌唱、閱讀、遊戲等直播。例如：17 直播、Twitch 直播（電玩、遊戲，直播龍頭）。

圖 4-36　三大直播類型及六大直播平臺

三、直播購物三步驟

直播購物具有「即刻引流、即刻變現」的功能，現在很多電商及個人都加入直播購物的行列，包括：淘寶、蝦皮、momo、PChome、486 先生、阿榮嚴選……等。簡單來說，直播購物有三個步驟：

〈階段一〉**直播前做好規劃**。直播 (Live) 前，一定要召開及做好製播會議，將主持人、購物專家、廠商代表及製作人員齊聚一堂，召開製播會議，討論正式播出的相關事項，尋求共識及表現手法。

〈階段二〉**直播中操作**。直播開始之後，上場人員就要隨機應變、大膽呈現，並關心訂購人數有多少。

〈階段三〉**直播後分析**。直播完成後，後續的顧客經營（金流、物流及客服中心作業處理）以及對直播後的訂單和節目呈現效益評估。

圖 4-37 直播購物三步驟

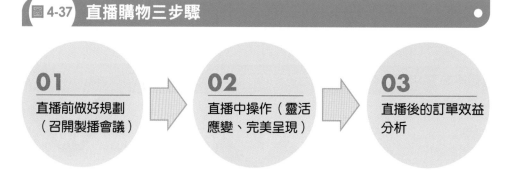

01
直播前做好規劃
（召開製播會議）

02
直播中操作（靈活
應變、完美呈現）

03
直播後的訂單效益
分析

4-15 臉書行銷與經營案例

〈案例一〉iFit 愛瘦身（按讚人數超過 72 萬人）

1. iFit 粉絲團經營術

    (1) 漫畫式貼文（可愛有趣圖案）。

    (2) 可愛吉祥物操作。

    (3) 每次貼文、回文的可看性及吸引力。

    (4) 女負責人親自即時回應。

    (5) 滿足粉絲的需求，解決他們的問題。

    (6) 能為他們創造價值。

    (7) 要及時回應粉絲，不要讓他們等太久。

2. iFit 對小編的要求

    (1) 能夠提供減肥、瘦身、健康的專業資訊。

    (2) 要讓讀者認為小編和他們站在同一陣線，了解他們的需求與問題。

3. iFit 網友要的貼文

    (1) 簡短。

    (2) 有趣。

    (3) 容易讀。

    (4) 圖片化、影片化、插畫、漫畫。

    (5) 能將心比心。

    (6) 有收獲。

4. iFit 一天只發文五次

    (1) 重質不重量。

    (2) 用心經營貼文。

    (3) 寫出你自己都想分享給別人的好貼文。

5. iFit 轉寄分享出去的數據，列入小編部門的工作績效

6. iFit 發文品質管控

    (1) 女負責人親自審核。

    (2) 嚴格發文品管。

    (3) 重視小編與網友之間的互動品質。

7. iFit 小編的角色：企業的公關及發言人。

8. iFit 商品上架前，自己親自試用，好產品才會推薦給粉絲。

圖 4-38 **iFit 粉絲團經營術七要點**

01 漫畫式貼文

02 可愛吉祥物操作

03 每次貼文具可看性及吸引力

04 負責人親自即時回應

05 滿足粉絲需求，解決他們的問題

06 能為他們創造價值

07 要及時回應粉絲，不要讓他們等太久

圖 4-39 **iFit 貼文六要點**

06 令人有收獲

01 簡短

05 能將心比心

02 有趣

04 圖片化、影片化、插畫、漫畫

03 容易讀

〈案例二〉提提研（前身為 TT 面膜，按讚人數超過 26 萬人）

1. 真誠與交心。
2. 營造話題。
3. 話題促銷活動。
4. 貼近互動。
5. 產生價值。
6. 情感連結。

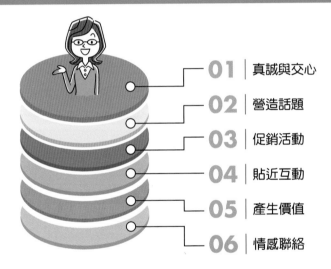

圖 4-40　提提研面膜經營粉絲專頁的六要點

01 ｜ 真誠與交心
02 ｜ 營造話題
03 ｜ 促銷活動
04 ｜ 貼近互動
05 ｜ 產生價值
06 ｜ 情感聯絡

〈案例三〉遠東巨城購物中心（按讚人數超過 58 萬人）

1. 目前為 10 多人團隊，成員負責粉絲團經營、數位行銷及活動舉辦。
2. 成功經營粉絲專頁的要點：
   (1) 一年舉辦 300 場活動，現場打卡數累計超過 220 萬人次。
   (2) 客人留言，一分鐘內小編必須即時回覆給粉絲。
   (3) 每位小編發文一篇，必須要有 3,000 個按讚才行。
   (4) 每月公布小編們的英雄榜，看看哪位小編得到最多按讚數，要加以分析理由，激盪創意及靈感。
3. 要將按讚粉絲人數轉化為實際營收數據效益。

圖 4-41 新竹遠東巨城購物中心的粉絲經營術

01 每年現場打卡數累計超過 220 萬次

02 粉絲留言，一分鐘內，小編必須回覆

03 每位小編發文一篇，必須要有 3,000 個按讚

04 每月公布小編們的英雄榜

05 要將按讚數轉化為實際營收

〈案例四〉星巴克（按讚人數 300 萬人）

　1. 要有互動性，強化歸屬感。
　2. 有更多參與、更多深入、更多情感連結。
　3. 要辦更多實體活動。
　4. 發文要有趣、簡單、活潑、分享及有互動感。
　5. 組成咖啡同好會，凝聚同好向心力。
　6. 適時提供夠分量的好康。

圖 4-42 星巴克的粉絲經營術

01 要有互動性，強化歸屬感

02 要有更多情感連結

03 要辦更多實體活動

04 要提供夠分量好康、優惠

05 組成咖啡同好會，凝聚向心力

06 發文要有趣、簡單、活潑

〈案例五〉統一 7-11（按讚人數超過 400 萬人）

1. 定期推出有感的促銷優惠活動。
2. 隨時有好康可得，吸引 FB 粉絲。
3. FB 經營要注入感情，不只有商業促銷。
4. 專人小編即時發文及回覆。
5. 進一步分析哪些 FB 促銷活動比較有效，作為未來參考。

圖 4-43 **統一 7-11 的粉絲經營術**

01 定期推出有感優惠、打折活動

02 隨時有好康可得

03 FB 經營要注入情感

04 專人小編即時發文及回覆

05 分析哪些 FB 貼文比較有效，作為未來參考

〈案例六〉臺灣 3M 運用臉書掌握消費脈動

早在五年前，3M 已架設專屬購物網站，取名「3M 創意生活專賣店」，成功吸引 8 萬名會員。對 3M 而言，網路不只是行銷通路，更是了解顧客消費行為的工具，「蒐集市場意見、直接與消費者接觸、取得第一手訊息。」

「成立網站後，顧客對我們來說，不再是面目模糊的一群人。知道他們住在哪裡、家裡成員、喜好……等。」會員能夠提供許多意見，包括：(1) 產品開發初期，尋求觀念；(2) 產品生產後，提供試用並進行深入訪談；(3) 產品賣出後，進行使用者意見調查等。這些資訊透過網路會員，可以在很快的時間內蒐集。

行銷部經理羅慶麟表示，最近 3M 推出一項新商品—— 3M 淨顏吸油紙膜。該產品上市前，商品企劃與他們合作，在網站進行問卷調查。從問卷設計、問卷寄送到回收，只花了一週的時間，成功取得 1,000 多位會員的問卷。「取得的產品資訊，包括：消費者習慣去哪裡購買該商品、使用行為、包裝、售價等，讓產品的定位更貼近消費者。」

2020 年底，Facebook 爆紅，臺灣使用人口已突破 1,800 萬人，成為第一大入口網站。使用者 80% 以上為 18~44 歲的族群，包括學生與上班族。由於 Facebook 使用族群與 3M 主顧客相仿，再受到 Web 2.0 時代網友互動緊密，「口碑行銷」當紅，3M 成立 Facebook 臺灣粉絲團，短短半個月已吸引近萬名粉絲加入。

「Facebook 與傳統網站最大的不同，是塗鴉牆的留言功能。」羅慶麟舉例，若我有 200 位朋友，只要張貼訊息，就會自動出現在 200 位朋友的 Facebook 最新動態上。朋友們看到後，有興趣的人也會加入。「它的自動擴散功能很強，就像石頭丟到水裡，漣漪會擴散。Facebook 的自動傳遞功能是它最吸引人的地方。」

「行銷就是要往人多的地方走。」他強調，Facebook 提供粉絲意見平臺，每天固定張貼三則訊息，包括新品資訊、產品使用心得等，讓粉絲們表達意見。「現在品牌的定義由『討論』來決定，『參與』是主流。」「我們創造一個平臺，與粉絲溝通價值、互動，再讓會員與會員互動，產生歸屬感。」

網站與 Facebook 為互補關係，羅慶麟指出，經營 Facebook 主要是希望藉由它帶來的人潮，將粉絲帶回「創意生活專賣店」，當粉絲成為專賣店的會員後，也可在網站的討論區分享使用心得，為專賣店帶來更多商機。

（資料來源：臺灣 3M 公司策略規劃暨電子行銷部經理羅慶麟）

圖 4-44 **臺灣 3M 運用臉書掌握消費脈動**

01 | 在產品開發初期，尋求產品創意觀念

02 | 在產品試產後，提供試用

03 | 在產品賣出後，進行使用者意見調查

04 | 讓新產品定位更貼近消費者

05 | 可以掌握市場上消費脈動，了解顧客消費行為

〈案例七〉統一超商 7-11 的粉絲專頁經營

1. 會定期更新 FB 粉絲頁上的塗鴉牆資訊，讓粉絲們都可以知道新訊息。
2. 利用一些圖片或是影片加以註解，讓有 FB 的人更明白產品的內容。
3. 在粉絲頁上，我們也可以看到電視的廣告，所以不會漏掉任何 7-11 的資訊。
4. 當有人回應 FB 粉絲頁上的 PO 文和點讚，他的好友也可以透過首頁看到 7-11 的消息。
5. 有時候 7-11 會辦活動，在粉絲頁上可以看到詳細的資訊，像是點讚就可以得獎。
6. 會找最近很夯的藝人來代言產品，像開運水鑽吊飾找了 AKB48。
7. 利用粉絲專頁給人們一種貼近生活需求的感受，達到產品的促銷。
8. 若是看到 7-11 粉絲頁上有很棒的訊息，會分享轉貼到自己或是朋友的塗鴉牆上，增加曝光率。
9. 左上方有一系列 7-11 的相關資訊，可以逐一了解最近有什麼促銷活動，像是 CITY CAFÉ 集點換憤怒鳥。
10. 左下方則是有 7-11 和統一相關企業的專頁，方便我們點選觀看。
11. 打卡活動：2019 年 CITY CAFÉ 的「打卡我的咖啡角落」活動，是利用 FB 和打卡功能，上傳照片到活動網站，便獲得抽獎的資格，贏得 HTC

手機和一年分的 CITY CAFÉ。如此的分享就可以讓更多人知道 CITY CAFÉ，還可以增加銷售量。朋友們看到自己悠閒的喝咖啡，就可能忍不住地想要買一杯休息一下，順便可以參加抽獎。這造成「一傳十、十傳百」的效果。

12. 專案活動：因為春天的季節盛產水果，7-11 就推出了「水果節」，推廣時，更把皮膚在春天因氣候變化，狀況不穩定，而用水果做保養品，成為主打水果賣點之一。不只有新鮮的水果賣，更有所有關於水果的產品也可以賣。例如：零嘴、護膚品……等等。在水果護膚方面，就跟雜誌「MY LOHAS」和人氣部落格「九咪」合作如何用新鮮的水果作為護膚品。另外，在水果的來源，就跟「7 WATCH」的雜誌合作，報導在哪裡出產、整個運輸過程以及衛生程度，以表明 7-11 的水果是新鮮又健康。這就利用了公關媒體報導（雜誌）和口碑行銷（水果貨源都是出名的產地），這樣消費者對他們的水果更有信心和安心，因為對於水果的了解和認識更深入。

13. 促銷訊息和活動：在 7-11 的 FB 粉絲專頁中，促銷訊息是占最多的比例，他們會不定期的在 FB 上介紹促銷活動，來增加銷售，並且可以讓粉絲們注意和產生好感。

圖 4-45　7-11 臉書粉絲的四大貼文重點

01	02	03	04
產品訊息	促銷優惠訊息	活動訊息	贈品訊息

〈案例八〉臺灣佳能 Canon

1. 新款發表資訊與介紹：預告照片、新品價錢、相機介紹。
2. 新品預購和優惠。
3. 各式攝影比賽。
4. 利用 Canon 相機實際拍攝的影片與照片，吸引消費者與粉絲購買。

5. 最新活動資訊與海報：想要了解詳情的閱覽者，可以點擊連結，點下去會直接連接到 Canon 的官網，增加官網瀏覽與曝光的機會。

6. 利用許多小活動，吸引粉絲注意 Canon 在網路之外的行銷廣告，並與粉絲互動。

7. 其他相關資訊與活動

(1) 將 Canon 的廣告，以影片方式呈現於粉絲頁上，增加消費者對廣告內容的印象、消費者對商品的興趣與購買機會。

(2) Canon 獲獎，讓粉絲們對於這個品牌，有更深的信任與支持，增加粉絲對 Canon 的忠誠度。

圖 4-46　臺灣佳能 Canon 臉書粉絲專頁的經營重點

01 新款相機發表資訊　**+**　**02** 預購的優惠　**+**　**03** 各項攝影比賽活動

〈案例九〉星巴克咖啡同好會的粉絲專頁經營

「這裡，是我們與您交心的第四個好地方，不論你在家、在辦公室、在門市，我們隨時隨地與你一起進行咖啡體驗的交流，最新消息的分享……」上述出自統一星巴克咖啡同好會。

1. 每則動態的發布都有圖有文字：用文字與圖片的結合，更能讓消費者感受到星巴克與生活的密不可分，當停下腳步時，就該買杯星巴克，享受悠閒的時刻。

2. 逢年過節的貼心祝福：當遇到節日時，星巴克都會獻上一小段話或是小短片，讓粉絲感到貼心又愉快，星巴克靠著親民牌，首先與粉絲建立信任的關係。

3. 一傳十、十傳百，促銷活動增買氣：星巴克靠著粉絲的轉貼分享，不但減少行銷費用，更使購買率提升，還會搭配特別的介紹，吸引粉絲觀看。例如：買一送一搭配特別的節慶或日子，讓粉絲像是多了一個喝咖啡的理由，讓宣傳不只是宣傳，更增添趣味性。

4. 推銷新產品，邀請粉絲互動：星巴克也將自家的咖啡豆放上粉絲頁做宣傳，

將烘焙過程拍攝下來,讓民眾理解每顆咖啡豆是經由這些過程所製造出來的。還舉辦活動邀請粉絲一同試喝,還能拿分享券,讓粉絲有賺到的感覺,進而建立新產品的口碑。

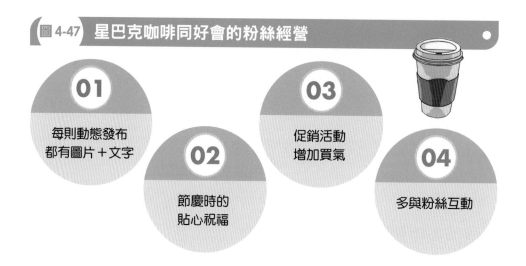

圖 4-47　星巴克咖啡同好會的粉絲經營

01 每則動態發布都有圖片＋文字

02 節慶時的貼心祝福

03 促銷活動增加買氣

04 多與粉絲互動

〈臉書粉絲頁經營成功原因──統一星巴克咖啡同好會〉

1. 在初期「衝粉絲」階段,以整合性的媒體與事件操作,有助於快速拉抬聲勢,吸引粉絲。「投完票請你喝咖啡」行銷活動就是一個很好的例子。

2. 以平易近人但專業的口吻與粉絲互動:初期負責 Twitter 帳號經營的負責人,也是內部的咖啡專家,因此與粉絲聊起咖啡時,會讓對方有「內行」的感覺。

3. 不一定要自己發言,讓粉絲替品牌發聲:像是星巴克粉絲團預設顯示的,不是星巴克自己的發言,而是所有人的動態,社群經營者只需要適度的導引話題或引用粉絲的發言,就可以讓粉絲替自己的品牌說話。

4. 別只是貼促銷訊息,發言的內涵與主題性、趣味度也很重要:不論是星巴克的品牌故事、有關咖啡的知識、門市所發生各種具有人情味的故事、企業的動態等,都是吸引粉絲回應或轉貼的好素材。

5. 讓粉絲多參與:徵求意見、投票、共同達成某項任務……都是讓粉絲參與的好方式。而其參與的動態,又會更新在他的塗鴉牆上,進而吸引他的朋友注意。

6. 號召粉絲一起貢獻內容：照片或影片都是粉絲們參與，門檻不高但又吸引人瀏覽的好內容。

7. 與粉絲聯手做公益可以促進參與：網友總是樂於對公益相關的議題廣為散布或參與，這也是吸引新粉絲加入的好方法之一。

8. 別忘了適時提供「夠分量」的好康：與其一直拿折價券疲勞轟炸，不如間隔一段時間但提供真正「夠分量」的優惠回饋給粉絲，轉換率會高出許多。

圖 4-48 統一星巴克咖啡同好會──FB 粉專成功原因

01 適時提供夠分量的好康優惠

02 號召粉絲一起貢獻內容

03 讓粉絲多參與

04 發言的內涵、主題性、趣味性也很重要

05 與粉絲聯手做公益，可以促進參與

06 不一定要自己發言，讓粉絲替品牌發聲

07 以平易近人但專業的口吻與粉絲互動

〈案例十〉京站百貨樓管人員成為「直播主」賣東西

1. 2020 年 3 月，新冠肺炎疫情爆發後，各大百貨公司人潮減少，臺北京站百貨公司為了求生圖存，嘗試讓樓管成為臉書直播主，直接在線上與網友做溝通銷售，反成為救命藥方。

2. 京站百貨的主力客群為 20~35 歲的年輕學生及上班族，樓管人員輪番上陣，舉凡美食、彩妝、行李箱……，幾乎無一不賣。而在螢幕前說學逗唱銷售櫃位的產品，成功圈粉創造疫情期間的好業績。

3. 經過幾次好成績後，京站百貨決定成立專責小組，在內部遴選並培訓直播

主，並且建立模組化的 SOP 流程。如下：

(1) 由樓管人員選出商品和廠商談好優惠、數量、到貨日期等細節。

(2) 企劃發想直播主題及腳本。

(3) 寫成提案交給店長，包括預估成本、目標銷售量及營業額等。

(4) 排程、場勘及預算，最後在固定時段做正式直播。

(5) 建立獎金制度，激勵樓管人員；此外，也將櫃姐納入此計畫內。

圖 4-49　京站百貨樓管人員成為直播主賣東西（五步驟）

01 | 由樓管選出商品與廠商談好優惠及數量

02 | 企劃發想直播主題及腳本

03 | 寫成提案交店長審核裁定

04 | 展開執行，做成正式直播

05 | 建立獎金制度，激勵樓管人員

〈案例十一〉**FB** 線上行銷案例：**JNICE**

1. 臺灣本土羽球用品品牌久奈司 (JNICE) 於 2011 年成立。在產品研發上，JNICE 同樣善用社群力量，除了在 Facebook 上經營粉絲專頁外，還另外建立臉書社團，裡面聚集一群潛在或忠實顧客，除了相互交流產品使用

後的實際心得發文外，也讓此品牌能從中聆聽消費者的心聲。

2. 例如：品牌在設計新品前，首先會在社團裡進行初步調查，包括詢問大家想要什麼功能、規格、顏色的球拍？價位約多少，大家最能接受？消費者的回應會大大左右品牌的新商品規劃。在蒐集社團討論的意見後，新球拍的雛型就會慢慢浮現，再交由內部設計部門接手進行。

圖 4-50　JNICE 的 FB 線上行銷

成立 FB 社團　＋

01　提供對新產品設計及使用的方向

02　讓粉絲充分表達心中的使用意見及心得

〈案例十二〉曼都老闆當起網紅，鎖定 30 萬忠誠顧客，頂住八成營收

1. 「哈囉！各位曼都的粉絲朋友好！謝謝你們的支持！我們今天要抽出韓國氣炸烤箱，非常適合愛料理的你！」曼都集團董事長賴淑芬在直播鏡頭前情緒高昂地主持老顧客抽獎活動。

2. 2020 年 3 月，新冠疫情後，賴淑芬展開了她的網紅之旅，成果逐步在這波疫情驗收。2020 年 3 月疫情，大家都嚇到，來客數直接少掉三分之一。2021 年 5 月第二波疫情來襲，來客數更少掉三分之二。幸好，曼都資金已足夠撐到 2021 年 8 月分。

3. 當所有餐飲及服務業業績多數 50% 以上腰斬時，曼都靠著與老客人的信任，穩住基本盤，營收額還能撐住八成。

4. 2020 年 4 月，賴淑芬董事長在內部宣布，臉書線上直播是公司重要政策。

臉書行銷綜述

她要求全臺近 400 家分店，都必須透過臉書粉絲團定期直播影片，除了分享設計師上課內容外，還開放各種贈送髮品的直播，讓美髮師能盡量與老顧客互動。賴淑芬為了帶動氣氛，自己還跳下來親自開播，並抽獎送贈品。

5. 雖然這些直播並無法 100% 直接轉換成實際來客數，但卻讓近 400 家美髮店能透過各店經營的粉絲團，與老顧客建立起直接互動，這是一份重要的顧客信任資產。

〈案例十三〉貳樓餐飲集團臉書推出外帶五折活動以因應疫情

1. 在 2021 年 5 月 15 日，臺灣新冠疫情升高後，貳樓餐飲集團率先在實體及臉書上發布，外帶一律五折優惠活動後，他們每天一早 6 點開放線上預訂，主要用餐時段的餐點就立刻被賣光。

2. 貳樓憑著自身強大的數位社群推播力，為此活動帶來無限的加乘作用。

3. 貳樓董事長黃寶世經營社群長達 15 年，從貳樓第一個門市誕生，甚至在臉書尚未普及之前，他就在部落格寫文章，跟粉絲們良好互動。

4. 貳樓目前在 FB 粉絲團擁有 21 萬名粉絲，比它營收大十倍的瓦城餐飲，FB 粉絲也只有貳樓的一半。

5. 黃董事長在粉絲團上，親自宣布他們外帶全面打五折的優惠方案，他的起心動念是，維持現金流這活動一定會虧損，但至少有現金流入，不會欠員工薪水、也不會付不出房租（註：2021 年 5 月 20 日起，全臺餐廳一律禁止內用，只能外帶，這是新冠疫情的三級警戒規定）。

6. 宣布外帶五折的那則貼文，在沒有付費的情況下，其觸及率達到 56 萬次，是粉絲數的 2.5 倍之多。

7. 當餐廳的內用營收歸零，外帶外送成為比拼的主戰場，誰的商品愈容易在網路上被消費者看見，就愈有機會活下去。

問題研討

1. 請說明何謂臉書。
2. 請列示臉書平臺上有哪四種工具。
3. 請列示製作粉絲專頁的七大步驟為何。
4. 請列示 FB 臉書行銷有哪些功能與效益。
5. 請列示 FB 臉書常見失敗的四大原因為何。
6. 請列示 FB 貼文三大要素為何。
7. 請列示 FB 粉絲團經營基礎功的六要點。
8. 請列示十種增加 FB 貼文觸及率方法。
9. 請列示 FB 廣告投放失敗的六大原因。
10. 請列示何謂 Audience Insight。
11. 請列示網路直播的四大優勢。
12. 請列示三大直播類型及六大直播平臺。
13. 請列示直播三步驟。
14. 請列示 iFit 粉絲團經營術的七要點。
15. 請列示遠東巨城購物中心粉絲團經營術。
16. 請列示星巴克粉絲團經營術。

Chapter 5

IG 行銷綜述

5-1 IG 的意義及統計數據

5-2 IG 的發布方式、商業應用原因及 Hashtag（主題標籤）呈現

5-3 IG 快速增加粉絲的二大心法

5-4 IG 的企業行銷案例

5-5 IG 的限時動態

5-6 IG 的社群特性

5-7 發布 IG 貼文時，不能做的六件事

5-8 如何經營 IG 的十八個重點

5-9 打造 IG 廣告的密技

5-10 個別網紅經營 IG 的四大心法

5-11 IG 的洞察報告

5-12 其他相關 IG 的事項

5-13 如何建立 IG 的限時動態廣告

5-14 個人如何經營 IG 的三步驟

5-15 IG 行銷的五大要點

5-16 IG 經營企劃代理商的三大功能

一、「Instagram」是什麼

(一) 即時 (Instant) ＋電報 (telegram)，就是 Instagram 名稱的由來。現在人們用相片分享故事，就像以前用電報傳達訊息一樣。

(二) 時下年輕人想看的是簡短的文字，加上吸引人的視覺化圖像。相較於 Facebook，IG 它擁有較多的隱私設定，加上一開始推出的限時動態功能，IG 吸引了大量的年輕用戶。

(三) 除了上述重點，它還有一個其他社群平臺沒有的特色，就是你可以在 Instagram 上傳照片，同時並分享至 Facebook、Twitter 上面，只要一次貼文動作，就能同時在三個社群平臺曝光，提高你的貼文能見度。

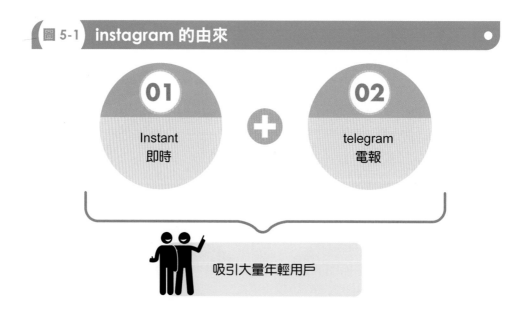

圖 5-1 instagram 的由來

二、何謂 IG

(一)「Instagram」（或簡稱 IG）是一種以分享照片及影片為主的社群網站，原則上，使用者不能只發文章，一定得上傳照片或影片才行。不過，最近幾年，IG 也推出了如「限時動態」這類模式，能夠發表純文字內容的功能。

(二) 據說每月至少開啟一次 IG 的用戶，即月活躍用戶 (MAU = Monthly Active User)，全世界總計 10 億人以上，而每天開啟 IG 用戶 (DAU = Daily Active User)，則超過 5 億人。

(三) 另外，日本也有調查指出，有八成的日本用戶會因為 IG 上的貼文，而展開某項行動；有四成用戶在看完貼文後，會實際到電商網站之類的地方查看或購買商品。

(四) 除此之外，日本人在 IG 上搜尋主題標籤 (Hashtags) 的次數，約為全球平均的三倍之多。「IG 美照」更成為 2019 年日本流行語大獎。由此可見，IG 已成為網友或粉絲蒐集資訊及分享生活點滴的好地方，深植在你我的生活當中。

圖 5-2 IG 的主要內容

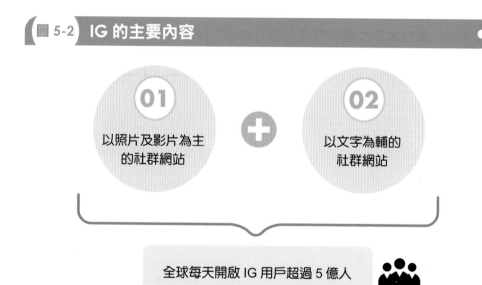

三、有關 IG 的統計數據

(一) IG 的 App 在 2010 年，正式開放下載，成為熱門的社群平臺。

(二) 據 2020 年統計，IG 一個月的活躍使用者是 10 億人，僅次於 Facebook。

(三) 全世界最受歡迎的 IG 品牌帳號排名是（2020 年度）：

・ 國家地理 (NGC)：1.4 億人追蹤。

- Nike：1.1 億人追蹤。
- 香奈兒 (Chanel)：4.9 千萬人追蹤。
- LV：3.8 千萬人追蹤。
- Adidas：3.5 千萬人追蹤。
- 星巴克 (Starbucks)：1.8 千萬人追蹤。

(四) IG 目前市值超過 1,000 億美金，在 2012 年，Facebook 只花 10 億美金就收購了 IG。

(五) 最多人使用的 Hashtag（主題標籤關鍵字）是 #love、#cute、#me、#instagood 等。

圖 5-3 IG 品牌帳號的追蹤人數

01 國家地理	02 Nike	03 Chanel 香奈兒
（1.4 億人追蹤）	（1.1 億人追蹤）	（4.9 千萬人追蹤）
04 LV	05 星巴克	06 美國 NBA
（3.8 千萬人追蹤）	（1.8 千萬人追蹤）	（4.9 千萬人追蹤）

(六) 2020 年 IG 使用者國家與人數

- 美國：1.1 億人
- 巴西：6.6 千萬人
- 印度：6.4 千萬人
- 印尼：5.6 千萬人
- 俄羅斯：3.5 千萬人
- 土耳其：3.4 千萬人
- 英國：2.2 千萬人
- 日本：2.4 千萬人
- 臺灣：700 萬人
- 德國：1.8 千萬人

※ 由 2023 年及 2024 年的人數可明顯看到 IG 使用人數大幅成長。

圖 5-4　2024 年初 IG 使用人數前 10 大國家

01	02	03	04	05	06	07	08	09	10	
印度（3.59億人）	美國（1.59億人）	巴西（1.23億人）	印尼（1.05億人）	土耳其（5,670萬人）	日本（5,495萬人）	墨西哥（4,580萬人）	德國（3,155萬人）	英國（3,130萬人）	義大利（2,890萬人）	臺灣（1,135萬人）

(七) IG 使用者的年齡統計（2024 年）

- 13~29 歲：44.3%
- 30~49 歲：44.4%
- 50~60 歲：8%
- 60 歲以上：3.3%

(八) 在所有上傳到 IG 的照片分類中，最多的就是「自拍照」，在 IG 上，有接近 3 億張自拍照。

(九) 根據統計，在 IG 上發文，含有一個以上的 Hashtag 就能增加 12.6% 的互動率。

四、Instagram 的魅力

(一)「人類是視覺動物，會被外表所吸引。」Instagram 就是抓住這一特點，以照片與影片為主，只要拍出一張好看的照片或影片，即可吸引來追蹤你的帳號。Instagram 是一款結合拍照與修圖及社群服務的軟體，它所提供的照片編輯與濾鏡效果，是其他社群平臺沒有的服務，使用者可以藉由內建的功能拍照、修圖美化照片。

(二) Instagram 在 2010 年 10 月上架後，短短 8 個月就突破 500 萬使用者，不到 1 年就達到 1,000 萬人，上傳的照片數量更超過 1 億張以上。到 2024 年 6 月為止，全球約有 20 億人的 Instagram 使用者，臺灣也有 1,135 萬人使用。而 IG 的使用者，以年輕人居多，年齡在 18~35 歲居多，占 70%。

圖 5-5　2024 年 IG 使用者的性別分布

	全球	臺灣
男性	52.8%	43.5%
女性	47.2%	56.5%

五、Instagram 在商業市場的應用

(一) 國外知名雜誌的調查報告指出，13~24 歲的 Instagram 用戶中，有 68% 的人表明會去追蹤並定期觀看企業品牌的照片或是為文章按讚，再使用貼文中的連結去瀏覽品牌網路。

(二) 不管是個人或是店家、企業品牌，都要先確認自己的定位為何？有明確的定位或形象時，才能吸引目標族群，這時就可以更專心朝著目標發展下去，最後透過數據分析了解粉絲面向，依不同屬性作出合適的行銷方式，提高自我競爭的優勢，精準地找到更多的目標客戶。

圖 5-6　IG 的主要用途

IG 軟體 =	01 拍照	+	02 修圖	+	03 社群

圖 5-7　IG 的應用

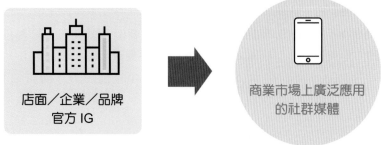

店面／企業／品牌官方 IG　→　商業市場上廣泛應用的社群媒體

5-2 IG 的發布方式、商業應用原因及 Hashtag（主題標籤）呈現

一、IG 的三種發布方式

IG 的發布方式，可分成三大類，如下：

(一) **一般貼文**：一般貼文是指直列在動態消息上的貼文，就是指一般貼文。一般貼文一次最多可上傳十張照片與影片。其貼文內容通常以「圖片或影片＋文章＋主題標籤」這種組合為主。如果是以一般貼文形式發布，一般影片的長度以 3~60 秒為限。

(二) **限時動態**：限時動態是僅公開 24 小時的貼文。通常限時動態是採全螢幕顯示，因此具有投入感與臨場感。此外，限時動態也可發表純文字內容的模式，呈現方式五花八門。本來限時動態的貼文過了 24 小時就會消失，但若是使用「精選動態功能」，就能將自己的限時動態分門別類，保留在個人檔案或商業檔案頁面上。

(三) **IG TV**：在 IG 的發布方式中，IG TV 是最新的功能，可發布 15 秒 ~10 分鐘的較長影片。跟限時動態一樣，IG TV 發布的是迎合智慧型手機螢幕的直式影片，只要手指往旁邊一滑，就能快速跳到下一段影片。

圖 5-8　IG 的三種發布方式

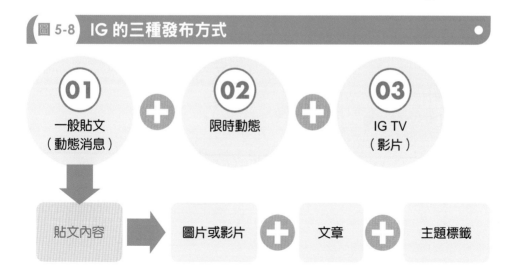

二、應該將 IG 應用在商業上的四大原因

　　現在有愈來愈多的 IG 運用於行銷、公關、宣傳商品或服務上，根據王美娟 (2021) 翻譯的一本 IG 專書中指出，其主要原因有四點：

（一）**使用戶數成長**：IG 全球的使用戶人數，呈現爆發性成長，使用戶每日或每月活躍率也很高。

（二）**資訊量更多**：基本上，在 IG 發布貼文時，一定要附上照片或影片，由於貼文的結構為「照片或影片＋文字或主題標籤」，跟可以只發文章的其他社群網站相比，IG 能夠一次傳遞更多的資訊。

（三）**完整呈現**：其他的社群網站是將過往的貼文排成一直列，如果要回顧之前的貼文得花點時間，反觀 IG 則是採取網格檢視，在個人檔案或商業檔案頁面上，將過往的貼文排成三列，顯示所有的照片。

（四）**擴散效率佳**：IG 運用 Hashtag（主題標籤），一樣能向興趣或喜好相似的人發送資訊。

圖 5-9　IG 廣泛運用在商業上的四大原因

01 全球使用人數快速成長

02 可以傳遞的資訊量更多

03 文章及圖片均完整呈現

04 擴散效率佳

三、Hashtag (#) 可使社群行銷觸及率加倍

（一）Hashtag (#) 是因應時下潮流及議題與時事狀況而竄起的標籤類型，Instagram 貼文中加註適合的主題標籤，能讓大家方便快速地瀏覽有標記相同主題標籤的貼文。

（二）該如何讓更多人看見你的貼文呢？使用過 Facebook、YouTube、Twitter 等社群網路工具，想必對 Hashtag 不陌生。起初是貼文的關鍵字，後來逐漸轉變成告訴粉絲自己正在做的事、內心想法或心情。

（三）什麼是 Hashtag

　　# 加上一個詞、單字或是句子，就成為一個 Hashtag，又稱為「主題標籤」。通常 Hashtag 可能具有主題性（# 櫻花季）、品牌的 slogan（Nike 的 # just do it）……等性質，透過 Hashtag，粉絲可以蒐集到你的貼文並連結到所有標記這個詞的公開貼文。

（四）常用的 Hashtag

　　1. 美食：# food——食物。

　　2. 運動：# sport——運動。

　　3. 旅行：# travel——旅遊。

　　4. 時尚：# fashion——時尚、流行。

　　5. # love——愛。

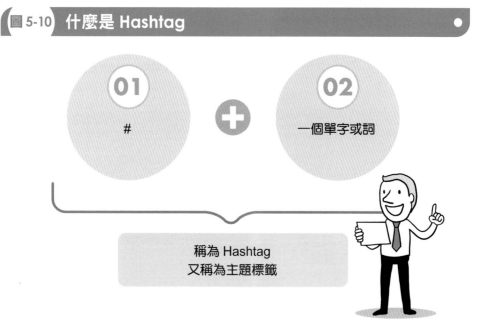

圖 5-10　什麼是 Hashtag

01　#

＋

02　一個單字或詞

稱為 Hashtag
又稱為主題標籤

5-3 IG 快速增加粉絲的二大心法

從實戰觀點來看，運用個人式 IG 想要快速增粉，必須秉持下列二大心法，如下：

一、內容才是重點，行銷只是輔助

這裡指的是，即便你有再好的企劃，你砸再多的行銷預算，如果你的產品本身沒有價值，這些粉絲或用戶終將會流失。所謂「價值」，就要回歸產品本質，即「內容」。不管你今天是做一個產品或是提供一個服務，如果能為他人產生價值的，才能真正證明你自己的價值（這裡產生的價值，可能是知識、可能是專業服務、可能是單純娛樂粉絲，所以你也務必清楚知道自己 IG 帳號的定位）。

所以 IG 內容（文字＋照片＋影片）一定要有吸引力、要有水準、要有專業內涵、要有趣、要有價值，才能持續地吸引粉絲追蹤。

二、做好粉絲互動，培養專屬鐵粉

(一) 鐵粉的培養：相信很多人都聽過 80 ／ 20（八二）法則，而在社群經營的生態亦如是。你不可能討好每一個粉絲，你也會發現許多追蹤你的粉絲，到最後根本也沒在看你的內容，但如果你能服務好 top 20% 的這些粉絲，將其培養成鐵粉，不只會有更好的口碑行銷效果，同時他們也會更願意給你許多有建設性的回饋意見。

(二) 意見的採納：而每一個粉絲的回饋意見 (feedback)，聆聽會幫助你更貼近市場需求一點，而當你更能解決市場需求，也就意味著更多潛在的粉絲了。

> 圖 5-11　**IG 快速增粉的二大心法**

內容才是重點，行銷只是輔助！（內容要有吸引力、要有內涵、要有趣、有價值）

做好粉絲的主動，並採納粉絲好的回饋意見！

5-4 IG 的企業行銷案例

〈案例一〉統一超商的 IG

統一超商 7-11 的 IG 迄 2020 年 11 月 11 日，計有 1,467 張貼文及 38.6 萬人追蹤者。該 IG 以「掌握第一手小七新鮮貨吃喝玩樂情報」為訴求，實際觀察該 IG，大致均以圖片為主力，內容則以「產品訊息」及「促銷訊息」二大內容為主力居多。另外，還有 IG TV 觀看部分，有看影片留言可抽限量好禮等誘因。

〈案例二〉攻向年輕人：IG 成保險業務新藍海

1. 「中老年人才用臉書？」臉書從 2008 年開始在臺灣爆紅，十多年之後，卻傳出已經不再流行了。年輕人都用 IG 等熱門議題。

2. 年輕人近來成為保險業必爭族群，繼 LINE、臉書之後，IG 也成為保險業經營社群平臺的「新藍海」。迄 2021 年 10 月最新統計，使用 IG 第一名的壽險公司是公股旗下的合庫人壽，擁有 4.7 萬名粉絲。第二名是南山人壽，目前追蹤人數也達 1.1 萬人。外商的安聯人壽也有 1 萬名，追蹤人數排第三。國泰人壽及富邦人壽則排第四、第五名。

3. 合庫人壽在 IG 上擁有高達 4.7 萬人追蹤，高居第一。仔細觀察其 IG 內容，會發現擁有極為豐富的「長輩圖」、心靈語錄、心理測試互動題、四季節氣、提供生活與金融壽險的各種知識與常識，可能是勝出的原因。

4. 富邦人壽表示，大眾使用社群平臺的習慣已開始轉變，在 2021 年 IG 全球用戶已超過 10 億人口，光在臺灣每月使用人數就達 700 萬人，18~34 歲的 IG 使用者超過六成。不過臉書目前仍是各年齡層大眾最廣泛使用的社群平臺，適合傳遞較完整文字資訊內容，而 IG 則是著重在與「網路原生世代」互動，溝通以影音圖文為主。

〈案例三〉JNICE 羽球產品

在 IG 上，JNICE 提供羽球領域的 KOL 產品，邀請他們試用，並在他們的 IG 上，協助露出，包括貼文及圖片，讓他們的粉絲可以看到。

〈案例四〉國際希爾頓大飯店

國際連鎖大飯店希爾頓在 2019 年成立 100 週年之際，在 IG 上運用網紅的影響力推出「七大城市奇觀」活動。該公司基於文化、建築、美食等觀光客偏好，選出阿布達比羅浮宮、雪梨歌劇院、東京築地市場、倫敦肯頓市場、上海外灘、

香港廟街夜市、維也納博物館等七大城市奇觀。希爾頓大飯店邀請活躍於 IG 上的七位旅遊攝影師，以各自的作品推廣這七大景點，總計發布了 15 篇 IG 貼文，在網路上掀起了一波話題。

〈案例五〉英國電器公司戴森 (Dyson)

英國知名電器公司戴森為宣傳吸塵器，把腦筋動到寵物網紅的毛上。由於清理毛小孩（狗）的毛髮是其吸塵器的一大核心訴求，因此該公司在 IG 上找來知名貓狗網紅與其主人一同入鏡及拍片，以寵物的視角來呈現這款吸塵器的效果，並搭配反映寵物心聲的幽默圖片及文字。例如：穿著白上衣的可愛狗狗手拿 Dyson 吸塵器的萌照片，就快速累積了近萬的按讚，喜愛寵物的追隨者們也自然會對品牌及產品產生好感。

5-5 IG 的限時動態

限時動態是目前最熱門的曝光管道，更是企業廣告與宣傳的行銷利器，利用充滿趣味與主動性的內容，玩出創意新商機。

一、什麼是「限時動態」

限時動態具時效性，上傳的照片或影片內容會以幻燈片形式呈現，並在 24 小時後自動消失。用戶可以隨心所欲分享，更不用擔心留下任何紀錄。限時動態不同於一般貼文，無法公開留言或按讚，粉絲只能透過私訊或表情符號發送給該限時動態的上傳者。

二、限時動態的內容

限時動態呈現多元，包括：濾鏡風格、趣味貼圖、各種策劃、純文字、直播……等，比起一般貼文，限時動態的趣味與互動更多，也可以藉此增加朋友或追蹤者對自己或品牌的關注。

三、限時動態的優勢

限時動態自推出以來，每日的活躍用戶一直有爆炸性成長，對於想要經營品牌的企業來說，限時動態是一定要掌握的行銷方式。企業可以經由限時動態建立品牌故事、分享產品內容，更可以透過現時特性，讓顧客在特價期間「不買可惜」的心態下，產生衝動性購物，為產品炒熱話題。對企業而言，如何在短短幾秒抓住顧客目光，降低轉出率，引導查看更多資訊，進入產品連結網站，才是品牌推廣與行銷的最終目的。

圖 5-12　IG 限時動態的用途

IG 限時動態　→　很好的行銷操作工具

5-6 IG 的社群特性

IG 的社群特性有三個:

一、高封閉性

IG 是個比較特殊的社群平臺,從一開始推出至今,不同於其他平臺如:FB、YouTube 等,是封閉度較高的社群網站。

二、新型態互動版位的普及

近年,IG 推出了「限時動態」的功能,躍升為全球社群網站限時動態使用率最高的平臺,甚至超越了自家產品 FB,每天約有 1 億左右的限時動態在全球上傳使用。這個 24 小時就會不見,即時性高,稍縱即逝的功能,在上面可以用照片或 15 秒影片的方式傳遞資訊,很適合作為商業品牌的行銷素材。

三、限時動態增加雙向互動親密度

現在我們打開 IG,多數人第一件事不是滑動態消息,而是先選自己想看的友人、公眾人物的限時動態。也就是說,當我們想了解公眾人物私生活,或想看朋友們現在在做什麼,通常第一個念頭就是打開他的限時動態。

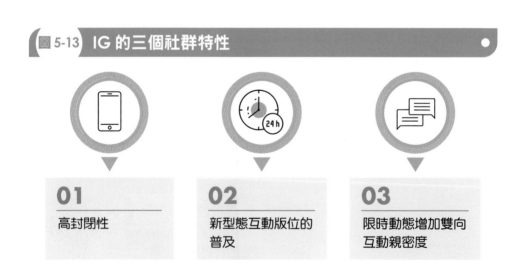

圖 5-13　IG 的三個社群特性

01 高封閉性

02 新型態互動版位的普及

03 限時動態增加雙向互動親密度

5-7 發布 IG 貼文時，不能做的六件事

在發布商業性 IG 貼文時，應注意避免做下列事情：

1. 誹謗中傷他人或他企業。
2. 貼文內容消極悲觀，給人負面印象。
3. 發表政治立場言論或宗教話題。
4. 發布感受不到人情味的制式文章。
5. 文字不要太過擁擠或太過冗長。
6. 不要發布劣質圖片或影片。

圖 5-14　IG 貼文不能做的六件事

01 中傷他人或他企業

02 不要有政治立場或宗教立場話題

03 文字不要太過冗長

04 不要發布劣質圖片或影片

05 不要發布感受不到人情味的制式文章

06 不要發布消極悲觀及負面的貼文

根據王美娟 (2021) 翻譯的一本 IG 專書中指出，如何經營 IG 的十八個重點，如下摘述：

一、事前準備

1. 洞悉使用者並了解受眾。
2. 清楚區分 IG 與其他平臺的用途。
3. 確定品牌特色。

二、圖片

4. 思考產品圖片角度與畫面。
5. 使用單一產品圖片。
6. 產品使用情境。
7. 透過創意的方式呈現。
8. 色彩，就是品牌風格。
9. 避免圖像充斥太多細節影像的圖片。
10. 減少構圖複雜性。
11. 刪除多餘圖片。
12. 圖片、影片、文字的內容呈現，前後要一致。

三、貼文

13. 運用更多 # Hashtag 標籤，增加貼文曝光度。
14. 有效利用表情符號。

四、其他

15. 舉辦 IG 貼文活動，將品牌延伸到其他潛在追蹤者。
16. 經常更新動態。
17. 與粉絲交流。
18. 保有真實、真誠感。

圖 5-15　如何經營商業 IG 的九大重點

01 洞悉使用者及了解受眾。

02 確定品牌特色。

03 圖片、影片、文字等內容呈現，前後要一致性。

04 圖片、影片要足夠清晰，並刪除多餘圖片。

05 運用更多主題標籤，增加貼文曝光度。

06 要經常更新動態。

07 增加與粉絲交流互動。

08 要保有真實感、真誠感。

09 增加對粉絲的優惠、折扣好康。

Chapter **5** IG 行銷綜述

5-9 打造 IG 廣告的密技

一、**Instagram** 已不再是年輕人的專利，根據統計，**IG** 用戶平均年齡有逐漸增長趨勢。除了消費能力提升與受眾分布漸廣，平臺介面設計與風格，也非常有利於品牌培養忠實粉絲；2018 年開放限時動態廣告後，**IG**更成為品牌必備的社群平臺。

二、**在製作 IG 廣告之前，需先掌握三個重點**

　　1. 帳號經營：商業帳號與廣告相輔相成，平時經營可不能忽略。
　　2. 素材：IG 是一個以圖像或影音為主的平臺，素材非常重要，會影響廣告成敗。
　　3. 行動裝置：直式畫面更有利於行動裝置的瀏覽，展現不同的創意，將品牌形象烙印在粉絲心中。

三、**五大廣告格式**

　　IG 廣告計有五種格式：
　　1. 限時動態廣告。
　　2. 照片廣告。
　　3. 影片廣告。
　　4. 輪播廣告。
　　5. 精選集廣告。
　　以上提及的 IG 廣告內容，可以是品牌最新動態、產品簡介、優惠資訊、廣告影片、EDM、形象圖片、票選活動、提問專區或直播影片等。

四、**IG 廣告製作**

　　IG 廣告的製作，可分為以下幾項：
　　Step 1：構圖。
　　Step 2：小功能。
　　Step 3：創意工具。
　　Step 4：直式影片。
　　Step 5：Call to Action 按鈴。

圖 5-16 IG 五大廣告格式

01 限時動態廣告

02 照片廣告

03 影片廣告

04 輪播廣告

05 精選集廣告

圖 5-17 IG 廣告內容

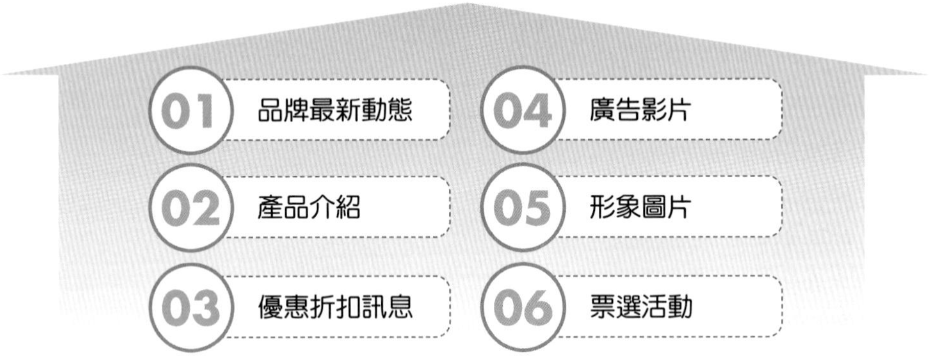

01 品牌最新動態

04 廣告影片

02 產品介紹

05 形象圖片

03 優惠折扣訊息

06 票選活動

Instagramable的意涵

　　從 2017 年起，歐美地區開始盛行一個全新的行銷指標，稱為 Instagramable 及 Instagramability。這是什麼意思呢？在 Instagram 最主要的就是視覺圖像優先的運作模式。什麼樣的內容可以吸引用戶拍照上傳，或是讓消費者能主動提供素材並造成口碑傳播的效應？這就是 Instagramable 的涵義：可以被拍照、打卡上傳到社群網站的特性。在商業經營中，這樣的拍照、打卡，是具有相當大的經濟轉換潛力，也有愈來愈多人會以社群中看到的推薦或商品開箱文，作為消費的參考。

5-10 個別網紅經營 IG 的四大心法

美國一位專欄作家 Caroline Forsey 曾經訪談 14 位具有影響力的網紅，包括美妝、旅遊、時尚、美容等領域，歸納出這些網紅在經營 IG 的四大心法，如下述：

一、要確保 IG 內容的真誠與真實

1. 整體而言，這些 Influencer（網紅）都堅持行之有效的實踐，發布真實、具有參考價值及可信度高的內容。

2. 他們認為：發布的內容要重質不重量，比起一直發布沒有意義的東西，不如偶爾發布一些有水準、有價值及高品質的內容為優先。

3. 他們也認為，應該保持真實，永遠做你自己；這意指你在檯面上及檯面下，都可以保持一致性，不需要偽裝，對你的個人品牌展現出真實與真誠的自我。

二、忠於你的粉絲

1. 經營 IG，要保持真實性及靈活性，而「粉絲忠誠度」也是另一個很重要的要點。

2. 大部分在 IG 有人氣的 KOL（關鍵意見領袖，影響者）都有一定的專業性，所以「可以為粉絲帶來什麼」這件事變得很重要。

3. 第一步無疑是找到自己的定位，然後想想看如何提供價值給粉絲。可以嘗試服裝穿搭技巧、生活中的創意巧思、如何做糕點……等，只要確保你忠於自己的審美觀，而不是為了迎合大眾。

4. 如果人們認定他跟你是志同道合的，就會想要持續跟你有連結；所以保持坦誠及分享的好與壞，都是他們想要看到的。

5. IG 終究是一個將真人與真實體驗連繫起來的平臺，讓你的粉絲感覺他們彷彿在體驗你正在經歷的挑戰，他們則更有可能一同為你的成功歡呼。

三、提升攝影技巧

1. 對一般的使用者來說，iPhone 手機及 IG 的濾鏡特效功能已經非常夠用，大部分的時候的確是如此。但是，如果你想成為一個有人氣的 IG 經營者，而不僅僅只是一個 IG 用戶，增添更好的攝影及編輯軟體設備，或許是一

項值得的投資。

2. 一張好的照片及一張令人驚艷的照片之間，最大的差別，有時候就在於一部專業的相機及一個厲害的鏡頭；而令人驚艷的相片也更容易被其他人轉貼分享，進而增加粉絲。

3. 因此，為了讓自己與眾不同，可以付出更多的努力，投資設備及攝影課程，來增進自己的拍攝技巧。

四、堅持不懈

1. 與任何專業一樣，在 IG 上經營成功而獲得人氣的最關鍵因素之一，就是堅持。

2. 這些 IG 網紅也鼓吹耐心及熱愛，不要放棄，繼續寫作或持續發布動態，等時機成熟，它自然會開花結果。要更專注於分享有意義的內容，並為這份工作感到熱情並持續前進，才是我們應該重視的。

3. 他們也提出建議：發布你自己也喜愛的內容，建立真誠及真實的連繫，以及堅持下去。唯有願意投入時間認真經營，才能達成。

4. 總而言之，保持真實，努力不懈，前進下去！

5-11 IG 的洞察報告

一、 從個人帳號轉為商業帳號後,即可擁有「洞察報告」這項免費服務。它可針對貼文與限時動態,能依其互動次數、分享次數、按讚次數、留言次數……等數據排序並查看,了解哪些貼文表現得特別好,之後設計貼文內容或線上活動時,透過分析數據,了解粉絲喜好與屬性,調整店家定位方向,才能針對廣告受眾投入精準行銷。

二、 此外,「洞察報告」可提供粉絲性別、年齡、地點、熱門瀏覽時段……等資訊,對後續行銷來說,特別有幫助,可以推測哪些時段發文有比較好的參與率。

圖 5-18　**IG 洞察報告的功能**

IG 洞察報告
的充分了解

有助廠商做到精準行銷

三、 Instagram 背後的母公司是臉書。臉書的粉絲專頁提供了非常詳細的洞察報告,這項服務當你自己的 Instagram 帳號轉換為商用帳號的時候也會擁有,而且還是免費的,但帳號擁有者必須要先有一個粉絲專頁,將兩者串聯在一起。

四、 Instagram 的洞察報告會提供詳細的追蹤數、年齡層、居住地、熱門貼文、熱門限時動態、並且也會提供每一則貼文的詳細數據。Instagram 提供的貼文數據資訊,包括:商業檔案瀏覽次數、追蹤人數、觸及人數、曝光次數、定義分別如下:

1. 商業檔案瀏覽次數:你的專頁檔案被瀏覽的次數。

2. 追蹤人數:開始追蹤你的用戶數量。

3. 觸及人數：看過你任一則貼文的不重複帳號數量。

4. 曝光次數：你的貼文被查看的總次數。

　　對商家來說，商用帳號最方便的是可以提供「撥號」、「電子郵件」、「路線」資訊，讓消費者直接連繫。

圖 5-19　IG 提供的貼文數據項目

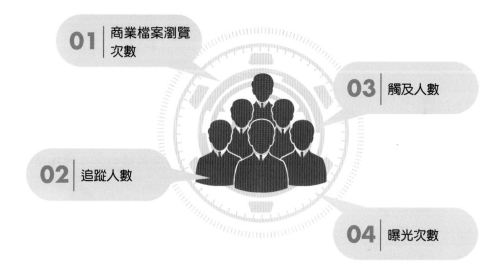

01 商業檔案瀏覽次數

02 追蹤人數

03 觸及人數

04 曝光次數

5-12 其他相關 IG 的事項

一、在 IG 舉辦活動，提升客群回流率

1. 「互動」是社群行銷的重點。舉辦抽獎活動連絡店家與用戶間的感情，也能養成用戶習慣性的關注店家貼文。

2. 當新產品上市、特別節日前……等，都是店家舉辦活動的好時機。只要用戶看到貼文時，追蹤店家、幫貼文按讚，就可以進行活動抽獎。對店家來說，成本低又可以開發潛在用戶，獲得更多顧客，對用戶來說，可以獲得店家用心準備的獎品，這樣雙贏的策略，可以多多舉辦。

圖 5-20　IG 的活動功能

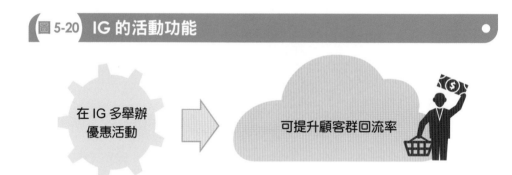

在 IG 多舉辦
優惠活動

可提升顧客群回流率

二、IG 舉辦促銷活動的通知貼文

IG 在舉辦促銷活動企劃時的通知貼文，包括：1. 標題；2. 參加活動會怎麼樣；3. 獎品的詳細資訊；4. 參加辦法；5. 活動期限；6. 得獎公布辦法；7. 其他注意事項。

三、Hashtag 關鍵字內容蒐集器

Hashtag 除了可以標出內容的關鍵字外，也可以當作是關鍵字內容的蒐集器使用。以 IG 來說，每一個 Hashtag 都有專屬的頁面，列出所有使用這些標籤關鍵字的貼文，這些貼文中也分為「人氣關鍵字貼文」及「最近上傳的關鍵字貼文」，透過這個方便的功能，可以快速找到可能與我們產業相近的貼文內容。

圖 5-21 **在 IG 舉辦促銷活動的企劃項目**

01 醒目、吸引人的標題

07 其他注意事項

02 參加活動會有何好處

06 得獎名單如何公布

03 獎品品項

05 活動期限

04 參加辦法

圖 5-22 **IG 關鍵字的搜尋功能**

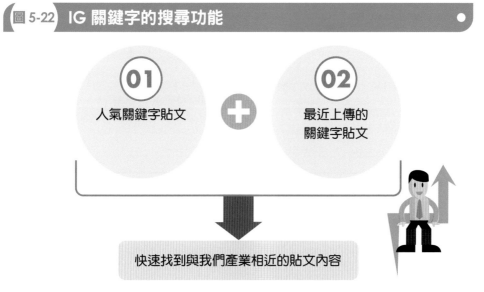

01 人氣關鍵字貼文 ＋ 02 最近上傳的 關鍵字貼文

快速找到與我們產業相近的貼文內容

四、限時動態的意義

發布限時動態是未來的趨勢,臉書正在將自己旗下的產品,如 What's App、Messenger、包含臉書自己的 App,都在整合加入「限時動態」的功能,正是因為他們在 Instagram 這裡嚐到了甜頭。這個功能原創來自他們的競爭對手 Snapchat,提供使用者一個服務,張貼限時的影像訊息,在發送 24 小時後,就會自動被刪除。

Instagram 推出限時動態功能 6 個月,就增加了 1 億用戶,近期活躍人數也激增到 8 億人,使得平臺普及度更高。而限時動態雖然不具有公開評論或按讚功能,但可以透過私訊發送給發布者,讓使用者不會被按讚數和公開評論綁架,可以更自在地分享。

而超過 1 萬人以上追蹤的 Instagram 用戶,限時動態可以放置連結,引導觀眾到你想他們前往的網頁,也成為許多品牌的愛用首選。

五、IG TV 的影片規格

1. IG TV 是 Instagram 透過影片與用戶互助的平臺。以直式全螢幕影片呈現方式,享受更完整的視覺效果,也是店家品牌行銷的最佳工具。
2. IG TV 上傳影片長度,不可短於 1 分鐘,透過行動裝置上傳的長度上限為 15 分鐘,透過網頁上傳的長度上限為 50 分鐘。

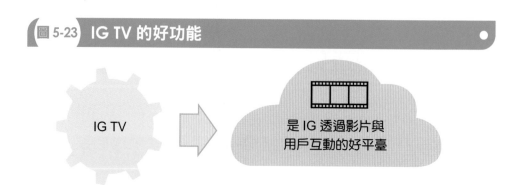

圖 5-23 IG TV 的好功能

IG TV → 是 IG 透過影片與用戶互動的好平臺

六、臉書宣布：整併 IG 與 Messenger 為同一訊息平臺

　　2020 年 10 月，Facebook 宣布整合旗下二大通訊平臺 Messenger 與 Instagram 的訊息功能，讓用戶可以跨平臺通訊。透過服務更新，未來用戶可透過 IG 的訊息服務與原本 Messenger 上傳送訊息的對象展開對話。以用戶人數為核心，臉書整合 Messenger 與 IG 的訊息，讓用戶透過任一平臺輕鬆連繫親友，並享受相同的順暢體驗。

本節內容引用 IG 網站內容，摘述一般企業的商家如何在 IG 建立限時動態廣告。如下述內容：

你可以使用 Instagram 限時動態版位，搭配所有尺寸的相片和影片。你還可以使用輪播格式，在 Instagram 限時動態刊登的廣告中，顯示多個照片或影片。

一、開始之前

1. 您需要 Instagram 帳號，才能在 Instagram 建立與刊登廣告。
2. 您必須選擇支援 Instagram 限時動態版位的設定目標。

二、建立 Instagram 限時動態廣告

若要刊登 Instagram 限時動態廣告：

1. 前往廣告管理員，然後選擇「＋建立」。
2. 選擇符合行銷目標的廣告目標。
3. 填寫行銷活動的詳細資訊。在版位層級，選擇「自動版位」。

　　如果您選擇「編輯版位」，請勾選 Instagram 底下的「限時動態」方塊。

4. 接著設定廣告預算和排程。在後續步驟中，請選擇可決定廣告呈現樣貌的元素。
5. 選擇單一圖像、單一影片或輪播，作為廣告格式。

　　請參閱廣告所需的規格。

6. 將任何圖像或影片加入廣告，並加入其他詳細資料。

　　如果您選擇加入圖像，且採用相符的廣告目標觀看影片、發送訊息、轉換次數，便能使用限時動態範本，這個免費的設計工具，可讓您將廣告創意自訂為限時動態直向動畫，了解操作方式。

7. 選擇「確認」以完成廣告建立流程。

　　將廣告提交審查前，您可以先預覽廣告，在下拉式功能表中選擇 Instagram Stories，即可查看廣告在這個版位的顯示效果，您也可以前往廣告創意中心建立廣告樣稿。

5-14 個人如何經營 IG 的三步驟

國內知名的 IG 行銷專家 Ina Wang (2020) 曾提出一篇精闢好文章，她以她個人經營 IG 為例，提出她的 IG 成長三步驟及其細節。如下摘述：

〈步驟一〉定位

1. 首先，要設定主要內容有哪些，以及目標受眾 (TA) 是哪些人。
2. 其次，要優化簡介及版面，開始建立個人化品牌。包括：
   (1) 簡介撰寫；(2) 排版；(3) 限時動態精選。
3. 思考多樣化主題，以能帶入流量為首要目標。

〈步驟二〉曝光

定位完成後，接下來就是為你的帳號引進大量曝光了。IG 除了本身追蹤你的人之外，還可以從以下幾個地方灌進流量。包括：

1. 精選設定 Hashtag。

   加強你的內容，在小眾 Hashtag 受到關注，吸引粉絲互動，成為人氣貼文。再往中型 Hashtag 人氣貼文邁進。
2. 貼文裡 tag 的一些相關的知名帳號。
3. 鼓勵大家在限時動態裡 tag 你的帳號。
4. 轉發到其他網路平臺導流。

〈步驟三〉轉換

曝光導流後，接著就是將導過來的人轉化為追蹤。

1. 互動率高的貼文，IG 會幫你灌更多流量。
2. 創造鐵粉，IG 會幫你推播給鐵粉的好友。
3. 在每篇貼文前加上 CTA (Call to Action)，提升主動。
4. 限時動態培養鐵粉。

圖 5-24 個人如何經營 IG 三步驟

5-15 IG 行銷的五大要點

綜合多位 IG 行銷專家的實務意見，IG 行銷有五大要點，如下：

1. 圖片風格保持一致：IG 是一個視覺平臺，必定要做好高品質圖片，且風格必須一致，具備獨家特色，讓人有記憶點。

2. 善用 Hashtag：欲做好 IG 行銷，Hashtag 是不可少的，一定要精準挑選 Hashtag。例如：在 IG 上，＃美食，會有 300 萬貼文量；＃臺北美食，會有 100 萬貼文量；＃臺北車站美食，則僅 1 萬貼文量。上述可抓到大、中、小眾的 Hashtag 曝光。有策略性的 Hashtag，可以有效增加帳號能見度。

3. 經營現時動態：限時動態對品牌來說，是最重要的、互動性高，是了解粉絲輪廓的好管道。限時動態的玩法非常多，可以在上面問答、投票、轉發、導向網站連結，這些都有助於你進一步認識你的粉絲型態。他們喜歡什麼，是做未來行銷策略、貼文、甚至產品走向的珍貴資料。故經營品牌帳號，絕對不可以忽略限時動態。

4. 引導主動：要想辦法引導粉絲留言、私訊，才是最重要的。可以不時地問粉絲問題，鼓勵他們留言並分享自己的想法。

5. 創造值得被收藏的優質、有價值的貼文：IG 的收藏功能便是 IG 判斷是否為優質貼文的重要指標。

圖 5-25　IG 行銷的五大要點

01　圖片風格應保持一致性

02　要多善用 Hashtag

03　要多經營限時動態

04　要引導粉絲互動

05　要創造值得被收藏的貼文

5-16 IG 經營企劃代理商的三大功能

企業品牌 IG 經營，可以委託外面專業的 IG 經營代理商來做，付一些費用可以讓企業的品牌透過 IG 行銷，而有效提升品牌的能見度及好感度。然後，間接地或許也能幫助這些粉絲們去購買與搜尋到我們的產品及品牌，這也是企業數位行銷操作的重要一環。就 IG 專業來說，IG 代理商通常會表示，他們可以為企業 IG 達成下列三大功能：

1. 可以讓粉絲追蹤人數增加。
2. 可以使 IG 觸及曝光率提升。
3. 可以提升粉絲們的參與互動率。

圖 5-26 IG 經營企劃代理商的三大功能

01 可以增加 IG 粉絲追蹤人數

02 可以提升 IG 觸及曝光數

03 可以提升粉絲們的參與互動率

最終，可以提升粉絲們對企業品牌的知名度及好感度。

可以間接提升對品牌的購買意願。

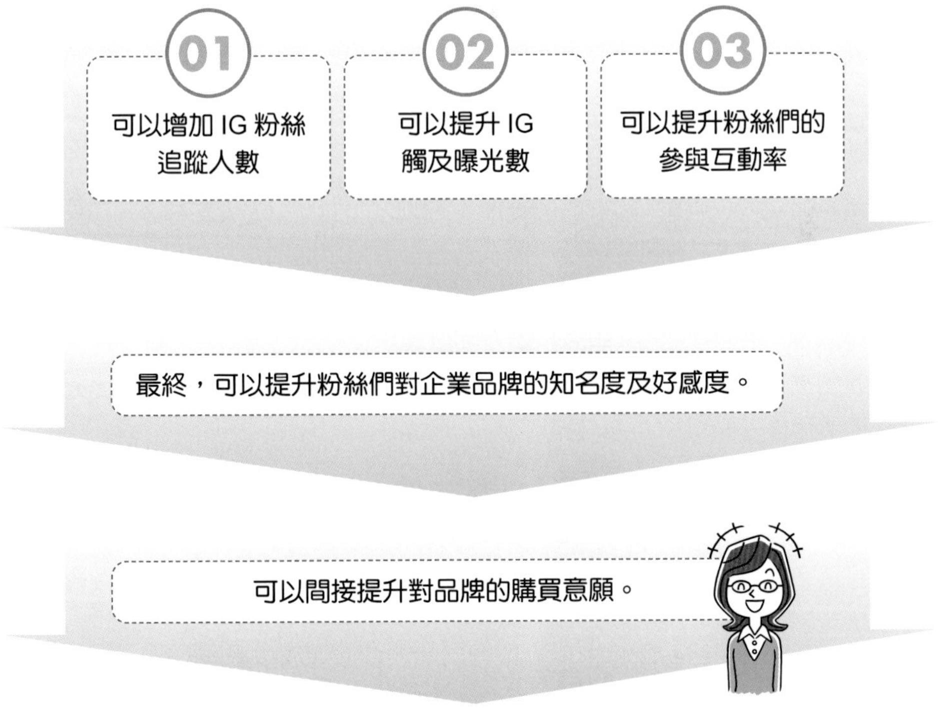

1. 請説明 Instagram 的由來。
2. 請説明何謂 IG。
3. 請説明何謂 MAU 以及 DAU。
4. 請説明何謂 Hashtag。
5. 請列示 IG 一個月的全球活躍使用人數為多少。
6. 請列示 IG 在 2012 年被哪家公司收購。
7. 請列示 IG 有哪三種發布方式。
8. 請列示 IG 能夠廣泛應用在商業上的四大原因為何。
9. 請説明 Hashtag (#) 有何好處。
10. 請列示 IG 快速增加粉絲的二大心法為何。
11. 請列示臺灣 IG 使用人數達到多少人。以哪個年齡層的人數最多。
12. 請説明何謂 IG 的限時動態。有哪些內容。
13. 請説明限時動態有哪個優勢或好處。
14. 請列示 IG 的社群特性有哪三個。
15. 請列示發布 IG 貼文時,不能説的六件事為何。
16. 請列舉經營 IG 至少五個重點為何。
17. 請列示 IG 的五大廣告格式。
18. 請説明 IG 如何提升客群的回流率。
19. 請説明何謂 IG 的洞察報告。此洞察報告有何用處。
20. 何謂 IG TV ?請説明之。
21. 請列示 IG 提供的貼文數據項目有哪四種。
22. 請列示網紅們在經營 IG 的四大心法重點為何。
23. 請説明限時動態的意義為何。

Chapter 6

網紅經濟與 KOL、KOC 行銷

6-1 網紅的定義、為何出現及背後的大眾心理

6-2 網紅的類別、如何走紅及網紅產業鏈

6-3 KOL 是什麼、為何要做 KOL 行銷、KOL 的平臺及如何挑選 KOL

6-4 網紅行銷的注意事項及網紅行銷企劃的九大步驟

6-5 選擇合作網紅的十個準則

6-6 網紅行銷的簡易三步驟及網紅行銷的四種社群平臺比較分析

6-7 網紅生態的最新調查分析報告

6-8 國內最具影響力排名的網紅

6-9 國內外網紅行銷案例

6-10 網紅經紀公司的能力與專業功能

6-11 網紅合作合約的內容

6-12 恆隆行：找網紅開團購的四大心法

6-13 網紅經紀公司的提案大綱

6-14 何謂 KOC 行銷？ KOL 與 KOC 之比較

6-15 網紅行銷方程式＝ KOL × KOC ＝大加小的組合

6-16 KOC 行銷的實務步驟

6-17 網紅行銷重要的三個原因

6-18 企業該如何找到最適合、最佳的網紅

6-19 挑選 KOL 的質與量指標

6-20 KOL 行銷的優勢效益

6-21 虛擬網紅 KOL 崛起分析

6-1 網紅的定義、為何出現及背後的大眾心理

一、網紅的定義

1. 狹義定義：係指網路美女、顏值高、擅長自我行銷，靠媒體傳播及炒作而爆紅。2. 媒體定義：由於受到網友追捧，而迅速走紅的人。3. 網路百科定義：在現實及網路生活中，因為某個行為或某件事，而受到廣大網友的關注，因此而走紅的人。4. 經營管理定義：可以對粉絲的特定行為產生影響力及決策力的一種意見領袖。

圖 6-1 網紅的定義

01 | 狹義定義

係指網路美女、顏值高、擅長自我行銷，靠媒體傳播炒作而爆紅

02 | 經營管理定義

可以對粉絲的特定行為，產生影響力及決策力的一種意見領袖

二、網紅為什麼會出現

1. 社群媒體時代，人人都能成為網紅。2. 社群媒體時代的到來，將網紅帶入爆發期。3. 網紅成名後，可以有一些收入來源，成為一種職業工作。

三、網紅爆紅背後的大眾心理

1. 因為網友的好奇心。2. 表現慾。3. 偷窺慾。4. 發話權。5. 價值觀。

四、網紅爆紅背後的科技支撐點

1. 網際網路訊息科技的發展。2. 智慧型手機及 4G、5G 網路的普及。3. 訊息量快速成長。

圖 6-2 網路訊息傳遞方式的演進

01 文字 → **02** 圖片 → **03** 聲音 → **04** 視訊 → **05** 直播

6-2 網紅的類別、如何走紅及網紅產業鏈

一、網紅的類別

1. 意見型。2. 表演型。3. 話題型。4. 專長型。

二、網紅如何走紅

1. 靠高顏值紅。2. 靠表演而紅。3. 靠寫作、插圖而紅。4. 靠說話而紅。5. 靠才藝、知識而紅。6. 靠炫而紅。7. 靠事件而紅。8. 靠出名而紅。9. 靠直播而紅。

三、網紅產業鏈

1. 網紅經紀公司（經紀人）。2. 社群平臺。3. 供應鏈生產商或平臺。

四、培養忠實粉絲要注重三感受

1. 利用參與度提高粉絲忠誠度。2. 以個人化體驗提高粉絲成就感。3. 真心尊重粉絲，粉絲就會尊重你。

五、網紅獲利（收入）來源

1. 廣告收入。2. 電商收入。3. 拍片收入。4. 站臺收入。5. 商業服務收入。6. 直播收入。7. 會員收入。

圖 6-3 網紅收入的來源項目

01 廣告收入		**05** 直播收入	
02 電商銷售收入		**06** 會員收入	
03 拍片收入		**07** 商業服務收入	
04 站臺收入			

6-3 KOL 是什麼、為何要做 KOL 行銷、KOL 的平臺及如何挑選 KOL

一、KOL 是什麼

KOL 是 Key Opinion Leader 的縮寫，意指關鍵意見領袖，舉凡部落客、網紅、YouTuber，甚至是明星藝人，只要在某個領域或議題具有影響力，並有不少粉絲追隨，都是 KOL。

二、為什麼要做 KOL 行銷

當我們在滑 IG 和 FB 時，常看到 KOL 為某個產品拍短影片、或寫使用心得，藉由粉絲對 KOL 的信任感，提升消費者對產品的興趣。而在行銷時，KOL 可以用使用者的角度分享，為品牌製造大量曝光度，甚至轉換成訂單，這就是 KOL 行銷的力量。

綜言之，做 KOL 行銷的二大目的，就是：

1. 增加消費者對我們品牌的信任感、知名度與好感度。

2. 希望間接增加對我們品牌未來的購買機會。

三、KOL 的各種類型

KOL 的類型很多，包括：旅遊類、美食類、美妝類、知識類、語言類、3C 類……等十多種。

四、KOL 的露出平臺

KOL 的露出社群平臺主要有四種：1. Facebook，2. Instagram，3. YouTube，4. 部落格。這四種都是目前 KOL 行銷常使用的平臺。

五、KOL 的粉絲人數

KOL 依粉絲人數來看，可有兩種，一是大 KOL，其粉絲人數在 100 萬以上；二是小 KOL，其粉絲人數在 5~10 萬之間。

六、如何挑選合適的 KOL

如何挑選合適的 KOL，主要有三大原則：

(一) 確定您 KOL 行銷的目的

　　如果你要的是曝光品牌，那就要找粉絲數較多的 KOL；若是想提升業績促銷販售，那就需要找粉絲黏著度較高的 KOL。

(二) 了解您所挑選 KOL 的擅長領域及個人風格

　　我們並不是隨便找一個有名氣的網紅，花錢請他做業配就會成功。我們還須注意到每個 KOL 擅長的領域及風格都不盡相同。我們一定要找到跟我們家產品或品牌相符合、相一致的 KOL，如此較容易成功。

(三) 分析曝光平臺優劣，以及 KOL 粉絲的年齡

　　我們也必須了解受眾最常使用哪個平臺，並且把 KOL 粉絲年齡考量進去。例如：你的產品是高單價的保養品，但卻找了一個粉絲受眾為 17~25 歲的 KOL，那效果恐怕就很小了。所以，不要為了跟風而隨意挑選網紅，必須了解 KOL 在不同平臺的狀況及帶給粉絲的價值，也是選擇網紅的重要條件之一。

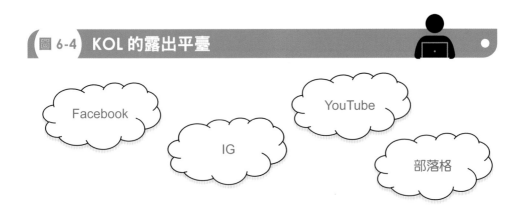

圖 6-4　KOL 的露出平臺

Facebook

IG

YouTube

部落格

圖 6-5　如何挑選合適 KOL 的三大原則

01
確定您 KOL 行銷的目的

02
了解您所挑選 KOL 的擅長領域以及個人風格

03
分析曝光平臺優劣以及 KOL 粉絲的年齡

6-4 網紅行銷的注意事項及網紅行銷企劃的九大步驟

一、網紅行銷的功能

1. 可以影響粉絲們對購買此品牌的決定。
2. 可以增加對品牌的好感度、忠誠度及黏著度。
3. 可以增加品牌新的用戶。
4. 可以幫助品牌曝光，增加能見度。

二、網紅的四個分級

1. 奈米網紅 (Nano-influencer)：粉絲在數千人到 1 萬人以下的素人宣傳。
2. 微型網紅 (Micro-influencer)：粉絲通常介於 1~10 萬人。
3. 中型網紅 (Macro-influencer)：粉絲通常介於 10~100 萬人。
4. 大型網紅 (Mega-influencer)：粉絲超過 100 萬人。

三、網紅行銷的注意事項

1. 制定完整的網紅行銷策略：包括預算、合作方案及策略等。
2. 確立尋找網紅的途徑：找經紀公司或是網紅平臺。
3. 找到適合的合作對象。
4. 根據不同的合作對象，調整提案內容。
5. 將網紅發布的時程，與產品推出、公關時程表整合。
6. 制定網紅合作合約。

圖 6-6 網紅行銷的四大功能

01 可以影響粉絲們對購買此品牌的決定

02 可以增加對此品牌的好感度及黏著度

03 可以增加品牌的新用戶

04 可以幫助品牌曝光，增加能見度

圖 6-7 網紅行銷要注意的六事項

01 | 訂定完整的網紅行銷策略（包括預算、合作方案及策略）

02 | 確立找網紅的途徑（自己找或透過經紀公司找）

03 | 找到適合的網紅對象

04 | 根據不同的合作對象，調整及確定提案內容

05 | 將網紅發布的時程，與產品推出時程表整合

06 | 訂定網紅合作合約

四、網紅行銷企劃：八大步驟流程

根據知名的「哈利熊部落格服務市集」指出，一個成功的網紅行銷企劃，應該詳實的依照八大步驟流程去企劃及執行。如下說明：

(一) 設定目標

與任何一個成功的行銷策略企劃一樣，第一個步驟就是要「訂下目標」。也就是說透過這個合作案，你希望達到的成果及效益是什麼？制定目標不僅可以為整個合作案勾勒出框架，也可以協助品牌制定出合理的成果及效益衡量標準。

一些常見的目標、成果、效益，包括：

1. 推廣：讓更多人認識、了解、喜歡你的品牌、產品、服務或是活動。
2. 建立品牌識別：讓更多人看見你的品牌個性以及價值觀。
3. 建立客群：讓更多人追蹤或是訂閱你的品牌帳號。
4. 互動：讓更多人分享、留言或是按讚你的內容。
5. 獲取潛在客戶：讓更多人填寫表單、領取優惠。
6. 營收轉化：讓更多人購買你的產品／服務。

7. 客戶忠誠度：讓更多人對你的品牌產生忠誠度，並與之連結。

(二) 定義你的受眾輪廓

在確立你的目標後，你必須先明確定義出你的理想受眾。你希望透過活動觸及到什麼樣的客群，找出客群的特性。在找到客群的特性後，你就能更清楚地知道這些客群平常都喜歡 Follow 什麼樣的網紅、使用什麼樣的社群媒體平臺、逛什麼樣的網站等。

(三) 選擇合作形式

設好目標後，我們就要確立達成目標的合作形式。一般來說，觸發網紅宣傳品牌，會有三種狀況：(1) 網紅自發性分享你的內容或訊息，(2) 付費讓網紅宣傳你的品牌，(3) 結合上面兩種形式。一些常見的合作形式：

1. 給與贈品：給網紅免費的產品或是服務，換取他們的開箱文或是評價。
2. 客座貼文：在網紅的部落格中創作內容。
3. 贊助內容：付費給網紅，讓他們將你的品牌放入部落格、社群媒體平臺上，這些內容可能是品牌創造的，也有可能是網紅自己產出的。
4. 共同創作：與網紅合作共同創造，可以放在你的網站、他的網站或是第三方網站的內容。
5. 社群媒體分享：創造好的內容，讓其他社群願意主動提到你的品牌、分享你的內容。
6. 競賽或是抽獎：建立抽獎活動，讓網紅向他們的粉絲分享你的活動資訊。
7. 聯盟行銷：給網紅專屬的短連結或是折扣碼，讓網紅可以拿到創造營收的特定比例。
8. 優惠碼：給予網紅一個專屬優惠碼，協助品牌推廣產品或服務。
9. 品牌代言：與品牌的忠實粉絲建立連結，讓他們提到你的品牌、產品或服務，以換取特定的優惠、免費的產品或是在品牌帳號曝光的機會。

(四) 設定預算

接下來，品牌就要根據想要達成的目標以及合作形式，設下合理的預算。

(五) 寫下合作提案

根據剛剛所想好的合作形式，寫下一個完整的合作提案。可能會包含你的品牌介紹、提案內容等。提案的內容最好是簡單、清楚的。也建議大家，可以寫一份完整的網紅行銷合約，包括合作細節、交稿日期、報酬、合作證明等內容，保障雙方的權益、避免未來的紛爭。

(六) 找到適當的網紅

在完成剛剛的步驟後，我們可以開始找能幫你達成目標，並與目標市場連結的網紅們了。這個步驟可以說是網紅行銷中最為重要的。

基本上，在找理想的網紅時，我們必須考慮到以下幾點因素：

1. 網紅的粉絲客群：與其找一個與你客群無關的大網紅，不如找一個與你客群相關的小網紅，效果會更好。

2. 網紅的觸及與互動量：雖然粉絲的質比量更重要，但是你必須確保你找的網紅，能夠觸及到夠廣的用戶，足以幫助你達成目標。

3. 網紅的內容與個性：要注意的是，最好能夠和品牌個性相仿的網紅合作。在正式合作前，必須先仔細閱讀他們所發布的內容，確保這些內容是：(1) 高品質的（現在市面上氾濫著許多沒有效益的假帳號）。(2) 與你的產業、產品或服務相關的。(3) 與你的品牌價值相符的。

找網紅是一個困難的事情，但好在目前市面上有許多不錯的網紅媒合平臺，可以省下不少時間。除此之外，如果你打算自己找的話，可以從一些熱門標籤中著手搜尋。

(七) 連繫網紅

在開始與網紅連繫的階段，你必須確立公司內部的流程。你想要向網紅們展現你的品牌是可信的、專業的，比如說，千萬不要在公司內同時有兩個人都在聯絡同一個網紅。所以，企業必須建立一套清楚的流程系統，包括：1. 誰負責連繫？ 2. 連繫的時間？ 3. 連繫的對象？ 4. 合作的提案與資料？ 5. 誰負責後續的連繫？ 6. 連繫的狀態更新。

(八) 追蹤成果

網紅行銷的成功與否，取決於你是否達到當初設立的目標。不同的目標可能會有不同的衡量標準，常見的要點如下：

1. 衡量品牌意識：網站流量、網頁閱覽、社群媒體提高的次數、網站停留時間、網站使用者等。

2. 衡量品牌識別：社群媒體提到的次數、公關報導（報導文獻數量、連結）等。

3. 衡量客群建立：表單填寫人數、追蹤人數等。

4. 衡量互動率：分享、留言、按讚人數等。

5. 衡量潛在用戶：表單填寫人數等。

6. 衡量營收：增加營收等。

7. 衡量客戶忠誠度：客戶存留率、更新率等。

8. 衡量連結建立：連結的數量、連結的質量。

圖 6-8 網紅行銷企劃的八大步驟

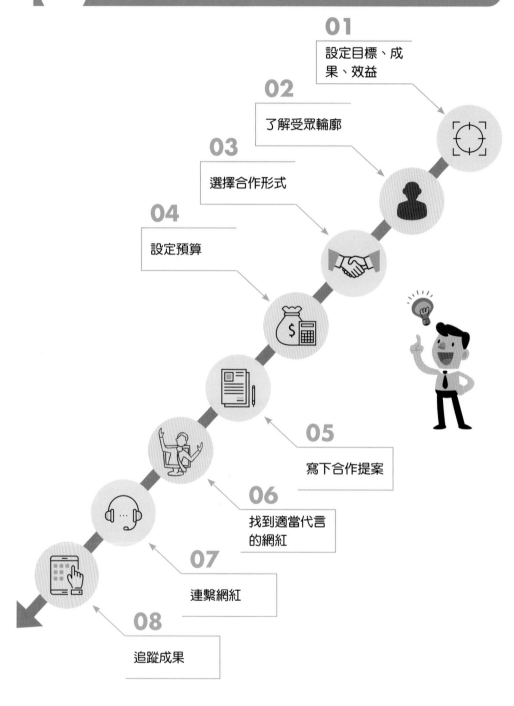

01
設定目標、成果、效益

02
了解受眾輪廓

03
選擇合作形式

04
設定預算

05
寫下合作提案

06
找到適當代言的網紅

07
連繫網紅

08
追蹤成果

6-5 選擇合作網紅的十個準則

一、受眾分析

首先，非常重要的第一個考量因素就是「受眾」。網紅的粉絲與我們品牌的客群是否相仿？想要成功的做好這點，品牌就要對自己的客群有一定程度的了解，我們的客群喜歡什麼、不喜歡什麼、收入大約是多少⋯⋯等。建議品牌在尋找適當的網紅前，先做好品牌的顧客輪廓及樣貌分析。

如何知道網紅的客群？除了從他們的風格、粉絲直接去做分析外，現在市面上也有許多好用的網紅名單蒐集平臺，擁有強大的數據庫能夠做出類似的分析。

二、互動率

互動率代表粉絲對網紅的呼應程度，也就是看這些粉絲們多常回應網紅所提供的內容。好的互動率說明粉絲們是非常重視網紅所提供的內容。要如何計算一個貼文的互動率呢？只要「將所有貼文的讚數與留言數加總，再除以總追蹤人數」即可。

三、關聯性

在選擇網紅時，我們必須選擇與自家品牌形象吻合的網紅。

四、公信力

具有公信力的網紅，更有機會擁有一群忠誠的粉絲。他們會藉由各自在特定領域的專業，建立忠實的跟隨者，並且讓粉絲信任他。

五、價值觀

在合作之前，你必須要確保你的品牌和網紅的價值觀吻合。例如：請一個素食主義者為你宣傳你餐廳新上市的牛排大餐，似乎就不太妥當。想要了解他們的價值觀，就必須做足功課，認真地看看他們的個人檔案，發布過的影片、照片以及他們所描述的內容等。

六、內容品質

根據與網紅合作的模式不同，有些可能需要仰賴這些網紅發揮他們的創意，為你製作客製化的內容。因為他們製作的這些內容會代表你整個品牌，也是許多潛在用戶與你品牌的第一個接觸點，所以你必須看看這些網紅的內容是否擁有高質量。當你在查看網紅的檔案時，可以觀察他的內容是否有下列特性：1. 清楚易

懂；2. 內容邏輯架構良好；3. 有創意的；4. 具一致性的；5. 專為 IG 上的呈現效果而做優化。

七、頻率

在研究網紅檔案時，也可以觀察網紅發文的頻率。一般來說，常發文的網紅，能夠累積更多忠實的粉絲人數，粉絲們也更願意分享他們的內容。以 Instagram 而言，理想的發文頻率是每 1~3 天發一則。在看發文頻率時，你也應該觀察網紅有多常發商業贊助文。一個好的網紅，應該要在普通發文與商業贊助文中取得一個平衡點。如果你發現一個網紅常常連續發好幾篇商業贊助文，那就要小心了，他在粉絲心目中的可信度可能正在慢慢降低。

在觀察商業贊助文時，也可以滑一下留言，看看網紅的粉絲們對他所發布的贊助文是如何回應的，過多負面的評價則代表這個網紅過於商業化，接了太多業配。

八、可信度

如果你想要與網紅合作順利的話，你應該要選擇可信度高的網紅。比如說，如果這個網紅回覆訊息很慢，那麼很有可能就會讓你沒辦法在排定的時間內完成合作事項。可信的網紅通常都會儘速回覆訊息，態度積極、專業。

九、增加的粉絲人數

帳號中「有機」粉人數的增加是非常重要的。如果你發現一個帳號突然一夕之間漲了很多粉絲，那麼很有可能這些粉絲是買來的。當然也有可能是其他原因造成的。例如：帳號被精選放在了 Instagram 的首頁，或是最新內容被廣為分享，或是被一個大型的 Instagram 標註分享。無論如何，必須要進一步了解粉絲人數暴增的原因，以確保這個網紅值得合作。

十、受眾品質

我們在上文提到，有些網紅會買許多假的粉絲或是假的互動，那麼，究竟如何分辨網紅受眾品質的好壞呢？以下為大家整理：

1. 網紅的內容質量差，但粉絲卻很多。
2. 網紅發布的內容很少，但粉絲人數或是互動率很高。
3. 網紅的粉絲與互動率不成比例，有可能過高或是過低。
4. 網紅追蹤的人數大於追蹤網紅的粉絲人數，例如：追蹤網紅的人數有 3,000 人，但網紅追蹤的人數卻有 5,000 人。
5. 網紅追蹤的帳號有以下特徵：

(1) 微乎其微的內容。

(2) 沒有大頭貼。

(3) 大頭貼使用圖庫照片。

(4) 奇怪的用戶名。

(5) 可疑的「追蹤人數：粉絲人數」比率。

6. 網紅帳號最近才成立，但已經有大量的粉絲。

7. 網紅帳號有突然或是不合常規的變化，例如：突然增加了非常多的粉絲人數，接著又掉了很多粉絲。

8. 大部分的留言都是垃圾留言或是重複性的留言。

9. 在發布了一個內容後，網紅的貼文在短時間內快速得到大量的讚數。

10. 網紅的影片、觀看人數，與粉絲人數不成正比。

圖 6-9 選擇合作網紅的十個準則

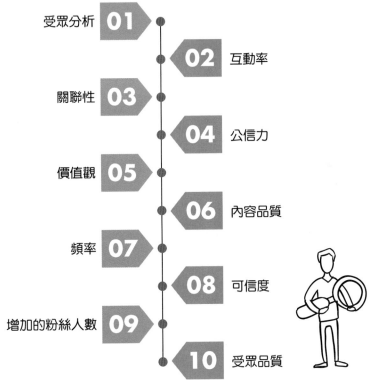

01 受眾分析

02 互動率

03 關聯性

04 公信力

05 價值觀

06 內容品質

07 頻率

08 可信度

09 增加的粉絲人數

10 受眾品質

一、網紅行銷簡易三步驟

Step1：確立網紅行銷的目標

制定網紅行銷策略第一步，就是確立網紅行銷的目標，例如：宣傳產品、響應活動、操作 SEO 排名等等，唯有建立明確的行銷目標，才有助於規劃合作計畫，選擇合適的網紅人選和合作方式，是 FB 貼文分享、拍攝 YouTube 影片，還是撰寫部落格文章。

Step 2：尋找合適的網紅人選

在挑選網紅合作人選時，切記並不是粉絲愈多愈好，必須將以下四個參考指標列入考量：

1. 知名度：對於目標受眾來說，網紅人選是否具有知名度。
2. 相關性：網紅特質與業配的產品愈相關，目標受眾愈容易產生共鳴，促成轉換的機率也更高。
3. 傳達性：網紅與他的粉絲是否互動良好、具有影響力，能夠確實將資訊傳遞給粉絲。
4. 可信度：網紅的信譽也會連帶影響企業的形象，事前應了解該網紅在網路上的評價，他所傳遞的訊息是否具有可信度。

選擇合適的網紅，才能達成設立的行銷目標，同時為業配的產品、企業形象加分。

Step 3：定期追蹤成效

與網紅合作之後，還必須定期追蹤成效，回頭檢視當初設立的網紅行銷目標是否達成。

二、網紅行銷：四種社群平臺比較分析

(一) 部落格

部落格是最容易被搜尋引擎擷取的網紅行銷管道，因為較能建構自主性的網站設計，往往也最能提供使用者清楚且完整的產品資訊與豐富的圖片、影片。當具有購買動機的消費者在上網搜尋資料時，如果能夠得到第三方網紅的背書與有別於品牌官方說法的詳細資訊，將有助於提升轉換機會。在臺灣當前較知名的部落格有痞客邦、各個論壇等。

(二) Facebook

　　雖然臉書演算法的不斷更新，造成臉書貼文的觸擊率不斷下滑，但就臺灣而言，多數的主力消費族群依然有使用臉書的習慣，因此臉書在短期活動中的能見度高，所帶來的短期轉化效益也是最好的。除此之外，許多品牌也會與網紅合作舉辦貼文抽獎、直播等活動。若搭配廣告，更能發揮臉書的高擴散性與互動性，提升行銷效益。

(三) Instagram

　　據統計，2013 至今，IG 使用人數已成長超過 10 倍，龐大的人口基數使 IG 成了許多企業最重視的網紅行銷平臺。IG 多數以圖片作為主要呈現方式，著重於圖片的構圖與設計。其功能「限時動態」的使用者，全球一天更是高達了 5 億用戶。除此之外，時下 25~30 歲的消費者，開始會在 IG 上搜尋關鍵字，因此也為 IG 網紅帶來了新的商機。

(四) YouTube

　　以影音的方式呈現，但因為影音製作所需的人力，耗工又費時，因此合作成本是四種中最高的。然而在影音世代的今天，對於需要短期大量曝光又有足夠預算的企業而言，找 YouTuber 合作將是首選。

圖 6-10　網紅行銷的簡易三步驟

01
確定網紅行銷的目標

02
尋找合適的網紅人選

03
定期追蹤成效

國內知名的數位時代月刊與 ikala（愛卡拉）公司合作，提出一份最新的「網紅生態」調查分析報告，如下重點：

1. 臺灣社群媒體使用率高達 88%，比全球平均 50% 還更高。

2. 臺灣有 75% 的消費決策會受到網紅的推薦或代言廣告的影響，此使品牌主將行銷預算轉到網紅身上。

3. 國內網紅總人數，在 2021 年已達到 3.8 萬人，比 2019 年的 2 萬人，成長 90% 之多。其中，小網紅（或稱奈米網紅，1 萬粉絲以下）成長最快，占有率達 50% 以上。

4. 臺灣最主流的三大社群媒體為 FB、IG 及 YT (YouTube)。

5. 2021 年，網紅生態最新五大現象：

   (1) 奈米網紅數量超過一半（即 3.8 萬人的一半），但其與粉絲的互動率卻反而比較高。

   (2) 在三大社群平臺中，IG 的互動率最高（達 3%），FB 互動率次之（0.7%）、YT 互動率最低（0.5%）。

   (3) 7 成網紅在 IG 平臺上展現；6 成網紅在 FB 平臺上展現；1.5 成網紅在 YT 平臺上展現。因影音製作成本較高，故在 YT 平臺上展現的網紅較少。

   (4) 在 3.8 萬名網紅中，其中，女性網紅占 60%，男性網紅占 30%，團體網紅占 10%，團體網紅有崛起之勢。

   (5) 美食話題最能吸引觀眾。

6. 2021 年，在 3.8 萬名網紅中，各種專業網紅的分類如下：

(1)	美食網紅	占 38%	(6)	影視網紅	占 12%
(2)	攝影網紅	占 22%	(7)	音樂網紅	占 12%
(3)	穿搭網紅	占 21%	(8)	教學知識網紅	占 12%
(4)	保養網紅	占 20%	(9)	感情網紅	占 11%
(5)	運動網紅	占 14%	(10)	旅遊網紅	占 11%

7. 大網紅如何穩住自己地位

   (1) 要持續創作高品質的內容，帶進高流量。

   (2) 要開拓穩定的收入。

8. 網紅的四種主要收入

   (1) 會員付費。　　　　　(2) 廣告分潤。

   (3) 廠商業配。　　　　　(4) 電商導購收入。

9. 新興社群平臺

   (1) 影音社群平臺：TikTok。

   (2) 聲音為主的社群平臺：Podcast 及 Clubhouse。

10. 2021 年一百大網紅的部分名單

	名字	頻道風格		名字	頻道風格
(1)	蔡阿嘎	生活	(12)	Rice & Shine	親子
(2)	阿神	遊戲	(13)	唐綺陽	命理
(3)	簡單哥	美食、料理	(14)	見習網美小吳	生活
(4)	Amy 私人廚房	美食	(15)	谷阿莫	電影
(5)	料理 123	美食	(16)	重量級	生活
(6)	史丹利	遊戲	(17)	千千	美食
(7)	蔡桃貴	親子	(18)	HowHow	幽默
(8)	這群人	幽默	(19)	白痴公主	幽默
(9)	486 先生	電商	(20)	牛排	幽默
(10)	館長	社會議題	(21)	視網膜	社會議題
(11)	反骨男孩	幽默			

11. 如何創造高互動性內容

    (1) 先創作出好內容。

    (2) 掌握時下熱門話題。

    (3) 深耕分眾話題。

    (4) 經營多元平臺 (FB、IG、YT)。

12. YouTube 頻道訂閱數

    (1) 超過 100 萬的：有 50 個網紅。

    (2) 超過 10 萬的：有 1,100 個網紅。

13. 一百大網紅中,有 90% 同時經營三個社群平臺（即 FB、IG、YT）。

14. 「社群導購」的變現模式,近年來已成為品牌廠商找網紅行銷合作的操作方式之一。

15. 廠商對網紅 (KOL) 行銷成功的關鍵

(1) 要找到真正對的、適合的、正確的、有效的網紅（一個或多個網紅）。

(2) 要網紅做出有吸引力、能吸引粉絲們來看的好內容。

(3) 品牌廠商要投入適當、足夠的行銷預算，且要長期經營。

(4) 要隨時調整、精進作法。

16. 品牌廠商操作網紅 KOL 行銷的二類

(1) 自己來操作，自行找網紅合作。

(2) 透過外部知名的 KOL 網紅經紀公司或網紅行銷公司來操作，並請他們先提案好簡報，再互相討論、修正及定案。

6-8 國內最具影響力排名的網紅

一、排名前 35 名網紅

KOL Radar 聯合《數位時代》共同發表 2020 年最具影響力的臺灣百大網紅榜單，在社群媒體中引起熱烈回響。運用 KOL Radar 獨家的資料庫，計算 2020 上半年全臺網紅的 Facebook、Instagram、YouTube，三大臺灣主要社群平臺的粉絲數、互動率、互動數及觀看數，精挑細選出 100 名在 2020 年最具影響力的網紅，此處列出前 35 名。

No	名字	No	名字	No	名字
1	蔡阿嘎	13	在不瘋狂就等死	25	Onion man
2	這群人 TGOP	14	鍾明軒	26	J.A.M 狠愛演
3	館長	15	Sandy & Mandy	27	林進飛醺卑鄙 fashion baby
4	王宏哲	16	白癡公主	28	八耐舜子
5	那對夫妻	17	阿神	29	聖結石 Saint
6	Duncan 當肯	18	Amy の私人廚房	30	老高與小茉 Mr & Mrs Gao
7	黃阿瑪的後宮生活	19	Wackyboys 反骨男孩	31	千千進食中
8	阿滴英文	20	Joeman	32	小玉
9	486 先生	21	理科太太 Li Ke Tai Tai	33	三原 JAPAN Sanyuan
10	眾量級 CROWD	22	HowHow 陳孜昊	34	滴妹
11	谷阿莫 AmoGood	23	YummyDay 美味日子	35	放火 Louis
12	蔡桃貴	24	黃氏兄弟		

二、你應該知道的網紅行銷數據

根據美國 MediaKix 研究機構，其發布的網紅行銷相關數據，有如下重點：

1. 63% 的行銷人員將會在接下來的 12 個月內增加網紅行銷的預算。
2. 48% 的人認為網紅行銷的投報率比其他行銷管道好。
3. 企業每花 1 美元在網紅行銷上，平均可以擁有 5.2 美元回報。
4. Instagram 是網紅行銷大家最愛合作的平臺。
5. Instagram 貼文是大家最愛的內容合作形式。
6. 小網紅的互動率比大網紅高。
7. 最多人使用的網紅行銷成效衡量標準是「轉換率」與「營收」；其次是能增加對該品牌好的認知度及好感度。

6-9 國內外網紅行銷案例

〈案例一〉美國 Nike 運動品牌

如果有關注國外 YouTube 的朋友，應該對「What's inside」這個頻道並不陌生，這是由一對父子所經營的 YouTube 頻道，以剖開日常物品觀察內裡為主題，直至 2020 年 9 月止，累積了超過近 700 萬的訂閱人數。

2017 年，當 Nike 推出最新鞋款 Nike Air VaporMax 時，他們邀請了這對有名的父子檔前往巴黎 Nike 總部。從 VaporMax Air 靈感來源到整個製作過程，What's Inside 前前後後總共發布了 7 個影片，將品牌訊息巧妙地融入了頻道主題中。而單單就 "What's Inside Nike Air VaporMax" 這部影片，觀看次數就已經超過 693 萬。而此次合作也成功為 Nike 的新產品線創造了極大的網路聲量。

我們總結一下 Nike 此次合作成功的原因：

1. 與大型網紅強強聯手，大大地增加品牌曝光。
2. 用另一個角度傳達品牌訊息，讓大家看到品牌的幕後故事，以及新產品的「真實面貌」。

〈案例二〉歐蕾 Olay 保養品

Olay 發起了 #FaceAnything 活動，邀請 9 位擁有完全不同背景的女性網紅合作。這次的活動，主要是挑戰社會上的刻板形象，並以鼓勵女性擁抱「自然美」為主題。Olay 創造了品牌標籤 #FaceAnything，讓 9 位網紅成為品牌代言人，並帶頭展現自我，而此次行動大大激發了擁有同樣理想、渴望擺脫社會束縛的女性們。這次合作 Olay 的成功之處為何？

1. 以一個有影響力的主題出發，增加品牌正面形象。
2. 創造獨有標籤，刺激活動病毒式的散播。
3. 豐富品牌的 UGC（User Generation Content，使用者自我產生的內容）用戶生成內容庫。

〈案例三〉美國可口可樂

2017 年底，可口可樂試著於節慶之時，在西歐推廣原味可樂。可口可樂創造了一個品牌特有標籤 #ThisOnesFor，鼓勵用戶分享喝可口可樂的歡樂時分。在這次活動中，可口可樂共與 14 位歐洲的網紅合作，其中有 6 位是至少有 10 萬粉絲的中大型網紅，其他 8 位則為粉絲人數介於 1~10 萬間的小網紅。14 位網

紅共分享了 22 篇贊助貼文，照片中皆需拿著品牌的經典飲料，並且表明他們想與誰共享這杯可樂。

事實證明，#ThisOnesFor 是一個極為成功的品牌合作案例。活動累積了超過 17 萬的讚數，1,600 個留言，以及平均 7.8% 的互動率。這次的合作可口可樂成功有幾點原因：

1. 完美的時間點：正值節慶前夕，成功將節慶歡樂氣氛與品牌連結，並增加產品營收。

2. 行銷訊息具傳播性：以讓每個人都參與的「分享」為主軸，深化社群間的連結。

3. 完美的受眾族群：可口可樂的網紅合作對象，從時尚產業、旅遊產業到運動產業，成功打入了品牌理想的年輕族群。

〈案例四〉EOS 護唇膏

1. 美國知名護唇膏品牌 EOS 也很重視網紅行銷，而且此品牌更喜歡與他們建立長期的合作夥伴關係。2019 年度，EOS 在推出新品系列時，即邀請了多達 19 位較為知名的美妝與生活型態領域的網紅，共同參與長達 1 年多的新口味研發，並推出了薰衣草拿鐵及荔枝馬丁尼等 6 種風味的新產品，引起不少的媒體曝光。

2. 另外，這些協助產品開發的網紅，對自己催生的產品，也具有強烈的認同感。因此，在日後自己 IG 及其他媒體的宣傳上，自然更不遺餘力。而這19 位的 IG 網紅粉絲們，也會對此品牌更加捧場。

〈案例五〉臺灣萊雅的網紅經營

1. 臺灣萊雅旗下有 13 個品牌，也是網紅行銷的佼佼者。光是在 2019 年，臺灣萊雅便與 930 位網紅合作，與網紅共創內容，帶動與消費者互動，也是讓消費者更愛萊雅品牌的方式之一。

2. 對於網紅的管理，臺灣萊雅早在 2018 年就逐步建立 SOP 制度，三大策略分別是：(1) 建立網紅數據資料庫；(2) 強化網紅關係管理；(3) 以消費者為核心出發。

3. 網紅數據庫會依據不同的內容關鍵字，為網紅及粉絲的屬性分類；並在每個活動結束後，做集團內跨品牌、跨行銷活動的整合性分析，作為下次決策依據。

4. 網紅關係則由萊雅委託六家代理商集中管理，與網紅之間也簽有合約；萊雅公司內部則會不定期舉辦與網紅間的培訓及交流，以更理解與粉絲溝通

的方式。

5. 網紅行銷呈現方式多元化，2020 年受疫情影響，「直播」反成了最夯的方法；萊雅公司內部各部門都在做直播。接下來，萊雅公司看好「網紅商務」，不論是網紅內容導購、直播導購或是開發品牌聯名商品，都是萊雅可能嘗試的方向。

問題研討

你是否知道有哪些國內外的網紅，請試著列出來。

6-10 網紅經紀公司的能力與專業功能

一、網紅經紀公司強調的四點能力

1. 全方位的網紅行銷企劃。2. 完美媒合高品質網紅。3. 強大網紅數據資料庫。4. 上億筆社群內容數據。

圖 6-11 網紅經紀公司的四種能力

01 全方位網紅行銷企劃

02 完美媒合高品質網紅

03 強大網紅數據資料庫

04 上億筆社群內容數據

二、知名網紅經紀公司 (KOL Radar 公司) 的五大專業功能

(一) 數據驅動行銷策略

提供完整企劃與策略,透過上億筆網紅社群數據資料庫,掌握議題與社群脈動,為企業訂定網紅行銷策略與溝通切入點,成功讓品牌與產品深植消費者的心。

1. 確認行銷目標。2. 效益分析與預估。3. 數據與創意企劃。4. 內容與社群策略。

(二) 精準找高成效網紅

　　精準推薦網紅人選，透過 AI 網紅搜尋系統篩選互動率、觀看率與漲粉率，以及查找本品／競品關鍵字，為企業抓到高成效、高含金量的網紅。專業的網紅搭配策略以及系統化找到最佳網紅人選，有效達成品牌曝光、提升品牌好感度。

(三) 萬筆跨國網紅資料庫，完美執行網紅媒合

　　擁有媒合超過 3,000 筆網紅對接執行合作案經驗，透過細緻溝通對接與高效率執行，讓所有策略完美達成，加倍效益。

　　1. 網紅簽約與付款。2. 網紅詢價與溝通。3. 內容產製與修訂。4. 品牌主審稿確認。

(四) 內容製作與曝光宣傳

　　有效規劃網紅內容宣傳，協助取得網紅素材授權，並操作廣告投放於各社群平臺，包括 Facebook、Instagram、YouTube，加乘網紅社群內容曝光與互動，創造更高網紅行銷與社群口碑行銷效益。

　　1. 社群內容行銷。2. 廣告素材授權。3. 曝光管道規劃。4. 精準廣告投放與媒體採買。

(五) 成效評估與結案

　　針對個別網紅社群表現，提供完整數據成效，並提供優化專案的建議，幫助下次行銷策略更上層樓。

　　1. 網紅數據成效檢核。2. 廣告投放成效報告。3. 未來策略優化建議。

圖 6-12　網紅經紀公司的五大專業功能

01	02	03
數據驅動行銷策略	精準找高成效網紅	完美執行網紅媒合

04		05
內容製作與曝光宣傳		成效評估與結案

6-11 網紅合作合約的內容

國內知名的「哈利熊線上服務市集」(2020) 在其官網一篇文章中，指出應如何寫一份完整的網紅合作合約書，內容非常詳實有用，值得參考，故摘述如下重點。該文中指出與網紅合作的合約中，應該包含下列六大項目：

一、工作內容

工作內容是整份合約中最重要的元素，清楚的寫出內容創作者需要為你做些什麼。

1. 創作內容的形式：部落格、貼文、影片等。
2. 露出平臺：臉書、Instagram、公司網站等。
3. 內容數量：貼文數量、圖片數量、影片數量等。
4. 發布期間：明訂發布的截止日期，以及內容會在露出平臺上保留多久的時間。
5. 品牌風格：定義出品牌風格及其風格要求。
6. 其他細節：要使用的標籤 (#tag)、其他合作對象必須做或是不能做的事情、內容發布前是否需要經過你的同意等。

二、報酬

合約中也要清楚寫出內容創作者所能拿到的報酬。

1. 報酬金額。
2. 影響報酬的事件：沒有在截止日期給予檔案，或是沒有在截止日期前發布，或是有些品牌會將報酬與成果相連結。
3. 交付方式：頭尾款、一次付清等。
4. 匯款帳號。

三、合作成功證明

你可能會需要內容提供者提供一些關於合作的數據，例如：Instagram、Facebook 的貼文數據洞察、觀看人數、互動率等，這些都必須在合作前就明確訂定出來，避免未來合作完成後的爭議。

四、排他性

網紅行銷是一門大生意，也就是說，一個網紅可能會同時與很多品牌進行合作，特別對於那些知名的網紅來說，合作提案可能是源源不絕地來。所以如果你

圖 6-13　網紅合約工作的六項內容

06 其他細節（限制條款、禁止條款）

01 創作內容形式：部落格、貼文、照片、影片

05 品牌風格的要求

02 露出平臺：FB、IG、公司網站、YouTube

04 發布期間及在平臺保留多久時間

03 內容數量：貼文、圖片、影片數量

想要讓這個內容提供者與你建立排他性的合作關係，你就必須把這項條款放入合約中。但記住，並不是每個網紅都會接受這種合作方式，可能一些小網紅比較願意這樣配合。

五、法律責任與義務

雙方在合作前，都必須了解各自的法律責任與義務。例如：依照公平會的公告，網路業配屬於鑑證廣告的一種，如果鑑證者與廣告主之間有利益關係，就有公開揭露的必要。還有之前「理科太太」就曾因為基因公司宣傳的影片中，因為所代言商品沒有事先送食藥署審核，就多次提到廠商名字，涉及廣告行為，最後被衛生福利部食藥署開罰 20 萬元的案例。所以代言合作時，雙方一定要注意法

規。例如：食品、化妝品領域的廣告，不能誇大不實或宣稱療效。這些都可以寫入合約中，避免不小心誤觸法規。

六、簽字

　　要謹記，畢竟合約是一份正式的法律文件，所以雙方都必須仔細閱讀內容、同意合約中的事項並且簽名。

　　最後要提醒大家，合約能夠幫助雙方了解自己的責任義務，並且保護雙方的權益，如此一來，也能建立更好的合作關係。

圖 6-14　**與網紅合作合約內容的六大項目**

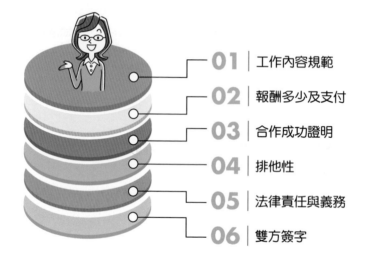

01 工作內容規範

02 報酬多少及支付

03 合作成功證明

04 排他性

05 法律責任與義務

06 雙方簽字

6-12 恆隆行：找網紅開團購的四大心法

一、新冠疫情加速網紅團購風潮

近幾年團購一直存在於你我生活中，突如其來的新冠疫情（2020~2021 年），擴大了團購的蓬勃發展。

從 2020 年起，忙著錄 Podcast 的 YouTuber、網紅及部落客，全蜂擁而來當「團購主」，因疫情賣不出去的餐廳、飯店商品，也改找網紅開團衝銷售量。團購已然成為實體通路、網路平臺之外的第三大通路。

二、恆隆行團購生意佳

督導恆隆行團購的執行副總曾逸晉表示，2021 年前三季，針對新商品所開的團購，已高達 300 團；該公司團購營收比 2020 年同期大增 3 倍以上；光是整合行銷室，一個月就開 20~30 個團購，若是再加上其他四個事業部，團購數量就更驚人。

三、網紅團購的四大心法

以下是最大的恆隆行進口代理商，其網紅團購四大心法：

(一) 找 KOL，不迷信流量，先培養好感

現今人人都可以是自媒體的時代，要從眾多 YouTuber、網紅、部落客等社群平臺經營者，也就是意見領袖 (KOL) 中，挑出能為品牌帶來流量及曝光，進而變成訂單的團購主並不容易。

曾逸晉副總要求團隊不要迷信數據，而是要從自己追蹤或訂閱的 KOL 挑起，要找出團隊喜歡、有感覺的 KOL，才能產生共鳴。

而曾副總也對成員耳提面命，與 KOL 接洽的第一步，不是談團購意願，而是先交朋友，經營 KOL 就像談戀愛，先認識，互有好感，才能進行下一步；但前提是，這些 KOL 必須真心喜歡恆隆行代理的品牌商品。

另外，曾副總也表示，有時很難歸納出找團購主的準則，因為無法預測，你不知道對方何時會爆紅，甚至你以為走下坡的網紅，卻又開始走出新的風格路線。

(二) 替 KOL 打造客製化的專屬賣場

恆隆行找 KOL 開團購，除了避開與其他平臺及通路的優惠外，還堅持

同一個品牌絕不能同時開團。

　　曾副總強調，那是一種獨特感。在 2021 年 6 月的團購高峰期，恆隆行每天幾乎都有 3 個團購在進行。他提醒團隊，同一品牌至少得錯開 3~7 天，不能讓消費者走到哪裡，都看見恆隆行在促銷。跟 KOL 合作，就是期待他們把商品最好的一面展現給粉絲看。

　　曾副總要求團隊必須替 KOL 客製化專屬賣場，這些專屬賣場通常設在官網，但頁面上看不見，一般消費者也搜尋不到，必須擁有特定連結才能進入賣場瀏覽選購。主要是為了給消費者專屬感及私密性，也是屬於這個 KOL 粉絲的群體感，那是一種認同，讓消費者對 KOL 的連結更深。

(三) 限時／限量

　　能在短時間大幅拉抬業績，「限時」及「限量」是二大吸引力。曾副總認為，開團五天的效果最好，時間一拖長，消費者追捧的「獨特性」及「稀有性」就會消費殆盡。

(四) 多給優惠贈品

　　恆隆行代理商是眾所皆知的價格硬，不管官網、百貨通路或網路平臺，一律不二價，曾副總表示：恆隆行講求的是「價值」，而不是「價格」。

　　不過在價格動不了的狀況下，工作團隊仍可以靠贈品組合，替團購主營造優惠感。好在恆隆行旗下代理多達 25 個品牌，方便團購主或行銷業務

圖 6-15　網紅團購的四大心法

01 找 KOL，不迷信流量，先培養好感

＋

02 替 KOL 打造客製化專屬賣場

03 限時／限量

＋

04 多給優惠贈品

加以組合贈送。

　　至於最敏感的分潤，曾副總認為祕訣無他，唯有誠實與真心。恆隆行會讓 KOL 理解，公司能給的利潤空間有限，但合作內容絕對和其他 KOL 不同。恆隆行希望讓 KOL 感受到恆隆行的服務是有價值的，代表網紅們的粉絲也能獲得相同的服務。

四、開團購的長尾效應

　　除了實際銷售成交外，找 KOL 開團購的長尾效應也不容小覷。例如：網紅團購主發文推薦，也會同時帶動實體零售通路及電商平臺的銷售業績，有些沒有跟到團的消費者，也會到其他通路購買；像是幾個月後的烘焙展，還有消費者拿著團購主發文截圖指名購買，效果很顯著。

　　更何況邀請 KOL 開團，也是品牌另一種曝光管道，除了累積網路聲量之餘，也有機會觸及不同面向的粉絲。

　　目前實體銷售仍占恆隆行營收近一半之多，但團購絕對是未來品牌不能缺席的市場。

圖 6-16　KOL 開團購的長尾效應

01
帶動實體通路
銷售業績

02
品牌的另一種
曝光管道

03
觸及不同面向的
粉絲群

6-13 網紅經紀公司的提案大綱

一、KOL 行銷如何進行

1. 先找一家比較知名且有實際經驗的網紅經紀公司，作為委託代理公司。
2. 經告知本公司品牌的現況及目標之後，就請該公司先準備提案。
3. 然後到本公司做簡報及討論後，即可簽訂合約，展開行動工作。

二、網紅經紀公司的提案內容

一般來說，網紅經紀公司提案的內容，大致會包括下列項目：

1. 此案行銷目標／任務。
2. 網紅行銷策略分析。
3. 此案網紅的建議人選及其背景說明。
4. 此案網紅如何操作方式及內容說明。
5. 此案計畫上哪些社群平臺。
6. 此案合作執行期間。
7. 此案經費預算說明。
8. 此案預期效益說明。
9. 合約書內容。
10. 相關附件。

圖6-17 網紅經紀公司的提案內容項目

01	KOL 行銷目標／任務	06	合作執行期間
02	網紅行銷策略分析	07	經費預算多少
03	網紅建議人選及其背景說明	08	預期效益
04	網紅如何作法及內容說明	09	合約書內容
05	計畫上哪些社群平臺	10	相關附件

6-14 何謂 KOC 行銷？KOL 與 KOC 之比較

一、KOC 行銷

所謂 KOC 行銷（Key Opinion Consumer，關鍵意見消費者），即指奈米網紅、微網紅或素人網紅的行銷。KOC 的粉絲人數較少，大概只有幾千人到上萬人而已，而 KOL 的粉絲人數則有數十萬到上百萬人之多。

有時候，運用 KOC 微網紅的效益，反而比大網紅 KOL 效益更好。因為，微網紅粉絲的忠誠度及互動率比較高。

圖 6-18 KOC 的意涵

KOC
(Key Opinion Consumer)

- 微網紅
- 奈米網紅
- 素人網紅

二、KOC 的應用

KOC 的粉絲群雖然不多，但其忠誠度及互動率，都比 KOL 為高。而在行銷應用上，經常以找 20 位、50 位、100 位等 KOC 來操作，以量取勝，也是最近業界上常見到的應用方式。

圖 6-19 KOC 的應用

一位百萬 KOL
大網紅行銷推薦

vs.

20 位、50 位、100 位，以量取勝的 KOC 微網紅行銷推薦

三、KOL 與 KOC 比較

茲用表列方式，比較 KOL 與 KOC 之差異：

表 6-1 KOL 與 KOC 比較

	KOL（關鍵意見領袖）	KOC（關鍵意見消費者）
1. 受眾輪廓	較廣	較集中為朋友圈
2. 粉絲數	數十萬～上百萬	數千～一萬
3. 流量與社群影響力	較大	較小（因粉絲較少）
4. 受眾互動數	較弱	較強
5. 名稱	· 大網紅 · 中網紅	· 奈米網紅 · 微網紅 · 素人網紅
6. 廣宣效果	較具廣度	較具深度
7. 價格	較貴	便宜很多
8. 多數合作方式	品牌透過流量互動找 KOL 進行付費業配。	長期分享品牌商品後，被廠商發掘，進而合作。
9. 兩者差異	· 強調廣泛的曝光與流量 · 強調爆破性的品牌聲量	· 強調深度的、真心的，吸引消費者去轉換購買

四、KOL 與 KOC 的合作選擇

KOL 不管是對一個商品還是品牌說，都是極好的曝光管道，因為他們擁有極大的流量與觸擊率，因此若企業是剛成立的品牌，或是有新的商品要推出，都會建議先以有巨大流量的 KOL 為首選，這也是上述提到的網紅行銷，而在企業的品牌已經曝光一段時間後，開始需要一些更有深度的討論與內容時，可以再轉向 KOC 行銷。

圖 6-20 **KOL 與 KOC 的合作選擇**

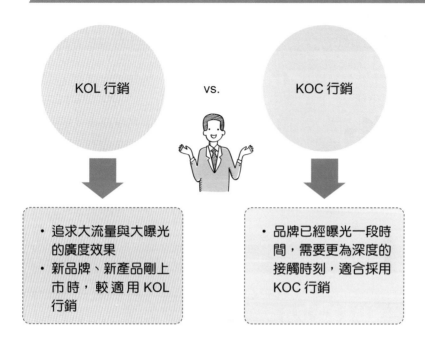

KOL 行銷　　vs.　　KOC 行銷

- 追求大流量與大曝光的廣度效果
- 新品牌、新產品剛上市時，較適用 KOL 行銷

- 品牌已經曝光一段時間，需要更為深度的接觸時刻，適合採用 KOC 行銷

6-15 網紅行銷方程式 = KOL × KOC = 大加小的組合

1. 現今的網紅行銷有一種趨勢，就是：同時、並用「大網紅＋微網紅」的大＋小模式。

　　KOL 與 KOC 有各自的優缺點，若能交叉搭配使用，透過等級不同的網紅，也能從更多元角度切入，接觸到更多不同層面的消費者，讓整體的效益最大化。

　　KOL 的強項是建立品牌形象，而 KOC 的強項則是有助導購，若是行銷預算夠的話，二種都選擇並用，其效果可能會更好。

圖 6-21 網紅行銷方程式 = KOL × KOC

網紅行銷方程式	＝	KOL（大網紅）	✕	KOC（數十位微網紅）

2. 多芬洗髮精「KOL × KOC」混合推廣，加強宣傳力度

　　隨著社群媒體逐漸深入消費者日常生活，各大品牌也愈來愈重視網紅行銷；而在選擇網紅時，也不再只和高流量 KOL 合作，而開始尋找能帶來高互動率的 KOC；多芬洗髮精即是一例。

　　多芬為了宣傳「美的多樣性」，結合多位 KOL 與 KOC 共同進行社群媒體宣傳。一方面利用 KOL 擁有高流量優勢，向大眾廣泛宣傳多芬的品牌理念；另一方面，也利用 KOC 與粉絲關係緊密特點，與潛在受眾溝通，不僅讓品牌形象深入人心，而且有利未來下單購買。

圖 6-22 多芬洗髮精善用 KOL × KOC 行銷宣傳

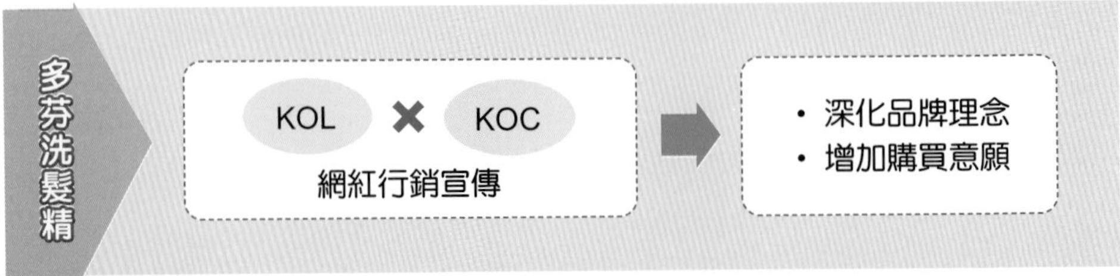

多芬洗髮精

 KOL ✕ KOC

網紅行銷宣傳

➡ ・深化品牌理念
・增加購買意願

6-16 KOC 行銷的實務步驟

如果企業本身是大公司或大品牌，不想透過網紅經紀公司、仲介，而想自行操作，其作法步驟如下：

〈步驟一〉找出 KOC

想做 KOC 行銷時，第一步驟就是先觀察粉絲專頁上積極主動的粉絲有哪些，或是搜尋 Hashtag，找出經常分享品牌資訊的族群，再將這些粉絲整理成名單，並透過社群媒體的私訊功能連繫，進一步詢問粉絲是否有分享產品的習慣，或是追蹤、加入哪些社團，了解粉絲的分享頻率、可能出現 KOC 的社群，以藉此獲得 KOC 的聯絡方式。

〈步驟二〉洽談合作細節

找到某 KOC 或十餘位 KOC 之後，接下來就是詢問 KOC 是否有分享產品的意願；若 KOC 答應合作，即可開始洽談合作細節，進行簽約流程。

〈步驟三〉展開執行

第三，合約完成後，即按規定時程，進行貼文、貼圖撰寫，或是非常簡易／短秒數影音製拍，然後在三大社群平臺上置放露出。

〈步驟四〉檢視合作成效

KOC 透過貼文、限時動態或是直播、短影片等方式曝光產品，品牌方也可以藉由觀察貼文互動人數、最終下單人數、觀看人數等，評估每個 KOC 的合作成效，以利後續篩選合適的 KOC 人選。

〈步驟五〉經營長遠的合作關係

最後篩選出來的 KOC，可以作為品牌方長期合作對象，並確保合作能符合成效預期。

圖 6-23 企業如何執行 KOC 行銷

01	02	03	04	05
找出適合的 KOC	洽談合作細節	展開執行	檢視合作成效	經營長遠合作關係

很多行銷專家認為：(1) 品牌知名度及 (2) 品牌口碑評價，是現今行銷最需要的兩個關鍵點。

消費者大多不喜歡冷冰冰又生硬的純廣告內容，而更仰賴社群網路上的「真實評價」。

另外，還有如下原因：

1. **累積搜尋網路評價**：很多年輕人在購買某一項商品時，會去網路搜尋這項商品的評價如何，因此，網路評價是不可被忽視的重要一環；而透過網紅的正向行銷，有助於協助企業的口碑變好。

2. **提升消費者對產品的信任度及知名度**：愈多的網紅與使用者分享使用心得，品牌及討論度也會逐步提升，最終網紅行銷的效益逐漸擴散，可達到口碑行銷的效果。

3. **提供「消費者的視角」**：網紅行銷最重要的一點，就是使用者的角度，以他們的角度來提供給消費者需要的資訊品牌，便可透過網紅這種消費者熟悉的方式，間接與消費者溝通。當網紅在族群平臺上分享產品時，對粉絲群或讀者們而言，將會更加真實與可信。

圖 6-24　網紅行銷為何如此重要的三大原因

01 可累積搜尋網路的正面評價資訊

02 可提升消費者對此產品的信任度及知名度

03 可提供「消費者的視角」，更加真實及可信

6-18 企業該如何找到最適合、最佳的網紅

一、受眾

品牌端的企業一定要對顧客有一定了解，知道消費者是誰？喜歡什麼？需求是什麼？他們的樣貌為何？

二、互動率

粉絲與網紅的高互動率，代表粉絲重視並期待網紅創作的平臺內容。

三、公信力

具有公信力的網紅會有忠誠的粉絲，並且會在某個領域有專業的知識及地位。此類型的網紅在他們宣傳產品時，會有更好的效果。例如：醫學類的 YouTuber 蒼藍鴿、科技類的 YouTuber 理科太太。

四、內容品質

由於網紅做的內容各有不同，企業要注意想宣傳的產品，是否適合他們的風格，以及內容呈現的品質，是否具有創意及優質，不會有爭議性。

五、可信度

需注意所選的網紅個人的表現，長期以來，是否得到粉絲們的可信度及信賴感。

六、關聯契合性

找到對的網紅，並宣傳正確的產品。例如：他若是遊戲直播主，就讓他宣傳線上遊戲的產品。若是美食網紅，就給他宣傳食品及餐飲相關的產品。

七、勿業配過多

粉絲們可能不太喜歡過於商業化的網紅，業配太多，可能會使網紅信賴度降低。

圖 6-27 品牌該如何找到最適合、最佳的網紅

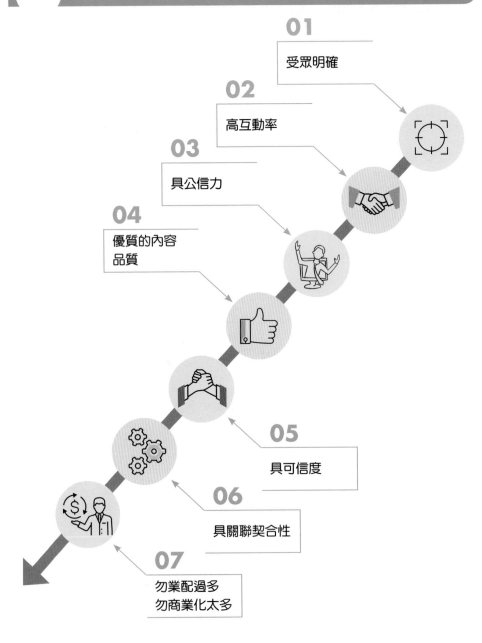

01 受眾明確

02 高互動率

03 具公信力

04 優質的內容品質

05 具可信度

06 具關聯契合性

07 勿業配過多 勿商業化太多

6-19 挑選 KOL 的質與量指標

一、質化的指標

有關質的指標,有四項,如下:

1. 相關性:首先要看這個 KOL 是否為該產品使用者,以及他們本身的專業是否與該行業、該產品有相關性。
2. 外貌及品味:KOL 在社群平臺上是否有表現出吸引粉絲的外貌及品味,以及他們的外貌及品味是否與品牌切合。
3. 語氣及行為:KOL 的用字、語氣及網上行為是否與品牌相契合。
4. 經驗與知識:KOL 是不是一個專家、潮流的帶領者,他們的經驗及知識是否很足夠。

二、量化的指標

量化、數據化指標,包括:

1. 接觸面 (Reach):這是指 KOL 潛在可以接觸到的受眾數目;如果是在 FB 上,會看他的跟隨者數目;在 YT 上則看訂閱者的數目;在個人部落格上就看多少讀者或點擊率。
2. 參與率(互動率):這是指粉絲群與 KOL 的留言、互動率是多少;互動率愈高,表示粉絲們與 KOL 的關係更加密切、更加認同。
3. 轉發數目:轉發給周邊朋友分享,其效益更加大。

 6-26 挑選 KOL 的質化與量化指標

01 | 質化指標

1. 相關性
2. 相貌及品味
3. 語氣及行為
4. 經驗與知識

02 | 量化指標

1. 接觸面
2. 參與、互動率
3. 轉發數目

《KOL 篩選的普遍準則》

除了上述質與量的選擇指標之外，就普遍篩選準則而言，主要看下列四項評估：

1. KOL 的收費是否合理：有些當紅的大 KOL，叫價過高，就不太能選用了，寧可用幾十個、上百個 KOC 來取代。
2. KOL 的配合度良好：KOL 個人對品牌端的合作度、配合度是否良好，或是不好配合，都要考慮。
3. KOL 的良好形象：KOL 不能有負面新聞、緋聞、醜聞等。
4. KOL 不能太過商業化：有些 KOL 太商業化、代言大量品牌，太商業化的 KOL，說服力可能會被打折。

圖 **6-27** **KOL 篩選的普遍準則**

6-20 KOL 行銷的優勢效益

〈效益一〉信用背書

當企業與信譽良好、擁有專業知識及個人魅力的 KOL 合作時，可以藉由 KOL 的推薦，提升品牌聲譽及可信度，並提升品牌被消費者選擇的機率。

〈效益二〉公開透明、監控品質

現今很多 KOL 與企業的合作文下都會標註「合作文」或「業配」等字樣，這類的標籤可以防止粉絲對 KOL 及該品牌的反感或是不信任。

〈效益三〉真實性

選擇的 KOL，如果恰巧也是該品牌或該產品的常用者或愛用者時，更可增加粉絲們對該 KOL 的推薦文或推薦影音，產生真實性的親切感。

〈效益四〉話題延燒

一個有創意且優質的 KOL 行銷合作方案，很可能引起話題，延燒好幾個星期，而且可能會被快速、廣泛地傳播開來。

圖 6-28 KOL 行銷的優勢效益

01 具信用背書

04 具話題延燒性

02 具公開透明、監控品質

03 具真實性

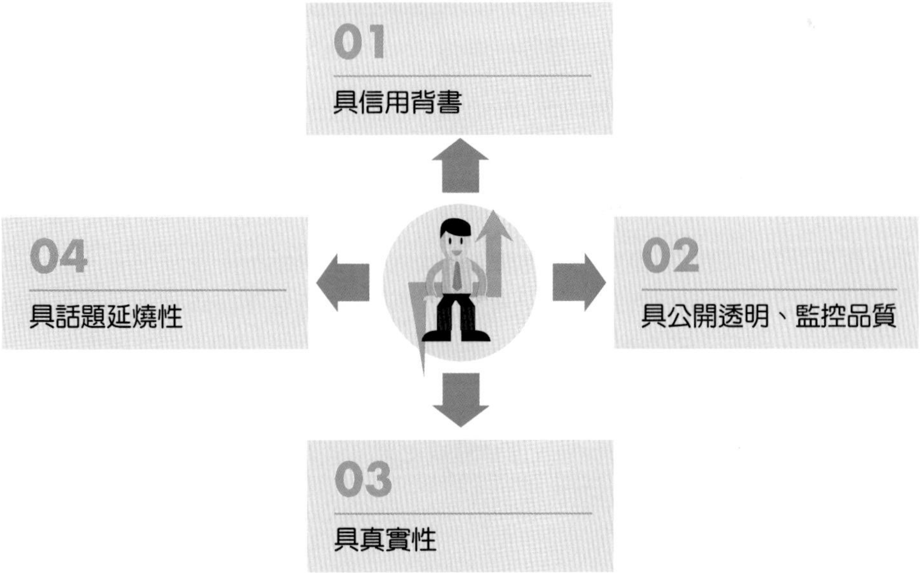

6-21　虛擬網紅 KOL 崛起分析

一、國外虛擬網紅（KOL）市場大幅走紅

1. 從 2019 年開始，生活類型的虛擬網紅開始在社群網站崛起。他們是用 3D 技術建模，製作出虛擬人物，由幕後團隊負責維持人物設定、創作內容、經營個人品牌、版面，看起來和一般真人網紅幾乎相同。一樣會接業配、推薦產品，也會分享自己的日常生活。

2. 由於虛疑網紅技術漸漸成熟，形象愈來愈真實，人物設定也更加完美，已漸成為國際大品牌付出行銷預算，爭相合作的新寵兒。

3. 根據 Meta 公司統計，已有超過 200 名虛擬網紅在 FB 及 IG 平臺上活躍。而根據調查研究公司預估，未來 10 年內，虛擬網紅市場規模將大幅成長。

二、虛擬網紅與一般網紅的差別及其四大優勢分析

根據美國網紅研究機構 The Influence Marketing Factory 的分析顯示，虛擬網紅具有以下四點優勢：

（一）可吸引年輕世代注目眼光

根據市調，美國人目前有 58% 的人，至少追踪一位虛擬網紅，其中年輕的 Z 世代比率更高達 75%。這些追踪的原因主要是因為虛擬網紅吸引人的內容，包括：故事性、美感、音樂作品、新奇性等，而進一步形成情感性連結，因此會持續關注。

（二）與粉絲群之間的連結性、互動性更強

這些社群的粉絲們與虛擬 KOL 的互動率及黏著度更高、觀看時間更久。

（三）在內容創造上，更是無限可能

虛擬 KOL 可不受時間、空間限制，可以隨意出現在任何場合，包括國內外任何地點均可。

（四）虛擬網紅能確保安全性，不會產生代言人負面新聞

虛擬 KOL 不會突然有緋聞、吸毒、發言不當或行為不正等情況，可永遠保持形象良好，而且也不會變老、變醜，可令大品牌安心、信賴去投入操作。

三、虛擬網紅的缺點／痛點分析

但是虛擬網紅也有發展上的幾項缺點或痛點，包括：

（一）虛擬人無法真正體驗自己宣傳的產品

例如：食品／飲料的味道、保養品自己試用效果等。

(二) 虛擬網紅的「存活率」並不高

根據統計，全球有 28% 的虛擬網紅帳號全年沒有發布一則內容。主要原因就是虛擬人物的成本太高了。還有，也不是每個虛擬網紅都能成功吸引粉絲長期忠實追蹤觀看，有些是失敗的。

(三) 虛擬網紅的製作成本偏高

根據 3D 技術公司推算，要完整打造出一個虛擬人物出來，至少要花費 500 萬臺幣之高，這種成本只有國際大品牌廠商才花得起的，中小品牌無法適用。

四、虛擬網紅幕後需要大型技術團隊支援

根據美國及韓國成功的虛擬網紅操作，其背後需要一個大約 20 人以上的大型技術團隊支援才行。這包括 3 種團隊：

虛擬網紅幕後的 3 種技術團隊

01 負責接收訂單的行銷團隊。

02 發想製作概念及負責拍攝的企劃團隊。

03 運用 3D 及 2D 技術的製作團隊。

簡單說，「真人網紅」可以靠自己或少數幾個人團隊就運作成功，幾乎人人可望成為社群平臺上的網紅；但「虛擬網紅」就要成立包含有專業、二十多人、3D 技術、製作等團隊力量，才可以形成。

五、國外已投入虛擬網紅行銷運用的大品牌

根據美國及南韓資料顯示，最近一、二年來已大筆投入虛擬網紅操作行銷的大品牌，包括有：

1. Adidas 運動商品
2. 麥當勞
3. 三星
4. MAC 美妝
5. 媚比琳美妝
6. Chanel（香奈兒）
7. Prada 精品
8. Coach 精品
9. Burberry 精品
10. Hermes 精品
11. SK-II 美妝
12. 韓國人壽
13. Tiffany
14. LV 精品
15. Gucci 精品
16. Nike 運動商品

六、虛擬網紅活躍的四大社群平臺

根據調查，國外虛擬網紅活躍的四大社群平臺依序是：

第一：YouTube（占 28.7%）（最多）

第二：IG（占 28.4%）（次多）

第三：TikTok（占 20.5%）

第四：FB（占 14.6%）

七、至少追踪過一名虛擬網紅的各年齡層比例

根據調查，美國人至少追踪過一名虛擬網紅的人，約 58% 之高；而各年齡層比例如下：

第一：18～24 歲（占 75%）（最多）

第二：25～34 歲（占 67%）（次多）

第三：35～44 歲（占 67%）（次多）

第四：45～54 歲（占 51%）

第五：55 歲以上（占 26%）

八、追踪虛擬網紅的原因

根據美國調查，美國粉絲追踪虛擬網紅的原因，比例依序如下：

第一：內容好（占 26.6%）

第二：具故事性（占 18.6%）

第三：具啟發性（占 15.5%）

第四：有音樂（占 15.5%）

第五：造型美感（占 12.1%）

第六：可即時互動性（占 11.8%）

總結 臺灣虛擬網紅行銷市場待觀察

雖然虛擬網紅在美國、歐洲及韓國已漸走紅，成為品牌行銷操作的項目之一，但這些投入者都是國外大品牌，資金實力雄厚，行銷預算也多；加上美國在 3D 技術公司本來就很發達，比較臺灣地區，市場規模較小，全球性品牌也很少，3D 專業技術公司不是很普及，製作成本很高；所以，臺灣的虛擬網紅市場能不能火紅起來，恐怕有待時間的觀察，才能做出結論。

問題研討

1. 請說明網紅的定義。
2. 請列示網紅的可能收入來源項目有哪些。
3. 請說明 KOL 是什麼。
4. 請列示 KOL 行銷的二大目的為何。
5. 請列示 KOL 的露出平臺主要有哪四種。
6. 請列示如何挑選適合 KOL 的三大原則。
7. 請列示網紅的四個分級。
8. 請列示網紅行銷企劃的八大步驟。
9. 請列示選擇合作網紅的十個準則為何。
10. 請列示網紅行銷的簡易三步驟。

Chapter 7

KOL/KOC 最新轉向趨勢：「KOS 銷售型」網紅操作大幅崛起

7-1　KOS 的類型、操作的目的及效益

7-2　KOS 操作的「組合策略」及 15 個要點

7-3　KOL/KOC 的收入來源分析及效益評估分析

7-4　KOL/KOC 網紅行銷最終的數據化效益分析

7-1 KOS 的類型、操作的目的及效益

一、KOS 的 5 種類型

近二、三年來,網紅行銷操作的模式已大幅轉向「銷售型」(Key Opinion Sales, KOS)操作,也是一種「結果型」、「績效型」的操作目的。從實務來看,KOS 操作的類型,主要有 5 種模式,如下:

1. 促購型貼文/短影音:也就是一種貼文+促銷活動連結網站的方式。
2. 團購型貼文/短影音:即是一種限時間、限期限的團購+折扣的貼文或短影音呈現方式。
3. 直播導購:即是一種直播型網紅在每週固定時段的直播+下訂單帶貨的呈現方式。
4. 與實體百貨商場合作促銷帶貨:即是一種網紅與實體百貨公司合作,在某一層樓特賣會上,KOL 或 KOC 本人會出現,以吸引其粉絲們前來實體百貨商場買東西的操作方式。
5. 與 KOL 合作推出聯名商品:即是便利商店與知名 KOL 合作,推出聯名鮮食便當或產品。例如:全家與滴妹、古娃娃、千千、金針菇等網紅,合作推出鮮食便當;統一超商與 Joeman 網紅等,合作推出鮮食便當。

二、KOS 操作的目的及效益:帶動業績力

KOL/KOC 的行銷操作大幅轉向 KOS 操作的原因,主要是中大型品牌廠商認為:他們的品牌知名度/印象度已經很夠了,不需要再借助網紅來帶動「品牌力」,而是要帶動「業績力」。

```
KOS 操作的目的及效益 ──┬── 1. 為業績銷售帶來具體幫助。
                      │
                      └── 2. 轉向「結果型」、「績效型」、「業
                             績型」的網紅行銷操作,才是最
                             有意義、最有效的行銷操作。
```

三、網紅行銷操作三階段：KOL → KOC → KOS

近五年來，網紅行銷的崛起及操作，大致可區分為三個階段，如下：

表 7-1 網紅行銷操作三階段：KOL → KOC → KOS

1. 第一階段：KOL 階段	此階段就是中大型 KOL 或 YouTuber 網紅崛起，品牌廠商與他們合作貼文或短影音，主要目的是：推薦產品＋打造品牌知名度及印象度。此階段，以提升「品牌力」為目標。
2. 第二階段：KOC 階段	近二、三年來，粉絲數從 3,000 人～1 萬人之間的 KOC 微網紅（素人網紅）大量出現，KOC 總計人數已突破 13 萬人之多，而且他們與粉絲們的信賴度、親和力、互動率則更高。因此，此階段品牌廠商就與數十位 KOC 一起合作，以「打造品牌力」＋「創造業績銷售」並重模式操作。
3. 第三階段：KOS 階段	近一、二年來，不管是 KOL 或 KOC，品牌廠商全部朝向與他們合作，創造銷售業績為目標，即就是進入了 KOS 階段了。

四、品牌廠商想要的三大目的／目標／效益

從實務操作上看，品牌廠商與各領域 KOL/KOC 合作的目的／目標，其實只有三項：

表 7-2 品牌廠商與各領域 KOL／KOC 合作的三項目的／目標

1. 打造／提升品牌力	包括提升品牌的高知名度、高印象度、高好感度及高信賴度。
2. 吸引新客群	各領域 KOL 或 KOC 都有他們吸引人的粉絲群們，這些人可能並不是本公司、本品牌的消費客群，如能透過 KOL/KOC 的推薦及折扣優惠，而能訂購本公司產品，那就是增加了本公司、本品牌的新的客群了，這也是重要的一點。
3. 創造銷售業績	品牌廠商做了這麼多事情，其最終的一個目的就是希望透過 KOL/KOC 的 KOS 操作，能有效為本公司及本品牌創造出每一波操作的銷售業績出來。

7-2 KOS 操作的「組合策略」及 15 個要點

一、KOS 操作的「組合策略」

找網紅銷售的組合策略,主要可區分為三種,如下:

表 7-3

策略	要點
1. KOL + KOL 策略	即找 2 ～ 5 個大網紅,分不同領域、專業的大網紅,來操作 KOS。
2. KOL + KOC 策略	即找一個大網紅,再搭配數十個(10 個～ 50 個)KOC。
3. KOC 策略	即找數十個 KOC 微網紅來操作 KOS。例如:每一個 KOC 可賣 100 個商品,乘上 30 個 KOC,則當週就可賣 3,000 個 商品;若乘上 4 週,則每個月就可以賣掉 1.2 萬個商品了。

二、如何成功操作 KOS 之 15 個注意要點

品牌廠商在真正專案推動 KOS(網紅銷售)時,應注意做好下列 15 個要點:

1. 找到對的 KOL/KOC:

做好 KOS 第一個注意要點,就是要找到對的、好的、契合的、會有效果的、與粉絲互動率高且有銷售經驗的 KOL 或 KOC 均可。當然,有的 KOL 或 KOC 是否會銷售,必須實際試過後才知道;另外,有些 KOL 或 KOC 已經很有銷售成果與經驗了,我們可以優先找這些對象試試看。

這個我們也可以找外面專業的網紅經紀公司協助,他們有比較豐富的 KOL/KOC 資料庫,可以較有效率去搜尋。

2. 親身使用,具見證效果:

KOL/KOC 進行 KOS 之前,一定要自己親身使用過並覺得產品不錯,才能說出具有見證性、親身使用過的好效果出來。對此產品的功能、好處、優點、使用方法……等,都必須讓粉絲們有所感動,並認同網紅們的推薦及銷售;否則,會讓粉絲們覺得這只是一場商業性的推銷而已,而不會觸動他們的訂購慾望及動機。

3. 足夠促銷優惠誘因：

既然是 KOS，那品牌廠商就必須提出足夠的折扣誘因或優惠誘因；例如：全面 6 折優惠價、全面買一送一、滿千送百、滿額贈禮（贈品五選一）、買第二件五折算……等。KOS 若沒有足夠促銷真實誘因，恐是很難銷售的。

品牌廠商應有如此想法：即不必在意第一次 KOS「因促銷低價沒賺錢或賺很少錢」，而是應放眼在「如何增加新的潛在顧客群，以及他們未來的第二次、第三次忠誠回購率的產生好效果」。如能達成這樣的目標，那麼第一次 KOS 雖沒賺錢就已值得了。

4. 飢餓行銷：

KOS 的推動必須仿效有效電商平臺及電視購物業者，他們經常採取「限時」又「限量」的飢餓行銷模式，以觸動消費者內心趕快下訂的心理作用，而不要讓銷售檔期的時間拖太長、太久。

5. 搭配重要節慶、節令進行：

推動 KOS 最好能搭配國人所熟悉的節慶、節令進行；例如：週年慶、母親節、春節、中秋節、端午節、聖誕節、情人節、父親節、婦女節、兒童節、清明節、開學季、中元節等。其銷售效果會更好一點，因為在節慶期間消費者的消費購買內心需求及動機，會比較高一些，有助 KOS 推動。

6. 貼文＋短影音並用：

推動 KOS 最好與合作的 KOL/KOC 對象做好溝通，希望他們儘可能採用「靜態貼文＋動態影音」並用方式，以提高粉絲們有更多樣化的訊息接觸及感受。

7. 標題、文案、影音，必須吸引人看：

推動 KOS 的貼文及影音，必須特別注意到：它們的主標題、副標題、文案內容、圖片及畫面影音等，均必須以能夠吸引人去看、看完、能產生共鳴、且能觸動粉絲們的購買動機與慾望等為最高要求。很多貼文或短影音，不能吸引人去看及看完，且看完後沒有任何感覺、也沒有心動，那就是失敗的貼文及失敗的短影音，整個 KOS 也會失敗的。

8. 給予高的分潤拆帳比例：

品牌廠商對於 KOL/KOC 在進行 KOS 時，必須注意到：公司應儘可能給 KOL/KOC 更高的分潤拆帳比例，以更激勵他們更盡心盡力去撰寫貼文及製作短影音。

一般業界實務上的分潤比例是：依照銷售總額的 15%～25% 之間。在此範圍內，品牌廠商應給予合作的 KOL/KOC 有比較高比例的分潤可得。例如：可採用階梯式向上的分潤比例。舉例來說：例如 10 萬～ 30 萬銷售分潤給予 15%；20 萬～ 30 萬銷售分潤給予 20%；30 萬～ 50 萬銷售分潤給予 25%。

9. 觀察品項的銷售狀況：

推動 KOS 還必須注意到公司哪些品項比較能賣得動、哪些賣不動的狀況，儘量去推哪些賣得動的品項，以求事半功倍。

10. 回函感謝：

推動 KOS 必須注意到，對於每一位下訂單的粉絲們，基於公司的禮貌及態度，必須給予每一位訂購者感謝回函，包括：用手機簡訊或用 E-mail 傳送等；這些禮貌行動都必須做好、做到位，才會引起粉絲們的好感。

11. 篩選出長期合作夥伴：

品牌廠商可以從多次的 KOS 合作中，觀察及篩選出哪些 KOL/KOC 是比較具有戰鬥力及比較有好銷售效果的。這些 KOL/KOC 就可以納為我們公司的長期合作網紅夥伴，公司必須建立這種重要資料庫。

12. 親自到百貨賣場與粉絲見面：

有些品牌廠商更是推出在實體百貨賣場的 KOS，藉由粉絲們都想親自看到 KOL/KOC 本人，因此推動這種在百貨賣場的特惠價銷售模式，也可以提高 KOS 的銷售業績結果。

13. 邊做、邊修、邊調整，直到最好：

KOS 的推動應該秉持著邊做、邊修正、邊調整、邊改變，以及直到最好的原則及精神，最後必會成功推動 KOS，為公司增加一個新的銷售業績的管道來源。

14. 成立專案小組，專責此事：

品牌廠商應該從行銷企劃部及營業部出幾個人，專心成立「KOS 推動促進小組」，專心一致、專責此事，才會真正做好 KOS。所以，專責、專人推動 KOS 是很重要的。

15. 把下單粉絲納入會員經營體制內：

最後，品牌廠商應該把每一次 KOS 操作的下單粉絲及新客群，納入公司正式的會員經營體制內，認真對待好這些新會員們。

7-3 KOL/KOC 的收入來源分析及效益評估分析

一、KOL/KOC 的收入來源分析

KOL/KOC 在操作 KOS 時，主要的收入來源有四種，如下：

1. 單次固定收入：

    (1) 一篇貼文給多少錢？

    (2) 一支影音製作費給多少錢？

2. 分潤拆帳收入：

每次／每波段的銷售收入，乘上 15% ～ 25% 的分潤率，即為拆帳收入。

3. 代言收入：

即代言期間（通常為一年，即年度品牌代言人），給予多少代言人費用。

4. 聯名商品收入：

即每個月、每季或每半年期間，聯名商品銷售總收入，乘上分潤率，即為分潤總收入。

二、對 KOS 專責小組的效益評估指標

品牌廠商成立 KOS 推動專責小組之後，每年度必須對此專責小組進行效益評估，而評估的指標項目，包括：

1. 最終指標：

    (1) 今年內創造多少銷售業績或達成率是多少？

    (2) 今年內增加多少新客群總人數？

    (3) 今年內品牌知名度、印象度、好感度提升多少比率？

2. 過程指標：

    (1) 平均每次及年度總觸及人數。

    (2) 平均每次及年度總互動人數及互動率提升多少。

    (3) 平均每次觀看人數及觀看率。

三、操作每一次 KOS 的數據化成本／效益評估分析

品牌廠商應該針對每一次的 KOS 操作，提出成本／效益分析，其計算公式如下：

1. 費用支出：

    (1) 每篇貼文費用。

(2) 每支短影音製作費用。

(3) 每次分潤拆帳費用。

(4) 專責小組人員薪資費用。

(5) 產品寄送快遞費用。

合計：總費用

2. 收入：

(1) 每次訂購總收入。

(2) 毛利率。

(3) 總收入 × 毛利率＝總毛利額收入

3. 獲利：

本次總毛利額收入－本次費用支出＝本次獲利額

四、KOS 執行中，邊修、邊改、邊調整的 12 個事項

如前述說過，KOS 的執行不可能第一次就做得很成功、很完美、得 100 分；相反的，品牌廠商及專責小組必須在執行過程中，不斷的加以修正、改變及調整，才會愈做愈好。而主要的調整、改善事項，有下列 12 個事項，值得加以留意。

圖 7-1 ● **KOS 執行主要調整、改善的 12 個事項**

01 KOL/KOC 的個人適合性調整

02 產品品項／品類適合性調整

03 貼文文案內容及標題的調整

04 短影音製拍內容及品質的調整

05 優惠價格、優惠折扣的調整

06 分潤拆帳比率的激勵性調整

07 貼文／短影音上各種社群媒體平臺及時間點合適性調整

08 KOL/KOC 個人話術表現的調整

09 飢餓行銷方式的調整

10 搭配促銷節慶／節令檔期的調整

11 KOL/KOC 操作第二次、第三次的時間輪替調整

12 對 KOL/KOC 支付分潤拆帳費用時間的提前調整

7-4 KOL/KOC 網紅行銷最終的數據化效益分析

一、最重要的四項數據效益

操作網紅行銷必須重視最終的數據化效益分析，其中最重要的計有四項數據分析，如下：

1. 營收與獲利的效益：係指收入－成本＝獲利。
2. 品牌力提升的效益：
   (1) 係指品牌知名度、印象度、好感度、黏著度百分比的具體提升。
   (2) 此可透過各種市調、第一線營業人員及零售商意見等獲得。
3. 新顧客、新會員獲得增加的效益：透過每位 KOL/KOC 可帶來的新顧客。假設：50 位 KOL/KOC×200 位顧客＝ 10,000 人新顧客數。
4. 新顧客、新會員未來可能到實體賣場或網購時，再回購收入的效益：

例如：　10,000 名新顧客

$$\begin{array}{r} \times \quad 30\% \text{ 回購率} \\ \hline 3,000 \quad \text{人回購} \\ \times \quad 500 \quad \text{元（每人單位）} \\ \hline \end{array}$$

創造：　　150　萬元（回購收入）

二、其他次要的效益

除了上述最重要四項數據化效益之外，還可以有其他次要的效益，如下：

1. 留言互動率。
2. 短影音觀看數、觀看率。
3. 貼文、觸及數、觸及率。
4. 品牌曝光度帶來的媒體公關價值。

三、KOL/KOC 促購、團購、導購的數據化效益分析

1. 成本支出合計：包括四項目，如下：
   (1) 每則貼文稿費支出。
   (2) 每則短影音製作費支出。

(3) KOL/KOC 可分得之營收拆帳分潤比例金額支出（拆帳率大約在 15% ～ 25% 之間）。

(4) 委外網紅操作公司服務費支出。

(5) 公司專責人員的每日薪水成本支出。

2. 收入合計：係指營業收入或銷售收入。即：平均每件售價 × 訂購數量＝銷售收入。

3. 毛利額：營收額 × 毛利率＝毛利額收入。

4. 毛利額－成本支出＝獲利額。

5. 每位 KOL/KOC 創造獲利額 × 多少位 KOL/KOC ＝總獲利額。

四、具體案例說明

〈案例 1〉促購型貼文

每位成本	每位收入
1. 貼文一則稿費：1 萬元 2. 拆帳分潤支出：1 萬元 （5 萬元 ×20%） 小計：2 萬元	1. 訂購收入：500 元單價 ×100 個銷售 　　＝ 5 萬元收入 2. 毛利率 50% 3. 毛利額：5 萬元 ×50% ＝ 2.5 萬元

每位獲利額 → 毛利額－成本＝ 2.5 萬元－2 萬元＝ 5,000 元獲利（每位）

總獲利額 → 5,000 元獲利 ×100 位 KOL/KOC 操作
　　　　　　＝ 50 萬元獲利（合計總獲利）

總銷售收入 → 5 萬元銷售收入 ×100 位操作＝ 500 萬元（合計營業收入）

〈案例 2〉團購型貼文

每位成本	每位收入
1. 貼文一則稿費：2 萬元 2. 拆帳分潤支出：2 萬元 （10 萬元 ×20%） 小計：4 萬元	1. 訂購收入：1,000 元單價 ×100 件出售 　　＝ 10 萬元營業收入 2. 毛利率 60% 3. 毛利額：10 萬元 ×60% ＝ 6 萬元

每位獲利額 → 6 萬元毛利額－4 萬元成本支出＝ 2 萬元獲利額

總獲利額 → 2 萬元 ×50 位 KOL/KOC 操作＝ 100 萬元獲利額

總營業收入 → 10 萬元 ×50 位＝ 500 萬元營業收入

〈案例 3〉直播導購操作

每位成本	每位收入
1. 直播成本：5 萬元 2. 拆帳分潤支出：3 萬元 （15 萬元 ×20%） ———————— 　　小計：8 萬元	1. 訂單收入：3,000 元單價 ×50 件銷售 　　＝ 15 萬元銷售收入 2. 毛利率 70% 3. 毛利額：15 萬元 ×70% ＝ 10.5 萬元

每位獲利額 → 10.5 萬元毛利額—8 萬元成本＝ 2.5 萬元獲利額

總獲利額 → 2.5 萬元 ×20 位直播操作＝ 50 萬元獲利

總營業收入 → 15 萬元 ×20 位＝ 300 萬元營業收入

〈案例 4〉品牌力提升具體效益分析

1. 品牌印象度、知名度：從過去 30% 有效提升到 60%，提高一倍之多（經過市調結果）。
2. 品牌好感度：從過去 20% 有效提升到 40%，提高一倍之多（經過市調結果）。

〈案例 5〉新顧客未來到實體賣場再回購之營業收入效益

接續〈案例 1〉：

```
          100 位（KOL/KOC 操作）
  ×       100 位（平均帶來新顧客）
  ————————————————————
```

總計帶來：1 萬名新顧客：

```
  ×       500 元（平均回購單價）
  ————————————————————
```

總計帶來：500 萬（實體賣場回購總營收）

問題研討

1. KOS 的類型有哪些？其操作的目的為何？
2. 網紅行銷操作三階段為何？
3. KOS 操作的組合策略有哪三種？
4. 如何成功操作 KOS 之 15 個注意要點？
5. KOL/KOC 的收入來源有哪些？
6. KOL/KOC 網紅行銷最終數據化效益分析為何？

Chapter **8**

臺灣網紅行銷最新趨勢報告

8-1 2023 年網紅行銷最新趨勢報告（一）占比分析

8-2 2023 年網紅行銷最新趨勢報告（一）業配文

8-3 2023 年網紅行銷最新趨勢報告（三）發展方向及注意點

8-4 2023 年網紅行銷最新趨勢報告（四）優缺點

8-1 2023 年網紅行銷最新趨勢報告（一）占比分析

根據國內知名的網紅行銷公司 KOL Radar（iKala 公司），針對臺灣在 FB 及 IG 兩大社群平臺的資料搜集與分析，獲致如下「2023 年網紅行銷最新趨勢報告」內容，茲加以整理與歸納，得出如下重點摘要：

一、臺灣網紅行銷廣告金額：達 78 億元

臺灣近三年，由各品牌廠商投放預算在網紅行銷操作的金額，從 2020 年的 35 億快速成長到 2021 年的 64 億及 2022 年的 78 億，成長幅度驚人，此顯示出 KOL/KOC 網紅行銷操作與投入，是絕大部分品牌廠商必做的行銷方式與途徑之一，也顯示它的十足重要性。微網紅（Key Opinion Consumer, KOC）又名「關鍵意見消費者」，不是公眾人物，卻在同溫層中擁有極高的購買影響力。

二、KOL/KOC 經營社群占比

根據 KOL Radar 公司的統計顯示，KOL/KOC 在經營社群的占比大致如下：
1. IG 網紅：占 53%，居最多。
2. FB 網紅：占 20%，居第二。
3. YT 網紅：占 10%，居第三。

另外，若以性別來看，占比如下：
1. 女性：占 58%；
2. 男性：占 40%；
3. 團體：占 2%。

從上述數字中顯示，IG 型的網紅人數占最多，幾乎一半以上；其中又以女性居多一些。

三、微網紅（KOC）人數激增，達 14 萬人之多

根據統計，粉絲人數在一萬人以內的微網紅，2022 年比 2021 年更加大幅增加，到 2022 年止，社群平臺上微網紅人數已突破 14 萬人之多，其占比如下：
1. IG 微網紅：約 12 萬人；
2. FB 微網紅：約 1 萬人；
3. YT 微網紅：約 1 萬人。

上述顯示，在 IG 社群媒體上的微網紅最多，高達近 12 萬人之多。

茲以 IG 為例，各級距的網紅人數如下表：

級距	1 萬人粉絲以內	1～3 萬人粉絲	3～5 萬人粉絲	5～10 萬人粉絲	10～30 萬人粉絲	30～50 萬人粉絲	50～100 萬人粉絲	100 萬人以上粉絲
網紅人數	12 萬人	1.7 萬人	3,400 人	2,700 人	2,000 人	280 人	170 人	75 人

四、網紅與粉絲的社群平臺平均互動率

根據統計，各社群平臺的粉絲互動率如下：

1. FB：約 1%；
2. IG：約 2.8%（但 KOC 微網紅互動率可達 4%）；
3. YT：平均觀看率約 27%。

五、網紅社群內容主題種類（主題標籤）

根據統計，在兩大社群平臺上（FB 及 IG）的貼文主題種類，依排名順序如下：

1	2	3	4	5	6
美食	穿搭	攝影	旅遊	運動	音樂

7	8	9	10	11	12
占卜	感情	保養	教學	寵物	影視

13	14	15	16	17	18
親子	校園	彩妝	3C	醫療	團購

19	20	21	22
時尚	財經	遊戲	法律

8-2 2023年網紅行銷最新趨勢報告（二）業配文

一、兩大社群平臺「業配貼文」趨勢

根據 KOL Radar 的統計資料顯示，在 2021 年度全部「業配貼文」總則數達到 363 萬則，2022 年度更高達 400 萬則，兩年合計業配貼文達 763 萬則之多，十分熱烈。在這麼多業配貼文中，社群平臺占比大約如下：

1. FB 業配貼文：占 47%。
2. IG 業配貼文：占 25%。
3. YT 業配貼文：（未列入統計）。

二、業配貼文平均互動率

這些業配貼文的平均互動率，如下：

1. FB：平均互動率 1.1%；
2. IG：平均互動率 2.8%（而且 IG 在 1 萬人粉絲內的 KOC 互動率提高到 4%）。

上述顯示，IG 的業配貼文互動率較 FB 為佳。

三、兩大社群平臺業配貼文內容種類

2022 年度，根據統計，在兩大社群平臺業配貼文幾百萬則之中，排名前 20 名的貼文類型如下：

1 美食	2 穿搭	3 旅遊	4 保養
5 運動	6 影視	7 音樂	8 教學
9 占卜	10 校園	11 親子	12 感情
13 寵物	14 3C	15 社會議題	16 醫療
17 團購	18 彩妝	19 法律	20 遊戲

四、業配貼文的時間點

根據統計，業配貼文的最常見時間分別為：

1. 午休時間（中午 12 點～ 1 點）；

2. 晚上時間（晚上 8 點～ 10 點）。

這兩個黃金時間點，是一般人較常去看網紅們的業配貼文。

五、前 10 名促購聲量王

根據下列三項指標：1. 全臺粉絲數；2. 業配貼文數；3. 互動數。KOL Radar 公司統計出在業配促購的前 10 名聲量的 KOL，如下：

1. 瑪菲斯　　　6. 那對夫妻

2. 蔡阿嘎　　　7. 莫莉

3. 料理 123　　8. YGT 樂

4. Rice & Shine　9. 嘎嫂二伯

5. 486 先生　　10. 欸你這週要幹嘛

六、FB 及 IG 業配文前 3 名

FB 及 IG 業配聲量的年度前 3 名，分別為：

1. FB 前 3 名：(1) 謝京穎 Orange；(2) 小施（小施汽車商行）；(3) 凱莉（KaiLi）。

2. IG 前 3 名：(1)Sarah Hsiao；(2)Julia；(3) 樂冠廷。

七、業配貼文的各熱門檔期

根據統計，業配貼文出現在各熱門節慶檔期時間點，依序如下：

1 聖誕節	**2** 雙 11 節	**3** 情人節
4 母親節	**5** 中秋節	**6** 週年慶
7 雙 12 節	**8** 春節（過年）	**9** 七夕節

8-3 2023年網紅行銷最新趨勢報告（三）發展方向及注意點

一、三大社群平臺的最新重點發展方向

KOL Radar 公司在調查報告的最後，指出 2023 年度三大社群平臺的最新重點發展方向，如下六點：

(一) IG：拓展短影音市場

由於「IG Reels」的應用出現，使得在 IG 上以 15～60 秒短影音呈現的業配貼文及一般貼文應用量增多。此亦顯示，影音貼文遠較過去的圖文貼文更加吸引人看。

(二) YT：影音導購變現功能

在 2023 年，YouTube 的兩大重點發展方向：1. 影片購物功能；2. Shorts 短影音變現機制。上述顯示品牌在廠商愈來愈多運用 KOL/KOC 在 YT、IG、FB 上面，使用短影音購物下單的方向，亦即轉向以「業績目標」為主的 KOL/KOC 運用方向走去。

(三) 網紅變現新模式：線上募資

例如：愛莉莎莎推出「自媒體銷售學」線上課程。

(四) 網紅變現新模式：團購商機

1. 由於團購可有抽成分潤，增加收入，因此有愈來愈多 KOL/KOC 爭取團購貼文或團購短影片的呈現方式出現。
2. 在 2023 年度，最多的團購貼文產品類型為：
   (1). 美食團購；(2) 保養品團購；(3) 穿搭團購；(4) 旅遊團購；(5) 親子團購。
3. 而女性顧客在團購市場中又占了 75% 之高。
4. 團購貼文市場吸引的是 25～34 歲為主的年輕上班族。
5. 團購貼文的必要條件，就是該產品必須要有高度的折扣優惠及價格優惠。

(五) KOL× 超商聯名商品

第 5 個發展重點，就是有更多的 KOL 與超商聯名推出生鮮品項；例如：滴妹、古娃娃、千千、金針菇、Joeman 等，均曾與全家及統一超商合作聯名行銷，以創造話題及增加銷售。而 KOL 也可以從超商銷售額中，得到分潤抽成誘因。

(六) 疫情解封，國外旅遊內容影片，在 YT 上大幅增加

在 2022 年下半年，全球疫情解封後，臺灣及全球旅遊市場回復，國內很多 KOL/KOC 也都大幅增加國外旅遊機會，而他們也將國外旅遊影片上傳到 YT 頻

道上面，類似狀況愈來愈多，這方面的品牌合作機會將會增多。

二、KOL/KOC 業配貼文或影音內容表達成功的 9 個注意點

品牌廠商在規劃及執行 KOL/KOC 業配貼文或影音製拍內容的表達及展現，應有 9 個注意點，如下：

(一) 秉持影音＞圖片＞文字原則

業配貼文的呈現，主要有三種：影音、圖片、文字。但必須記住，若預算充足，應以影音＋圖片＋文字並重；若預算不足，就以圖文表達。

(二) KOL/KOC 自己親身使用及見證

KOL/KOC 想要推薦產品或品牌時，必須牢記：自己必須親身或長期使用過這個產品。如此，才比較有足夠說服力及見證力。

(三) 必須要有吸引人促銷優惠或折扣搭配

業配貼文或影音，不只是在宣傳或推薦這個產品／品牌，或增加曝光度而已，而是要有促進銷售及訂購的業績效果。因此，一定要有折扣碼可以連結到品牌廠商的線上商城或線上下單頁面；所以一定要推出吸引人的優惠或折扣促銷才行。

(四) 貼文文字切勿過多

業配貼文的文字描述及字數，切勿過多，切勿過於冗長，粉絲們會失去耐心看完，變成無效的業配貼文了。

(五) 要有足夠吸引人閱讀及觀看注目內容

不管是業配貼文或業配影音，在 5 秒內，一定要能夠吸引粉絲們的眼球目光，願意持續看下去、看完它，才算是成功的 KOL/KOC 業配活動。

(六) 與粉絲們溝通的文字及影音表達要求

KOL/KOC 在撰寫業配貼文或製作業配影音時，對於文字及畫面的表達要求，應該盡力做好以下幾點：1. 要真心；2. 要誠意；3. 要貼心；4. 要親和；5. 要信任；6. 要風趣；7. 要有質感。

(七) 勿有太高商業性及強迫購買感受

KOL/KOC 業配貼文或影音呈現，勿有太高商業性或強迫購買感受，引致粉絲們的反效果、負面評價，那就完全是失敗了。

(八) 要為粉絲們解決生活上問題及痛點

品牌廠商的業配貼文或影音，絕對要站在粉絲立場上看，展現出為他們解決問題、解決生活痛點，並帶給他們生活上、健康上、心理上的利益點（benefit）所在，粉絲們才會有高的接受度。

(九) 要與粉絲們融合成、變成他們的好朋友感覺

KOL/KOC 的最高境界，就是要能達成與粉絲彼此之間已變成、融合成「好朋友」、「很好朋友」的感受出來，粉絲們才會接受各式各樣的業配貼文。

8-4 2023年網紅行銷最新趨勢報告（四）優缺點

一、微網紅（KOC）行銷的優點

現在，愈來愈多品牌廠商挑選微網紅（KOC）而不是大網紅進行行銷操作，主因是下列這些優點：

1. KOC 的互動率較高。
2. KOC 的親和力、信賴度、黏著度、貼近度較高。
3. KOC 的受眾精準度較高。
4. KOC 的合作價格低很多。
5. KOC 的運用轉換率較高，亦即轉換成訂購的業績會較高。

二、自己（公司）進行 KOL/KOC 行銷的缺點

有些品牌廠商想要自己進行 KOL/KOC 的行銷操作，但會面對下列缺點必須思考：

1. 不一定會找到最適當的 KOL/KOC 對象來合作。
2. 自身缺乏實戰操作經驗。
3. 最終成效、效益未必理想。
4. 會耗費不少自己公司部門內的人力及時間。
5. 不太知道付多少錢給這些 KOL/KOC 才是合理價格。
6. 合作流程稍嫌繁複。

三、專業、知名的網紅行銷經紀公司

品牌廠商如果想透過專業的網紅行銷或經紀公司進行代操時，必須找到比較富有實戰經驗及豐富資料庫公司來進行比較妥當，可推薦下列公司：

1. KOL Radar（iKala 公司）。
2. 圈圈科技公司。
3. Asia KOL 公司。
4. PreFluencer 網紅配方公司。
5. 達摩媒體公司。
6. JustAD 就是廣告科技公司。
7. Partipost 網紅經紀平臺公司。
8. 女人知己試用大隊。

四、如何找最適當 KOL/KOC 網紅對象的考量因素

到底品牌廠商自己尋找或透過網紅經紀代理商尋找 KOL/KOC 時，應該要考慮到哪些因素（要素），有下列兩大面向：

（一）KOL/KOC 的個人條件如何

包括：人氣如何？口碑如何？知名度如何？形象度如何？過去的成效如何？配合度如何？個人特色如何？貼文或短影片的品質度如何？與本公司產品／品牌的契合度、一致性程度如何？

（二）我們公司的狀況如何

包括：

1. 我們公司此次的目標、目的及任務為何？
2. 我們公司過去操作類似活動的經驗、心得、得與失如何？
3. 我們公司的產品／品牌定位何在？特色何在？特質何在？應與哪類型的網紅比較相契合、相一致性？
4. 我們公司的產品／品牌目標客群與哪些網紅比較一致性？

五、網紅行銷合約內容項目

品牌廠商與 KOL/KOC 進行網紅行銷操作之前，雙方必須簽好合作內容合約，合約必須包括下列內容及項目：

（一）合作內容

1. 所要推廣的產品及內容。
2. 所要推廣的社群平臺：FB、IG、YT、TikTok。
3. 內容型式以貼文或短（長）影片、影音呈現。
4. 發布日期、時間、期程多久。
5. 貼文及影片的審核及修改權利。

（二）合作報酬

1. 多少費用。
2. 如何付款（付款方式）。
3. 分期付款時間點。
4. 帳號。

（三）產品詳細介紹。

（四）其他法律規範及義務

例如：合約期限、發生不當意外時之責任、中止合作狀況、賠償的狀況……等。

六、IG 貼文種類排名

根據 JustAD（就是廣告公司）的一項調查統計顯示，目前在 IG 全部貼文中，前 12 項種類排名依序是：

1. 美容保養　　2. 食品　　3. 餐飲　　4. 居家

5. 健康／醫療　6. 時尚　　7. 流通　　8. 母嬰／親子

9. 3C　　　　　10. 運動　11. 寵物　12. 理財

七、KOC 貼文發布的平臺

目前，微網紅（KOC）發布的一般貼文及業配貼文，其占比順序依序如下：

1. IG 平臺（最常見）。

2. FB 平臺（次常見）。

3. YT 平臺（較少見，因影音製作較複雜）。

八、KOL/KOC 常見的貼文合作方式

KOL/KOC 常見的貼文合作方式，主要有 3 種：

1. 文字＋圖片貼文（post image）。

2. 影音（影片）貼文（video post）。

3. 限時動態（story）（24 小時發布內容，會自動消失）。

九、網紅聯盟策略

在網紅行銷操作上有一種愈來愈常見的策略方式，稱為「網紅聯盟策略」。

此即：

KOL ＋數十位 KOC 模式

亦稱：

・大帶小模式

・大加小模式

可區分為同領域或不同領域的大網紅與微網紅相加的合作模式。

問題研討

1. 請列出 KOL/KOC 經營社群的占比？
2. 請列出 KOC 人數有多少人？
3. 請列出網紅社群內容主題種類有哪些？
4. 請列出業配貼文的時間點？
5. 請列出三大社群平臺的最新重點發展方向？
6. 請列出 KOL/KOC 業配貼文或影音內容表達成功的 9 個注意點？
7. 請列出微網紅（KOC）行銷的優點？
8. 請列出網紅行銷合約內容項目有哪些？

Chapter 9

網路廣告綜述

9-1 國內網路廣告的市場概析

9-2 網路廣告的種類

9-3 網路廣告的專有名詞及計價方法

9-4 網路廣告的預算投入及投入媒體

9-5 傳統廣告與數位廣告花費的比例

9-6 Google 網路廣告的二種類型

9-7 Google 廣告費用的公式

9-8 網路廣告成效不理想的九個原因及解決方法

9-9 網路廣告成效的五大指標

9-10 客戶端投放數位廣告前，必先做的六項功課

9-11 訪問實務界人士，有關數位廣告的現況

9-12 數位廣告的效益（萊雅髮品行銷實例）

9-1 國內網路廣告的市場概析

一、2019 年網路廣告量達 380 億新高峰──展示型廣告為 150 億；關鍵字廣告為 95 億

臺灣數位媒體應用暨行銷協會 (DMA)，正式對外發布由該協會研究統計的臺灣 2019 年網路廣告市場總量。根據 DMA 所提供的研究數據顯示，2019 年臺灣整體網路廣告營收市場規模達到約 380 億新臺幣，較 2018 年成長 16%。廣告量統計共分為五大類別，分別為展示型廣告、影音廣告、關鍵字廣告、口碑內容廣告與其他類。從成長率看，各類別廣告的成長幅度約為 20%；其中以口碑內容類型成長率稍高，達 21%；影音廣告 20.16%；關鍵字成長率為 20.09%。若以總量來看，展示型廣告仍為量能最大的類別，投資額是 150.8 億，占全體市場量的 38.7%；關鍵字廣告居次，總額為 95.11 億，占比為 24.41%；影音廣告為 81.10 億，占市場總量的 20.79%。

二、網路廣告的五種類型

(一) 展示型廣告 (Display Ads)

包含一般橫幅廣告 (Banner)、文字型廣告 (Text-Link)、多媒體廣告 (Rich Media)、原生廣告 (Native Ads)、贊助貼文等。

(二) 影音廣告 (Video Ads)

泛指所有以影音形式呈現的廣告。

(三) 關鍵字廣告 (Search Ads)

包含付費搜尋行銷廣告 (Paid Search) 及內容對比廣告 (Content March) 等。

(四) 口碑 / 內容行銷 (Buzz / Content Marketing)

包含部落格行銷、廣編特輯、公共議題、贊助式廣告、貼圖等。

(五) 其他 (Other)

包含郵件廣告 (EDM)、簡訊 (SMS、MMS)。

表 9-1　2007 ～ 2019 年臺灣網路廣告量統計

（單位：新臺幣億元）

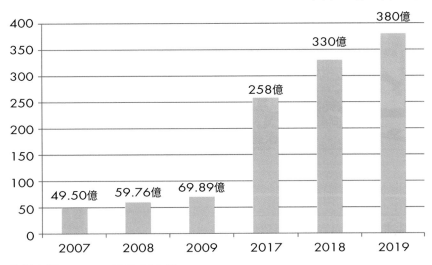

資料來源：DMA，2020 年 3 月。

9-2 網路廣告的種類

網路廣告的種類，大致上可區分為：

一、橫幅廣告 (Banner)

這是大家所熟悉的，有一個長方形、正方形或圓形的畫面廣告，點進去之後，就會跳到想要看的廣告宣傳單位。通常在總首頁或各區塊的首頁是比較有效的。

二、關鍵字廣告 (Key Word Advertising)

關鍵字廣告也稱為搜索或搜尋廣告，是近幾年異軍突起的創意廣告。只要在入口網站網頁上輸入廠商少數幾個中文或英文的關鍵字，即可查詢到想要的文字、畫面或產品的資訊情報。

三、mail 廣告

包括 E-mail 或 EDM 等傳寄的廠商訊息，都屬於 mail 廣告。但由於近幾年這種廣告太氾濫，因此有部分被稱為垃圾廣告。不過，對於消費者真正想看的 E-mail 或 EDM 仍然是有效的。

四、部落格廣告 (Blog) 或內容廣告 (Content)

這是近十多年新崛起的新廣告模式，也可以視為內容廣告或置入式文字內容廣告。例如：找有人氣寫手或代言人，在企業部落格表達自己的心情、快樂分享、產品使用經驗、企業公益等。

五、影音網路廣告

現在比較新的網路廣告，即屬影音網路廣告，即在動畫、影片或影音檔案中，加入各種表達廠商廣告訊息，在影音畫面的旁側中或之前、之後，或置入在劇情中等，各種方式均有。

六、Mobile 廣告

此又稱為手機廣告或平板電腦廣告等，係指利用手機或平板電腦等行動通訊工具作為媒體，然後將公司的網站 (Web Site) 內容傳遞到消費者的手機中。

圖 9-1 網路廣告的基本六類型

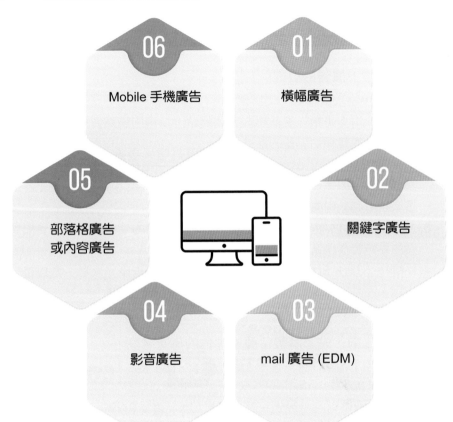

06 Mobile 手機廣告

01 橫幅廣告

05 部落格廣告或內容廣告

02 關鍵字廣告

04 影音廣告

03 mail 廣告 (EDM)

9-3 網路廣告的專有名詞及計價方法

一、網路（數位）廣告的公式

（一）基本名詞

1. 造訪 (Visit)：是指一名訪客在某個網站上持續閱讀網頁的行為。造訪次數可作為衡量網站流量的指標之一。

2. 廣告曝光 (AD Impession)：當一則廣告成功地被傳送給合格的訪客（上網者）時，即完成一次「廣告曝光」(AD Impression)。其重點乃在於訪客有否看到該則廣告的機會。

3. 點選 (Clicks)：訪客於網站上看到符合其需求的某種廣告訊息資訊時，藉由點選動作連結到網路上的另一網站。

4. 點選率 (Click Rate)：點選廣告的次數除以廣告曝光次數，常以百分比表示。

（二）基本公式：如圖 9-2。

二、下數位廣告前，先了解數位廣告評估的專有名詞

（一）CPM (Cost per Mille)：每千人曝光成本。FB、IG、Google 及 LINE 均有採用此法計價。

公式：每 1,000 人曝光成本＝廣告成本／曝光量 x 1,000

例加：某廣告有 20,000 人看過，花費 300 元，故每 1,000 人曝光成本為 15 元，即每一個 CPM=15 元。

（二）CPC (Cost per Click)：每一個點擊成本。FB、IG、Google、LINE 均有採用此法計價。

公式：點擊成本＝廣告成本／點擊數

例如：某廣告有 100 個點擊，花費是 800 元，800/100 = 8，即每一個 CPC = 8 元。

（三）CPV (Cost per View)：每一個觀看數的成本。YouTube 採用此法計價。

公式：觀看成本＝廣告成本／觀看數

例如：某廣告有 10,000 人觀看，花費是 20,000 元，則每一個 CPV=2 元。

圖 9-2　數位廣告的基本公式

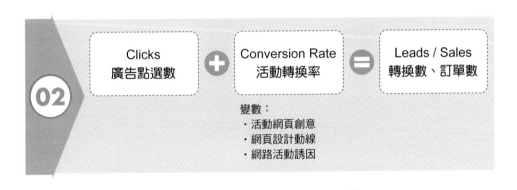

01　Impression 廣告曝光次數　➕　Click Rate 廣告點選率、點擊率　🟰　Clicks 廣告點選數、點擊數

變數：
· 廣告設計創意
· 廣告類型
· 與TA的關聯程度

02　Clicks 廣告點選數　➕　Conversion Rate 活動轉換率　🟰　Leads / Sales 轉換數、訂單數

變數：
· 活動網頁創意
· 網頁設計動線
· 網路活動誘因

(四) CPA (Cost per Action)：每次有效行動的成本。

　　公式：廣告成本／訂單量

　　例如：投放了 1,000 元的廣告，獲得 10 張有效行動訂單，則每張訂單的成本就是 1,000 ／ 10=100，CPA =100。

　　適用：這個是電商公司較常使用的公式，但在實體店面較不易使用。

(五) CR (Conversion by Rate)：點擊與成交的比例。

　　公式：轉換率＝成交單數／點擊數

　　例如：有 1,000 個人點擊某個網站連結，成交了 20 張訂單，轉換率即是 20 ／ 1,000 = 2%，轉換率 2%。

(六) ROI 或 ROAS (Return on Advertising Spending)：廣告投資報酬率。

　　公式：廣告投放獲取營收／廣告成本

　　例如：投放 1,000,000 元的廣告，獲得 5,000,000 元的營收，ROAS = 500 萬／ 100 萬 = 5 倍。

(七) CTR (Click through Rate)：點擊率。

　　公式：點擊率／曝光數

　　例如：某廣告曝光 10,000，有 100 個人點擊此廣告，故 100 ／ 10,000 = 0.01，CTR 為 1%。

(八) PV (Page View)：每天的網頁瀏覽總數。

(九) UU (Unique User)：每天不重複的獨立使用者。

(十) UV (Unique Visitor)：每天不重複的訪問者。

(十一) CPL (Cost per Lead)：每筆名單之成本。

　　　公式：名單成本＝名單總成本／名單數

　　　例如：花費 500,000 元取得 1,000 人名單，則每份名單成本為 500 元。

(十二) CPS (Cost per Sales)：每次銷售業績達成之成本。

三、網路廣告的價格實務

　　在實務上，經作者查詢實務界人士，得知各網路媒體廣告的實際價格區間如下：

(一) FB（臉書）及 IG

　　　採 CPM 計價居多些，每個 CPM 廣告價格約在 120~300 元之間。

(二) Google 聯播網

　　　採 CPC 計價，每一個點擊價格約在 8~10 元之間。

(三) YouTube

　　　採 CPV 計價，即每一個觀看次數價格約在 1~2 元之間。

(四) ETToday 及 UDN 聯合新聞網等網路新聞

　　　採 CPM 計價，每個 CPM 視不同版面位置，廣告價格約在 100~400 元之間。

(五) OTT TV

　　　採 CPM 計價，每個 CPM 價格約在 300~400 元之間。

圖 9-3　了解數位廣告專有名詞

01 CPM（每千人次曝光成本）

02 CPC（每次點擊成本）

03 CPV（每次觀看之成本）

04 CPA（每次採取有效行動之成本）

05 CPL（每次取得一筆名單之成本）

06 ROAS（廣告投資報酬率）

07 CTR（點擊率）

08 PV（每天頁面瀏覽總次數）

09 UU（每天不重複使用者）

10 UV（每天不重複訪問者）

11 CPS（每次業務銷售成交之成本）

12 Reach（觸及人數）

13 Impression（曝光次數）

14 Frequence（頻次）

15 Engagement（互動數量）

16 Click（點擊數量）

17 Video View（觀看影片量）

18 CR
Conversion Rate（成交轉換率）

Chapter **9**

網路廣告綜述

9-4 網路廣告的預算投入及投入媒體

一、投入占年總營收的 0.5%~2% 之間

網路廣告的每年度投入總額,大約是年度營收額的 0.5%~2% 之間:

- 5 億營收 × 2% = 1,000 萬廣告預算
- 10 億營收 × 2% = 2,000 萬廣告預算
- 20 億營收 × 2% = 4,000 萬廣告預算
- 100 億營收 × 2% = 2 億廣告預算
- 200 億營收 × 0.5% = 1 億廣告預算

二、投入在哪些網路媒體

實務上來説,網路廣告量,主要投入在下列十種重要的網路媒體:

1. FB(臉書)。
2. IG (Instagram)。
3. YouTube。　　　此五項,占 80% 網路廣告量之多。
4. Google 關鍵字。
5. Google 聯播網。
6. LINE。
7. 新聞網站(ET Today、udn、中時電子報、now news)。
8. 雅虎奇摩入口網站。
9. Dcard、痞客邦。
10. 其他內容網站上。

三、網路廣告金額分配

如果每年度有 1,000 萬元網路廣告預算可以分配時,大致如下分配:

1. FB 廣告:200 萬元。
2. YouTube 廣告:200 萬元。
3. Google 聯播網:200 萬元。
4. 新聞網站:200 萬元。
5. LINE:100 萬元。
6. 其他:100 萬元

圖 9-4 網路廣告預算

年度網路廣告
投入總額

占年營收總額
×0.5%~1% 之間

圖 9-5 網路廣告量最主要投入到十大媒體

FB **01**

02 IG

YouTube **03**

04 Google 關鍵字

Google 聯播網 **05**

06 LINE

新聞網站 **07**

08 雅虎奇摩

Dcard、痞客邦 **09**

10 其他內容網站

Chapter **9**

網路廣告綜述

9-5 傳統廣告與數位廣告花費的比例

1. 根據《動腦雜誌》(2021) 最新的年度媒體代理商配置在傳統廣告與數位廣告之花費比例，如表 9-2 所示。

2. 在表中，傳統媒體廣告量，光是電視廣告量就占了 90% 之高，其他的報紙＋雜誌＋廣播三者合計起來，只占 10% 而已。

3. 在表中，數位廣告量看起來比傳統廣告量還要多，計有 10 家媒體代理商配置在數位廣告量比例，超過傳統媒體廣告量。

4. 表中十五家媒體代理商，是國內協助廣告主分配廣告預算如何花費及配置的主流媒體代理商。

5. 從上述比例來看，顯示數位廣告量近五年來有了快速成長，並且已經超過傳統媒體廣告量。

6. 傳統媒體的廣告量，包括報紙、雜誌、廣播等三者，近五年來的廣告量都加速大幅滑落，使得這些業者都不賺錢。尤其報紙，近年就有《聯合晚報》及《蘋果日報》結束經營，顯示傳媒業者遇到很大困境。此種趨勢已很難挽回。

表 9-2 傳統廣告與數位廣告的花費比例 (2021)

	媒體代理商 （公司名稱）	傳統媒體廣告量 （電視＋報紙＋雜誌＋廣播）	數位媒體廣告量 （網路＋行動＋戶外三者）
1	凱絡媒體	32%	68%
2	貝立德媒體	48%	52%
3	宏將傳媒	65.5%	34.5%
4	星傳媒體	22%	78%
5	浩騰媒體	48%	52%
6	奇宏媒體	25%	75%
7	媒體庫	53%	47%
8	實力媒體	27%	73%
9	彥星傳播	55%	45%
10	競立媒體	49%	51%
11	傳立媒體	41%	59%
12	偉視捷媒體	45%	55%
13	2008 傳媒	60%	40%
14	博崍媒體	38%	62%
15	康瑞行銷	55%	45%

資料來源：作者本人整理。

Chapter 9

網路廣告綜述

9-6 Google 網路廣告的二種類型

一、Google Adwords 是什麼？搜尋聯播網廣告和多媒體聯播網廣告有何不同？

Google 關鍵字廣告簡單來說，可以在兩處呈現。其一是人們已經知道要搜尋特定的商品或服務，直接到搜尋引擎上輸入關鍵字，在搜尋引擎的前幾個結果出現廣告；另一種則是當人們在各大網站瀏覽網頁時，讓你有機會將廣告置入在網站中，獲得潛在消費者的注意，引導消費者產生購物行為的前期循環，稱之為多媒體廣告聯播網 (Google Display Network)。

(一) 搜尋聯播網廣告 (Search Network) ── Google 關鍵字廣告

例如：我想買書，但不知道網路有哪些平臺可以購買，所以就到 Google 搜尋引擎輸入「買書」作為關鍵字搜尋。在搜尋結果的前面會先展示有針對此關鍵字或相關關鍵字下廣告的網站，Google 也會很貼心的告訴使用者，有兩個廠商是有付費投放廣告的，因為他們希望使用者能在搜尋引擎的第一頁的前面幾筆，馬上就找到他們想要的資訊。這就是上述 Google 關鍵字廣告呈現的第一種形式。

而當消費者經由搜尋引擎的關鍵字搜尋，並點選網址前方是「廣告」連結的頁面，進入該網站時，Google 就會向投放廣告的業主收取廣告費用，以上述的例子來說，不論我是點選金石堂或樂天 kobo，Google 都能收取廣告費用。

(二) 多媒體廣告聯播網 (Display Network) ── Google 聯播網廣告 (GDN)

Google 可以接觸到全世界將近 90% 的上網人口，而臺灣有兩萬多個網站都可以展示 Google 的廣告，包含使用者喜好瀏覽的前 30% 的網站。例如：YouTube、Mobile01、中時電子報、露天拍賣、天下雜誌、商業周刊等。Google 的多媒體廣告聯播網最常出現在人們瀏覽的各大網站平臺上方、側欄或是閱讀的內文中出現。像是聯合新聞網網站的右側側欄，就是 Google 多媒體廣告聯播網。一般來說，你會看到廣告的右上角有一個叉叉的圖示，可以關掉廣告，點選「i」可以知道它是屬於哪個廣告商的廣告。

圖 9-6　Google 網站廣告

01

Google 關鍵字
廣告

02

Google 聯播網
廣告 (GDN)

Google 網路廣告
二種類型

www

知 識 補 充 站

Google 聯播網廣告

　　指的是當我們在瀏覽 Google 各大網頁時，在網站上方、側欄或是內文看見的廣告欄位，都屬於多媒體聯播網廣告。

廣告聯播網的定義？廣告聯播網比較

　　廣告聯播網是什麼？直接舉例，像是 Google Adsense 就是擁有大量網站進駐的廣告聯播網，品牌可以透過將廣告刊登在 Google 合作的網站，在多個網站內呈現品牌廣告，接觸更多消費者、快速推廣品牌。除了 Google 廣告聯播網之外，還有其他很多人使用的廣告聯播網，像是 Scupio、ClickForce、CCMedia。其中 Google 是規模最大，可以觸及最多臺灣上網人的廣告聯播網。很多部落客也會透過和這些廣告聯播網合作，獲得相關的廣告曝光收益，像是 Yahoo 廣告分潤計畫、蝦皮分潤計畫等等。

Chapter **9**

網路廣告綜述

267

9-7 Google 廣告費用的公式

　　由 Google 提供廣告服務，共有：1. 關鍵字廣告、2. 多媒體廣告、3. 購物廣告、4. 影音廣告以及 5. 通用應用程式廣告等五種類型。其中，關鍵字廣告是在顧客主動搜尋的時候，才會在 Google 網頁中的類型，較容易吸引到有需求的客戶。因此若老闆你是做傳產或高收費服務的公司，對業績最有幫助的就是關鍵字廣告。

　　除此之外，Google 廣告的設定後臺還會幫你找出最有效的關鍵字組們，再透過設定客戶年紀、職業以及上網時段，提高吸引客戶的機會，將你的廣告發揮最大效益。

一、Google 廣告費用的計算方式

　　既然 Google 關鍵字廣告這麼好用，那收費方式會很貴嗎？其實不會，收費方式是看你選了哪一個關鍵字投放廣告，以該關鍵字的點擊單價去計算，客戶點幾次就收多少錢。而關鍵字的價格，就像是拍賣競標會一樣，愈熱門的字，價格愈高，你願意出得比別人多，就「有機會」搶到好版位，讓 Google 把你放在頁面上曝光。

二、Google 廣告的收費公式

　　關鍵字廣告點擊次數 × 關鍵字點擊價格＝廣告花費金額

　　　　　　廣告收費：1 萬次點擊 × 10 元 = 10 萬元

　　然而，看出價格的高低雖然是 Google 考量的重要因素，其實還能透過廣告的表現品質替你加分，甚至用較低預算，仍然能爭取好版位。

9-8 網路廣告成效不理想的九個原因及解決方法

知名的網路行銷達人「Eric Kwok」曾在網路上發表一篇具有實務卓見的好文章（2020）。此文章在探討有關網路廣告成效不如理想的九個原因及其解決方案。

「當網路廣告投放後，沒有效果或沒有生意，都會對網路廣告的效用存疑。懷疑是否設定不夠精準、平臺是否有用、品牌是否沒有人認識等。其實廣告沒有效果的主要成因離不開以下九個原因，如不認清真正的成因，你就找不到解決這困局的方法。」

此文相當精闢實用，值得吾人參考，茲將重點摘要如下：

一、認為廣告沒有回報，就是廣告問題

一般而言，大部分人投廣告的目的，總括有兩種：1. 增加知名度，2. 增加生意。相信後者的占比會相對多。但事實上，投放廣告後，生意就會隨之而增長嗎？這是有很多人往往看不清的盲點，更認為廣告增加後，即代表生意會隨之而增長。

試舉例：

〈例一〉如你的生意在 Facebook 投放廣告做宣傳，客戶透過廣告私訊你做預約或購買，真正影響成交的主要因素就是客服員工，客服與客戶的對答，每一句都影響著成交與否。

〈例二〉客戶透過廣告進入網店消費，進入網店瀏覽有如實體店般，客人被櫥窗展示或招牌吸引到店鋪來。若店鋪陳列凌亂，而且沒有恰當地把產品展示出來、沒有店員的講解，即使擁有再厲害的廣告，你還願意購買嗎？所以最影響客戶購買慾的主要原因，源於店鋪自身。

就以上兩個例子，說明了廣告並不是最直接影響生意的一環。如果看不清盲點，投放廣告後沒有生意，就會歸咎於廣告設定或目標客戶上。

二、當局者迷

每位內容創作者、行銷人、設計師或老闆本人，都會對自己的創作給予十分高的評價，甚至是沒有修改的空間，不論是 FB Post、圖片或文案，都如出一轍。

　　Eric 曾經認為花一整天寫的文案、設計好的圖片，應該是完美不會輕易再做修改。但，是誰認為完美呢？問題在於此。創作內容是很容易當局者迷，把過多個人主觀的想法套進內容上，但這些想法就並不是客人想了解的內容。內容創作應針對主要受眾來創作。如廣告是針對一些從沒有去過美容院的客戶，而文案上卻不斷提及美容院的專用字眼，我相信即使再好的產品及優惠，也未能吸引到你的潛在客戶。

三、誤判客人內心需求

　　另一個成因就是，創作的內容並不是客人當下想要的資訊。很多人在內容上加添很多產品資訊，不停嘗試說服客人購買產品。試想一下，如果你是買相機，在廣告上，你不停說你的相機有多強大的功能、硬體有多新、畫素有多高等等，這都是我們一般宣傳的手法。但回想一下，你的功能、硬體及畫素，對客人有什麼直接關係？

　　大部分客人想要的資訊並不是你的產品有多強及多新，而是想知道產品能為他帶來什麼好處及解決什麼問題。如你說的內容，根本不是客人想要的。當你有多好的優惠或產品，客人都只會看不上眼。

四、不合適的廣告預算

　　這個是最多人問的問題：「我的廣告到底應該投放多少預算？」這點永遠沒有一個絕對的答案。就因為沒有一個絕對的答案，很多行銷人及老闆就會使用小試牛刀的方式來試試廣告的成效。這方法我是十分認同，而我自己都是使用這個方法。但問題就是：後續的決定。

　　當投放第一次的廣告後，基本上只有三個情況：1. 很好效果，2. 只有少許效果，3. 完全沒有效果。「很好效果」及「只有少許效果」本文就不解說了，先針對「完全沒有效果」來分享。

　　當廣告遇上「完全沒有效果」的情況時，多數人會認為是廣告有問題。但不要忘記：你的產品是什麼類型及價位是多少。這些都是影響投放多少廣告預算的因素之一。例如：你的產品是售價 10,000 元以上，你應該不會認為投放 500 元就會有 10,000 元的成交是常態吧？

　　其實要影響有沒有成交，當中涉及很多因素。但如果你沒有先調節好心態，就會不停懷疑廣告是否有成效。我可以給你一個方式參考，來快速及簡單決定投放多少廣告預算才合適。

　　一般會先以產品本身的價值，來做首次投放廣告的預算。同時我們會期望這次的廣告，能為我們帶來最少一單成交。但當你手上是低單價產品時，我便會以

產品的 10 倍價值來做廣告預算。這樣便可快速定下一個簡單，而又不會過少的預算。

五、沉迷於 Targeting 設定

(一) 將廣告簡單分成三個部分：預算、設定及內容

預算就不用多說，而設定就是大家常常說的年齡、性別、地區、興趣等等。在潛意識下，當廣告沒有效果時，大家一般便會先考慮是否設定上出了問題。還是懷疑，現在設定的受眾是否精準、準確。為什麼大家會先考慮是設定問題？原因有以下幾種。

(二) 過分神話的目標設定

市場上有太多「只要目標設定得好，廣告就會有好效果」的內容。我並不是說目標沒有用，只是大家沒有考慮到，原來市場比你想像中還要細。

(三) 可減少浪費金錢

原則上是對的，廣告只要設定沒有錯誤，是可排除一些你不需要的受眾，讓廣告可以集中火力向主要受眾投放。但不要忘記我剛剛說的，市場比你想像中細，所以當你排除了你不要的受眾後，廣告便會觸及所有人。當廣告觸及所有人後，你不更換廣告、不理會它，由它一直投放，結果只會讓受眾不停看見相同的廣告。你認為消費者多看幾次廣告就會購買嗎？我相信大家都不會吧。所以廣告不停重複出現，最終都是浪費金錢。

而最終，廣告有沒有效果，很多時候取決於你的內容上。假設我給你最準確的設定，但你的內容不是受眾想看的內容或完全不吸引受眾，你還覺得是設定上的問題嗎？所以內容才是最取決於廣告有沒有效果的一大要素。

六、缺乏產品競爭力

很多人投放廣告時，只會把焦點放在廣告上，但卻沒有考慮關鍵問題：自己的產品在市場上是否有足夠的競爭力？例如：為什麼 Apple 需要每年出新手機？除了新鮮度外，更要保持在市場上的競爭力。試想，當上個月出了 iPhone 12 時，如價錢沒有改變的情況下，你應該不會想買回 iPhone 11 吧？所以再引伸至 Apple 的舊款手機需要降價，才能維持該產品的競爭力。所以你必須看看自己的產品是否有競爭力。如你的產品是完全沒有競爭力，那再多廣告都很難有良好效果回報。

七、市場環境景氣不佳

其實再厲害的廣告，都逃不出市場環境因素。吸引消費者及改變他們的心態，的確是廣告應該要做的事情。但往往人就是情感動物，很多消費就是需要即時衝動。試想一下，當經濟不景氣、很多人都失業時，在這樣的市場氣氛下，大家的消費意願，必定會相對減少。所以廣告有沒有效果，其實是要看天時、地利、人和的。過去我也做過一次，有湊齊以上三項利好條件的廣告。結果效果好得驚人，但這些機會真是可遇不可求。

八、不了解怎麼看網路廣告指標、分析數據

廣告有沒有效果，其實在於你的成效指標是什麼。就如第一點所說，如果沒有搞清楚自己的廣告目的，就會墮入迷失狀態，廣告指標也是。這段我們先認清，廣告有什麼指標。然後我便會告訴你，什麼指標才是你最需要看的。廣告上的指標有數百種，我現在會分享大家最常用的指標，讓大家明白。

（一）Reach（**觸及人數**）：廣告接觸到的受眾人數，這個是獨立不重複的，每個數字都代表一個人。

（二）Impression（**曝光次數**）：曝光次數是指廣告在受眾面前出現了多少次。一個受眾可以看見你的廣告兩次，那數字上就會顯示 Reach=1、Impression=2。

（三）Frequency（**頻率**）：你的廣告會否讓同一受眾看見及出現了多少次，就要看這個數。而這個數的計算方式為：Impression / Reach = Frequency。

（四）Engagement（**互動數量**）：如在 FB 上互動的定義包括很多，當中包括：Like、Comment、Share、Any Click、Video View、Save 等。

（五）Cost Per Mille / CPM（**每 1 千次曝光成本**）：廣告每曝光 1,000 次的成本，這個會因不同市場、不同設定而有所改變。計算方式為：Ads Spent / (Impression / 1,000) = CPM。

（六）Click（**點擊數量**）：在你的廣告上的點擊數量。溫馨提示：Facebook 上會有 Click All 及 Click Link 這兩個數。兩者分別是：前者是計算任何點擊，後者只計算點擊連結。

（七）Cost Per Click / CPC（**每次點擊成本**）：受眾每次點擊你廣告的成本，一般都只會計算點擊進入網站。計算方式為：Ads Spent / Click = CPC。

（八）Click Through Rate / CTR（**點擊率**）：你的廣告曝光後，有多少人點擊的百分比。計算方式為：(Click / Impression) x 100% = CTR。

（九）Video View（**觀看影片量**）：觀看你這部影片的數量，一般需要觀看 3 秒才會計算一次觀看。

Cost Per View / CPV（每個觀看影片成本）：你的影片每獲得 1,000 次觀看的成本。

計算方式為：Ads Spent / Video View = CPV。

（十）Conversion（**轉換**）：轉換這詞比較抽象，因為每個行業轉換定義都不同。如果你是經營網店，一般會界定每一個轉換為購買。如果你是經營高單價行業，如美容院、保險業……等，一般都會以吸納一個潛在客戶（我們簡稱為 Leads），再做線下同事跟進及銷售。所以在這個情況，轉換的定義就是獲得一個新的 Leads。

（十一）Conversion Rate（**轉換率，CR**）：轉換率是多少人會完成轉換的百分比。同樣，你訂立的轉換不同，計算出來的基數亦有影響。

我以網店為例子，你必須看以下兩個數字：1. 進入網站數量，2. 購買數量。

計算方式為：〔購買數量（轉換）／進入網站數量〕× 100% = Conversion Rate

如 100 個人進入網站後，獲得 1 單購買，則 CR 就是：

(1 / 100) × 100% = 1%

指標真的有太多，但我先分享以上這些大部分行業都適用的指標給大家參考。如有需要，當然你可看更多指標。以下我會解釋指標愈多是否愈好。

九、沒有漏斗思維

要解決廣告沒有成效的最重要一點，就是必須要有「漏斗思維」。什麼是漏斗思維？我們先明白什麼是漏斗。漏斗的意思就是由上而下、一層去一層、而且愈來愈少的、形成上寬下窄的倒三角，這便是漏斗。而漏斗思維便是：把不同指標放上每一層，就可以很清晰了解整個宣傳活動。由廣告至購買，哪一部分出現問題，可作出修改。從而真正了解到，沒有效果是否意謂廣告有問題。

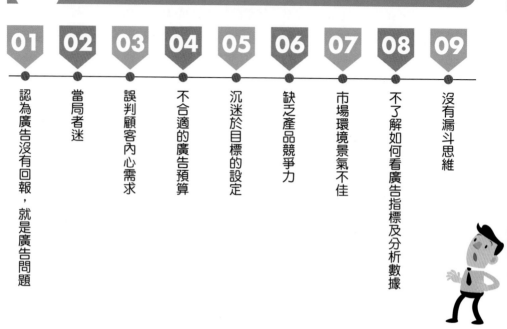

圖 9-7 網路廣告成效不如理想的九個原因

01 認為廣告沒有回報，就是廣告問題

02 當局者迷

03 誤判顧客內心需求

04 不合適的廣告預算

05 沉迷於目標的設定

06 缺乏產品競爭力

07 市場環境景氣不佳

08 不了解如何看廣告指標及分析數據

09 沒有漏斗思維

9-9 網路廣告成效的五大指標

網路廣告投放比例有愈來愈增加的趨勢,那麼投放之後的效益要如何評估呢?

主要有下列五項指標:

一、CTR:點擊率、點閱率

CTR (Click Through Rate),係指顧客看到你的網路廣告,然後感到有需要而加以點擊的比例。例如:曝光 1,000 次,而點擊率有 50 次,則點擊率為 50 ÷ 1,000 = 5%。重點是,根據過去比例,這 5% 的點擊率到底多不多、夠不夠,這就關乎成效了。若 5% 是夠的,就表示此網路廣告的成效還可以。

圖 9-8 網路廣告成效的五大指標

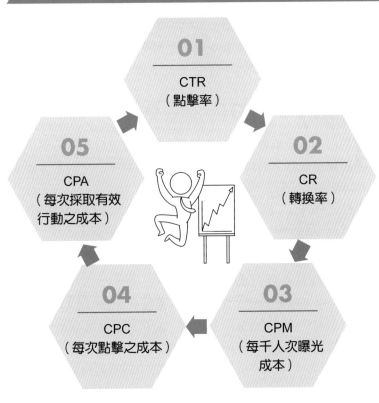

二、CR：轉換率

(一) CR (Conversion Rate)：係指從點擊後，轉換到成交業績的比例是多少。
例如：某廣告被點擊 1,000 次，但只有 5 個完成轉換訂單的動作，那麼此時此廣告的轉換率即為 5÷1,000 = 0.5%。

(二) 那麼，重點是 0.5% 轉換率，在一般業界來說，是高或低。若是偏低，就表示此網路廣告的成效不佳，就該回頭檢討廣告成效不佳的原因了。例如：

1. 是廣告文案不能吸引用戶點擊或下訂單。

2. 在顧客進入網站後，沒有找到對應搜尋需要的產品或服務。

3. 網頁資訊及介面混亂，導致顧客體驗不好。

總之，產品力、網頁、文案、圖片、定價、用戶體驗、促銷……等，都是影響轉換率的諸多因素。

三、CPM：每千人次曝光成本

(一) 通常新產品初上市時，為增加曝光度、能見度、為提高品牌知名度，大都採取 CPM 計價的廣告，使廣告大量曝光目的，只要曝光，就要付費。例如，某網路廣告 CPM 為 300 元，若想達到 100 萬人次曝光目的，那麼就要支付 300 元 × 1,000 個 CPM = 30 萬元的網路廣告費了。

(二) 那麼究竟花費 30 萬元，在某網路廣告曝光 100 萬人次，這樣的效益廠商覺得如何呢？這要由廠商做出對品牌知名度提升的效益到底好不好？夠不夠？

四、CPC：每次點擊之成本

(一) 如果網路廣告的目標／目的，不僅僅是品牌曝光度而已，而是希望顧客能進一步點擊進去看更有用的內容，才能誘發顧客去下訂單。此時，就要使用 CPC 廣告計價法了。

(二) 例如，某網路廣告 CPC 計價為 10 元，那麼如果廣告被點擊 10 萬次的話，就要支付 10 元 × 10 萬次 = 100 萬元的網路廣告費了。

那麼，廠商應該評估這 10 萬次的點擊數夠不夠？行不行？

五、CPA：每次採取有效行動之成本

(一) 此即，每次顧客點擊之後，又能具體採取有效行動，此時須支付的錢。

(二) 例如，每個 CPA 為 500 元，那麼有 100,000 個顧客採取了有效行動，此時，廠商要支付 500 萬元的網路廣告費了。

那麼，廠商認為支付 500 萬元廣告，獲得 10,000 個採取行動的顧客，是否划得來呢？

9-10 客戶端投放數位廣告前，必先做的六項功課

投放數位廣告前，在廣告主或品牌廠商這一端，不能事事推給數位代理商；即使自己不是相當專業，但也要做一些功課及分析。因此，在投放正式數位廣告之前，應先做好下列六項功課，才能確保你與數位代理商的合作成功。此六項功課如下：

1. 要確認你想找的顧客群有哪些特徵、特性及輪廓 (Profile) 大致為何。
2. 要確立此波計畫的行銷目標、目的為何。
3. 要了解你能負擔多少數位廣告預算。
4. 要了解各種數位廣告的優缺點及強項何在，以及它們須花費的預算金額在哪個範圍。
5. 應有整套行銷計畫。數位廣告只是其中一環而已。
6. 應要了解顧客何時比較願意消費。是平日、假日、節慶、季節性、促銷期等。

圖 9-9 廠商端投放數位廣告前，必先做的六項功課

01 確認你想找的顧客群有哪些特徵及輪廓為何

02 要確定此波行銷計畫的目標／目的

03 要了解你能負擔多少數位廣告預算

04 應了解各種數位廣告的優缺點及強項何在，以及它們花費金額在哪個範圍

05 應要有整套行銷計畫。數位廣告只是其中一環而已

06 應要了解顧客何時比較願意消費

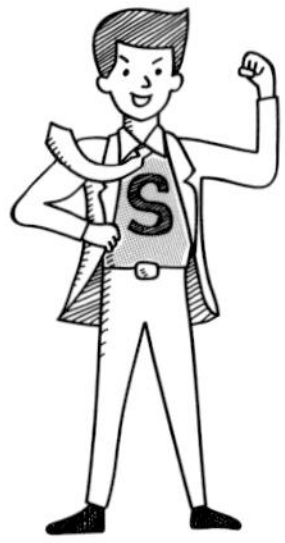

9-11 訪問實務界人士，有關數位廣告的現況

　　有關數位廣告現況，經訪問國內前十大媒體代理商的實際從業人員，獲得如下的寶貴實務經驗，可供參考：

〈問題一〉請問目前數位廣告投放的主要網路媒體，包括 **FB、IG、YT、Google、LINE 五大媒體的廣告計價方式與計價區間為何？**

〈答覆〉

1. FB 及 IG 的廣告計價方式，主要有 CPM、CPC 及 CPV 三種方式，都有在使用，究竟使用哪一種，要看廣告主的廣告目標而定。如果廣告主是要求多曝光，那就使用 CPM 計價；如果是要求點擊次數及導流，那就多使用 CPC 計價；如果是要求觀看次數多一些，那就使用 CPV 計價。

2. 至於各種計價方式的價格，大約是在某一個區間範圍，並非固定，因為有各種條件的不同。價格區間範圍大致如下：

   (1) FB ／ IG
   ・CPM：100~120 元。
   ・CPC：8~10 元。
   ・CPV：0.8~1 元。

   (2) YouTube
   ・CPM：100~150 元。
   ・CPV：0.8~1 元。

   (3) Google Network (Google 聯播網)
   ・CPM：10~12 元。
   ・CPC：8~10 元。

   (4) Google SEM (Google 關鍵字)
   ・CPC：8~20 元。
   （成本會因關鍵字設定不同，因此價格變動幅度較大。）

   (5) LINE
   大部分是採 CPM 計價；大版位在 CPM150~200 元。

〈問題二〉有人說，**FB、IG、YT、Google 四大網路媒體廣告量占了數位總廣告量七成之高，對嗎？這四大網路媒體的廣告量排名如何？**

〈答覆〉
1. 這四大網路媒體廣告量占數位總廣告量，應該有高達八成以上之多。
2. 其中，以 FB、IG、YT 三者廣告量占較多；其次是 Google 關鍵字與 Google 聯播網。
3. 但投放哪一種，可能要根據產業不同而定，例如：電商可能會投資更多關鍵字廣告，因為用戶可能會使用 Google 搜尋想要買的產品。

〈問題三〉**電視廣告媒體代理商賺的是電視臺退佣的二成到三成；但數位廣告賺的是服務費嗎？聽說四大網路平臺是不退佣的？**

〈答覆〉
1. 對的。數位廣告媒體代理商賺的是服務費；其比例約在 5%~8% 之間。例如：某公司委託投放數位廣告 1,000 萬元；我們媒體代理商可以賺到 50~80 萬元的專業服務費。
2. 對的。四大網路平臺很強勢，它們是不退佣的，完全是由實際面來盈利，因為它們有數位媒體優勢。

〈問題四〉**數位廣告的效益評估是如何執行的？指標有哪些？效益評估只能從曝光數、導流數、觀看數三指標說明嗎？**

〈答覆〉
1. 廣告主的效益評估是需要根據當初設定的廣告目標來檢視。舉例來說，當初廣告目標是要求在 2 週內增加○○次影片觀看次數，CPV 價格低於 1，那麼廣告結束後，就檢視是否有達成此目標數。
2. 效益指標是根據廣告目標而定。例如：想要曝光效益，可看 CPM；想要點擊導流，可看 CPC。另外，也有看 CPL（名單取得數）、或 CPA 或 CPS。

〈問題五〉**貴公司為大型媒體代理商，去年在數位廣告量及傳統媒體廣告量的占比如何？數位廣告費占比已經超過傳統媒體了嗎？**

〈答覆〉
我們公司去年在數位發稿量與傳統媒體發稿量，二者的占比，已到 60% 對 40%，數位廣告量已經超過傳統廣告量。未來幾年，有可能會朝向 70% 對 30%，或 80% 對 20%。

〈問題六〉近一、二年數位廣告量整體仍在成長嗎？或是減緩了？是什麼原因？

〈答覆〉

與過去比較，數位廣告量的成長率減緩了，主要有二大原因：

1. 受到新冠疫情影響，許多公司都將廣告投放資金用在線下的經營與數位轉型上。

2. 很多公司數位廣告投放占比已超越傳統廣告，可說投放目標已逐漸達成。

〈問題七〉四大網路媒體的廣告投放，確實會有效果嗎？

〈答覆〉

確實會有些效果，因為如果只是單純使用自媒體或依賴無償媒體 (Earned media)，其觸及範圍有限，必須使用四大網路廣告投放，才能觸及到更多潛在的消費者（顧客）。

〈問題八〉在網路廣告中，近幾年來成長較多的是哪一項？

〈答覆〉

以 YT (YouTube) 及 FB 的影音廣告量成長較多、較快。因為目前大眾比較喜歡有影音節目，因此，影音廣告成長速度比一般的圖文廣告成長更多。其中又以 YouTube 的影音廣告量占最大宗。所以，現在可以說是靠影音行銷時代的來臨。

9-12 數位廣告的效益
（萊雅髮品行銷實例）

根據詢問萊雅公司負責髮品行銷的行銷專員表示，有以下實務經驗：

1. 萊雅髮品的每年度行銷廣告費約為髮品年度營收額的 5% 左右。

2. 廣告費的 90% 之多，幾乎投放在 Digital（數位廣告）上；因為該公司髮品的 TA（目標族群）主要以年輕女性為主力。因此，電視廣告幾乎很少投放。

3. 數位廣告的投放項目，主要以 FB 及 IG 廣告為主，YouTube 為次要，第三則為 Google 及 LINE 等五種。

4. 但是，萊雅也不是單純投放數位廣告，而是搭配促銷活動來執行。因此，促銷型廣告的呈現占最大比例。此種「數位廣告＋促銷活動」的模式，很有效果，每次都能提高至少二成以上的業績成效。

5. 萊雅一年推出八波促銷型數位廣告，都能有效拉高業績。

6. 最近幾年，萊雅也引進網紅 KOL 行銷的推薦手法。最初，KOL 網紅們只是做些社群媒體平臺上的廣告宣傳及品牌聲量；其後萊雅也會逐步轉到在促銷檔期做搭配宣傳，甚至於由 KOL 網紅來直播導購／促銷商品，結果成效也很好。

圖 9-10　萊雅髮品行銷：90% 廣告費投放在數位廣告上

萊雅每年髮品營收額 5% 提列為廣告費，
廣告費中的 90% 投放在數位廣告上

01	02	03	04
以 FB／IG 促銷型廣告為主力	YouTube 促銷型廣告為次要	Google 及 LINE 廣告為第三	KOL 網紅推薦及直播銷售

數位廣告 促銷活動 有效拉高兩成業績

問題研討

1. 請説明何謂 CPM / CPC / CPV / CPA 之中英文意義。
2. 請説明何謂 CR / ROAS / CTR / PV / UU / UV / CPL 之中英文意義。
3. 請説明目前實務上，FB、Google 聯播網及 YouTube 的廣告計價方式為何。計價金額為多少？
4. 請説明目前網路廣告最主要投放在哪十種網路媒體上。
5. 請列示網路廣告的種類有哪些。
6. 請列示每家公司對網路廣告每年大概投放的金額，約占每年總營收額的多少百分比區間。

Chapter 10

數位廣告投放預算概述

10-1 傳統與數位廣告預算占比、中／老年人及年輕人產品廣告投放

10-2 數位廣告投放效果指標評估，搭配促銷活動及優質內容效果更好

10-3 多運用 KOL/KOC 團購及直播操作，持續投入數位廣告

10-4 做好數位廣告投放 12 要點

10-1 傳統與數位廣告預算占比、中／老年人及年輕人產品廣告投放

一、傳統與數位廣告預算整體占比發展（現在是 5：5）

十多年來，品牌廠商在傳統廣告及數位廣告占比，有顯著改變發展；如下圖所示，早期，傳統媒體廣告仍占多數，最高時占到九成之多，但如今，占比大約降到五成左右，而數位媒體廣告量，則從占比一成大幅上升到五成之多，兩者相當接近。

圖 10-1 傳統媒體廣告與數位廣告量占比變化

	傳統廣告	數位廣告
最早期	90%	10%
	80%	20%
	70%	30%
	60%	40%
現在	50%	50%

這裡的傳統媒體廣告量，包括：電視、報紙、雜誌、廣播及戶外。
數位媒體廣告量則指：網路及行動。

二、中／老年人產品廣告仍偏重在電視傳統媒體上投放

目前，中／老年人產品廣告投放預算仍偏重在電視為主力的傳統媒體上，包括：

1. 目標客群年齡層：45～75 歲左右。
2. 投放產業別：以汽車、機車、房屋仲介、金融銀行、預售屋、醫藥品、保健品、奶粉、家電品、衛生紙、按摩棒、百貨公司、超市、便利商店等，為電視廣告投放的主力產業。

3. 占比：這些行業的投放媒體占比，八成約以電視廣告為主力，二成則為數位廣告。

三、年輕人產品偏重在數位媒體上投放

1. 客群年齡層：以 20 ～ 39 歲年齡層為主力。
2. 投放產業別：以化妝品、保養品、3C 產品、電商、食品／飲料、洗髮精、沐浴乳、香氛產品、寵物用品、咖啡、餐廳／美食／甜點／餅乾／零食、運動健身及旅遊等為主力。
3. 占比：數位廣告占比約 60%，傳統電視廣告則占 40%。

四、數位廣告預算投放在哪裡

到底品牌廠商的數位廣告預算放在哪裡？主要有三個方向去處，包括以下圖示：

圖 10-2 數位廣告預算的流向（三大方向）

主力（之1）	主力（之2）（占20%）	次要（占10%）
1. FB廣告 2. IG廣告 3. YT廣告 4. Google關鍵字廣告 5. Google聯播網廣告 6. LINE手機廣告	1. KOL/KOC網紅行銷操作	1. 新聞網站（ET Today、聯合新聞網、中時新聞網、自由新聞網、Nownews、TVBS新聞網、三立新聞網） 2. Dcard網路論壇 3. 雅虎奇摩入口網站 4. 其他：遊戲、母嬰親子、美妝、財經商業內容網站

示例：品牌廠商 1,000 萬元年度數位廣告流向分配

品牌廠商 1,000萬元之分配 → 主力（之1）占70% 約投放 700 萬元

主力（之2）占20% 約投放 200 萬元

主力（之3）占10% 約投放 100 萬元

285

10-2 數位廣告投放效果指標評估,搭配促銷活動及優質內容效果更好

一、數位廣告投放效果指標評估

數位廣告投放的效果指標評估,主要有兩大面向指標。

1. 過程效果指標,包括:

 (1) 曝光數 (2) 點擊數 (3) 觀看數 (4) 連結點閱數

2. 最終效果指標,包括:

 (1) 對品牌力是否提升效果,包括:

  A. 品牌知名度 B. 品牌印象度 C. 品牌好感度 D. 品牌指名度

  E. 品牌信賴度 F. 品牌忠誠度 G. 品牌黏著度

 (2) 對業績力是否提升效果。

 (3) 對市占率是否鞏固效果。

 (4) 對顧客╱會員的回流率、回購率是否有效果。

二、數位廣告搭配促銷活動,效果更好

很多實務界人士表示,數位廣告除了自身投放之外,在廣告內容上最好能搭配促銷活動,對業績提升更有效果。

圖 10-3　數位廣告搭配促銷,效果更好

01 數位廣告投放 **+** **02** 促銷活動規劃

對拉升業績效果更好、更顯著、更有效果!

三、數位廣告搭配 KOL/KOC 網紅行銷操作，效果更好

數位廣告投放如果能搭配 KOL/KOC 網紅行銷推薦操作，則對品牌印象／知名度提升會有不錯效果。

四、數位廣告與電視廣告投放，兩者並進使用

傳統電視廣告具有廣度效應，亦即對品牌力提升有實際成效；再加上數位廣告的精準投放，則兩者並進使用下，會收到廣度與深度的綜效效益。所以，適當分配兩者的媒體廣告投放可說是較完美的全方位媒體組合策略（Media Mix Strategy）。

五、注意數位廣告內容訊息的優質表現

數位廣告呈現要發揮好效果，除了適當的數位媒體選擇與促銷活動搭配外，另一個重點就是：它的廣告內容訊息及圖文訊息能優質且吸引人的呈現。這種優質內容的意思包括下列幾點：

1. 圖片、文字、影像適當的組合。
2. 文字及標題的精簡化，文字不要太多、太繁。
3. 圖片及影音能夠吸引消費者的目光注意。
4. 要讓消費者有共感及好感的感覺。
5. 要引起消費者會想、有想要買的心理觸動感。

一、多運用 KOL/KOC 團購文及直播導購操作，以實質增加業績

現在品牌廠商的數位行銷預算運用，過去是 100% 都用在數位廣告投放上，但現在大約會撥出 20% ～ 30% 比例，使用在對公司業績更有助益的：

1. 網紅團購文操作。

2. 網紅直播導購操作。

上述二者的操作不只找中大型 KOL 網紅，更會顯著增加 KOC 微網紅（小網紅／素人網紅）的加入操作，其效果亦不輸大網紅。

圖 10-4　KOL/KOC 直播與導購，增加業績收入

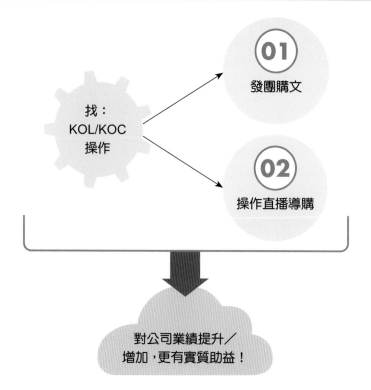

找：
KOL/KOC
操作

01 發團購文

02 操作直播導購

對公司業績提升／增加，更有實質助益！

二、數位廣告投放應不斷精進、有效運用,產生更大效益

　　品牌廠商近十多年來已對數位廣告投放不斷增加。這一方面是因為傳統媒體的報紙、雜誌、廣播廣告投放效益太低;二方面是因為消費者每日接觸及使用數位媒體的頻率大增,因而使品牌廠商的行銷預算大幅度轉向數位廣告的投放。

　　但是,品牌及行銷經理必須認清,這些錢畢竟都是公司預算提撥出來的,其預算額度都是每年從數百萬到數千萬元數位廣告預算之多;我們必須珍惜加以運用,並用心不斷精進,才能產出更好的各種廣告效益指標出來,對公司最終需要的品牌力+業績力+市占率力,這三大力的提升,帶來具體且明確的助益效果。

圖 10-5　數位廣告投放

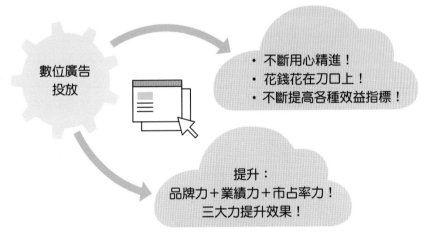

數位廣告
投放

・不斷用心精進!
・花錢花在刀口上!
・不斷提高各種效益指標!

提升:
品牌力+業績力+市占率力!
三大力提升效果!

10-4　做好數位廣告投放 12 要點

　　品牌廠商到底要如何才能做好數位廣告投放呢？歸納有 12 大要點，如下述：

一、做好數位廣告投放的合理金額及占比

　　做好數位廣告投放的第一項，就是要做好從年度行銷總預算中，提撥出適當且合理的數位廣告投放占比及金額。數位廣告投放太多，其實也是一種浪費及不必要，因為數位廣告的曝光數、點擊數、觀看數太多，對消費者也是一種負擔及重覆性太高。但是數位廣告投放太少也不行，因為太少會沒有觸及到足夠多的年輕消費者目光及影響他們的購買行為。

二、做好數位廣告的精準組合、流向及占比

　　其次，品牌廠商也要做好數位廣告投放的精準組合、流向及占比。也就是說，數位廣告的投放到底是投放在哪個數位媒體上，包括：FB、IG、YT、Google、LINE、新聞網站、Dcard、雅虎奇摩、財經內容網站、彩妝保養品內容網站或其他等，各應占多少占比及金額才適當的思考。希望達到能夠很精準的投放到正確的數位媒體上面去，才能產生更好的數位廣告效果。

三、做好數位廣告呈現出優質且吸引人的內容訊息規則

　　接著就要思考如何有效呈現數位廣告的優質內容訊息並吸引人目光。包括：圖片、標題、文字、短影音等有效組合呈現。所謂「內容為王」（Content is king.），即是說，到底內容才是最重要的。沒有吸引人、優質、讓人心動的內容訊息呈現，那麼，投放在哪一個數位媒體上也都是枉然的。

四、確認品牌廠商產品的銷售對象及其輪廓、樣貌

　　品牌廠商或數位廣告代理商也必須確認好，此廣告產品所面對的銷售對象及他們的輪廓（profile）、樣貌。如此，才能選擇到對的數位媒體組合及占比。例如：品牌廠商產品的銷售對象為 35 ～ 50 歲的熟女族群，那麼偏年輕的 IG 廣告就不必投放太多。

五、想清楚每次數位廣告投放的目標、目的、任務

　　品牌廠商及數位廣告代理商必須想清楚在每一波數位廣告投放的目標、目的及任務。例如：這一波數位廣告投放的目標，是要打響此次新產品、新品牌上市的品牌知名度、印象度及曝光度，那麼就要在內容訊息呈現上，多突出此新產品

的品牌名稱的記憶感及印象感。再如,下一波數位廣告投放目標是要引起既有產品的銷售量提高,那麼就要推出促銷型的數位廣告訊息及活動才會有效。

六、做好數位廣告與促銷活動搭配呈現,效益會更好

近年來,由於全球經濟景氣不振,因此,數位廣告的呈現大幅轉向促銷型數位廣告的策略方向走。現在,電視廣告策略,也增加很多的促銷型電視廣告模式,包括:汽車業、超市零售業、藥妝零售業、百貨公司業、家電業……等。促銷型數位廣告呈現對品牌廠商業績的提升,也會帶來成長 10 ～ 30% 的助益效果。

七、擴大增加 KOL/KOC 的團購文及直播導購操作,以增加業績

現在,愈來愈多廠商也將數位廣告預算轉移不小的比例及金額,轉到增加 KOL/KOC 團購文及直播導購的方向操作。每一次都能帶來不少的成交業績,這比單純數位廣告的效果要好很多。這種操作的成效,主要是這一些 KOL/KOC 都能吸引到他們長久以來的忠實粉絲群,把這些粉絲群轉化為產品銷售的最好對象,形成「粉絲行銷」或「粉絲經濟」,對品牌廠商的銷售業績增加,帶來很大助益。所以,數位廣告預算應該多轉向這方面的實戰操作上,才是符合整個市場脈動及消費者趨勢。

八、每季一次檢討數位廣告投放的效益,以及如何精進及調整

品牌廠商及數位廣告代理商,每季一次,應該共同檢討這一季來的數位廣告投放效益到底如何,以及應該如何加以精進、加強及調整,必須把錢花在刀口上才行。

檢討數位廣告投放的「最終效益」角度,仍然是著重在:

1. 對品牌力提升了多少。
2. 對業績力提升了多少。
3. 對市占率提升了多少。

至於「過程效益」角度的:1. 曝光數;2. 點擊數;3. 觀看數。則只是「參考效益」而已,最重要的,仍是要從「最終效益」角度來看、來評估、來做抉擇才對。

九、每年一次,檢討數位媒體的最新變化與發展趨勢,要跟上時代變化

品牌廠商與數位廣告代理商也應該每年一次,檢討數位媒體及社群媒體,在國內及國外的最新變化與發展趨勢,必須跟上時代變化,才可以更精準與更有效的操作數位行銷及數位廣告的呈現策略與操作方法/方式。

十、要長期、持續性的廣告投放,才能累積出品牌力與品牌資產價值出來

　　品牌廠商必須了解,要打造出優質與強大的品牌力效應出來,就必須長期的、十年、二十年、三十年、五十年、一百年,永不間斷的在電視媒體及數位媒體投資,才可以有效累積出品牌力及品牌資產價值出來。若只是短期或短線的操作,那對打造堅強品牌力是沒有效果的。

十一、要找到好的、強的、有效果的數位廣告代理商合作

　　品牌廠商在數位廣告投放中,應該找到外界好的、強的、有效果的數位廣告代理商或大型媒體代理商來合作,兩者組合成一個很好的長期合作夥伴。透過這種長期合作夥伴關係,可以讓品牌廠商的數位廣告投放效益不斷得到提升及創造出更好效益。

十二、要思考數位廣告是獨立操作或是整合行銷(IMC)操作的一環

　　最後,數位廣告是獨立自身操作,或是應納入全方位整合行銷操作的一環,這是兩個不同的觀點及策略。實務上,這兩個作法,沒有對錯,都有人操作,也都各有成效。最重要的是由成效、成果來決定;這就要看每個公司的不同、每個行業的不同、每個品類的不同、每個操作內容的不同,以及每個預算的不同。

　　有些品牌廠商認為,應把數位廣告投放與 KOL/KOC 行銷,納入全年度的整合行銷操作的一環,並加以結合在一起,才會發揮最好的 1+1>2 的綜效。而不要單一的去操作,這樣可能會失去廣告聲量,也可能會有不一致的廣告訴求及廣告主張,也可能讓消費者得不到一致性的廣告呈現,這也是實務上的一種觀點。但是,有些品牌廠商想要測試數位廣告到底效果如何,也會單獨拉出來,在某個期間內,單一操作數位廣告,觀察其效果好不好,這也是實務上可以看到的。

圖 10-6　如何做好數位廣告投放 12 要點

01

做好數位廣告投放的合理金額及占比

02

做好數位廣告的精準組合、流向及占比

03

做好數位廣告呈現出優質且吸引人的內容訊息規則

04

確認品牌廠商產品的銷售對象及其輪廓、樣貌

05

想清楚每次數位廣告投放的目標、目的、任務

06

做好數位廣告與促銷活動搭配呈現，效益會更好

07

擴大增加KOL/KOC的團購文及直播導購操作，以增加業績

08

每季一次檢討數位廣告投放的效益如何，以及如何精進及調整

09

每年一次，檢討數位媒體的最新變化與發展趨勢，要跟上時代變化

10

長期、持續性的廣告投放，才能累積出品牌力與品牌資產價值出來

11

找到好的、強的、有效果的數位廣告代理商合作

12

思考數位廣告是獨立操作或是整合行銷（IMC）操作的一環

數位廣告投放成功！
投放有效果！

1. 請列出數位廣告預算的三大流向為何？
2. 請列出中／老年人產品廣告偏重在哪種媒體？
3. 請說明數位廣告投放效果為何？
4. 請列出做好數位廣告投放 12 個要點？

Chapter 11

部落格概述

11-1 部落格的意義、特性及企業為何要設立部落格

11-2 部落客行銷的意義、合作效益及行銷成功的五大重點

11-3 七個高人氣的免費部落格架站平臺

11-4 痞客邦部落格排行榜

11-5 成功部落客的關鍵點及成為人氣部落客的方法

11-6 部落格行銷概述

11-1 部落格的意義、特性及企業為何要設立部落格

一、部落格 (Blog) 的意義

謝雅婷 (2006) 專家對部落格的意義及發展有如下二個詮釋：

(一) Blog 是什麼

Blog 網誌源自 Weblog 的縮寫，而 Weblog 一詞最早是由 John Barger 在 1997 年提出，在這之前，網路世界裡所謂 Weblog 指的是一種充滿技術性記載與敘事無關的紀錄。1999 年 Peter Merholz 開始將 Weblog 唸成 We Blog，因此開始有了 Blog 這個說詞。1999 年 6 月推出免費的網誌服務，同年 8 月，blogger.com 的誕生，才真正開啟了 Blog 的熱潮。

(二) Blog 的特性及崛起原因

1. 個人化平臺：過去網路上的討論平臺只能提供網友共享的環境，想要有個人發展空間，除了製作網業者以外，一般人不太容易。而有了 Blog 之後，不管是誰、不論是什麼性質的文字、連結、圖片、視訊，都可以在自己的 Blog 很自在地建構出來。

圖 11-1　Blog 的崛起原因

2. 充分的分享：網誌不只是將使用者的意見與想法傳到網路上，更可以讓
   興趣相投的網友交換建議並深入了解彼此。
3. 操作容易：Blog 最大的特色，就是把整個過程都簡化到讓一般人都能創
   作自己的網站。準備好一切要發表的內容素材，所有資訊就都由程式自
   動完成製作上傳，不須具備任何網頁設計能力。

(三) Blog 延伸到 Video blog (Vlog)

　　近幾年部落格的發展開始有了重大的變化，那就是 Vlog (Video Blog)
的誕生。事實上，Vlog 不過是 Blog 的一種延伸，它利用與 Blog 同樣的原
理來散播並連結資訊的內容。在 Vlog 裡，網友不再只是單純的使用文字、
圖片這些靜態的媒介來傳遞訊息，而是能夠進一步的使用多媒體影音視訊，
增加網誌內容的有趣性與豐富度。2005 年 10 月，Vlog 概念引進臺灣，開
啟了臺灣網友對 Vlog 的認知，短短一年不到的時間，在資訊不斷快速流竄
的網路世界裡，Vlog 已成為網路的新寵兒。

二、認識部落格相關重要名詞

(一) 部落格／網誌 (Blog)

　　Blog 是 Weblog 的縮寫，是由一系列名為貼文 (Post) 的個別論述所
組成。包括「部落格貼文」(Blog Post) 或部落客撰文的網站。通常都是按
分類整理，依時間先後順序，由最近的文章開始排列。部落格是一種溝通
的工具，大部分開放性的部落格是可以讓點閱者對單篇貼文發表意見。

(二) 部落客 (Blogger)

　　係指設立部落格或使用部落格軟體發布文章者而言。有個人部落客、
員工部落客及公司部落客等之區分。

(三) 部落格貼文 (Blog Post)

　　部落客在部落格上張貼的個別項目。

(四) 部落格圈 (Blog Sphere)

　　由各種部落格、部落客及部落格貼文所構成的社群而言。

(五) 商業部落格 (Biz Blog)

　　又稱為 Business Blog。這類部落格是由商界人士書寫有關商業及每日
運作的議題，分享公司內部的知識，兼具教育意義並提供產業資訊。

(六) 貼文 (Post)

　　內容長度不拘的單篇資料，可以是部落格上的圖案及文字。

(七) 留言 (Comment)

留言是使用者在每篇部落格文章上所留下的言論,經由讀者社群延伸作者的想法。留言通常出現在文章底下,由最早的留言開始往下排列,讓讀者可以在讀完文章後,按時間順序閱讀後續的討論內容。

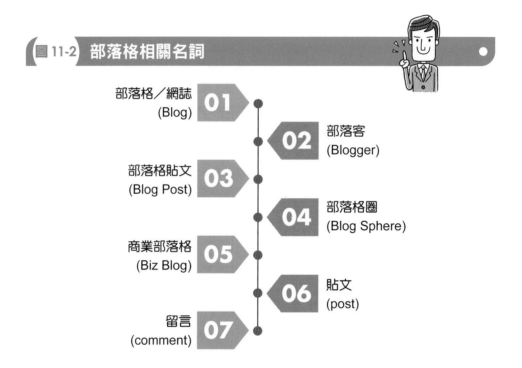

圖 11-2 部落格相關名詞

01 部落格／網誌 (Blog)

02 部落客 (Blogger)

03 部落格貼文 (Blog Post)

04 部落格圈 (Blog Sphere)

05 商業部落格 (Biz Blog)

06 貼文 (post)

07 留言 (comment)

三、部落格的評估指標

Blog 評估的標準除了傳統網路媒體的流量計算和點閱率外,另外還有幾個比較有意義的評估標準:

(一) 被引用數

Blog 的文章被別的 Blog 引用的數目,在 TrackBack 中可以看到,被引用得愈多,愈能代表這篇文章的重要性和豐富度。

(二) 回應數

參與文章討論的人數,代表話題的深度和觀看的人數是否有黏著度。

(三) 被搜尋性

透過 Google 等搜尋網站,是否可以找到自己的文章,並且排名是否在前,代表自己的 Blog 文章是否被大多數不認識的網友接受或是注意。

圖 11-3 部落格評估指標

01 被引用數 **+** **02** 回應數 **+** **03** 被搜尋度

四、企業為何要設立部落格

美國企業部落格行銷專家 Paul Chaney 認為，企業為何應設立部落格，主要有以下九點理由：

(一) 搜尋引擎

增加在主要搜尋引擎 Google 與 Yahoo! 上的曝光率。

(二) 直接溝通

讓企業有機會與顧客進行直接、真誠的溝通。

(三) 建立品牌

是向顧客推銷品牌的另一種通路。

(四) 競爭差異化

因為在部落格上可以一再談論自己，有助於從競爭中脫穎而出。

(五) 關係行銷

和顧客建立個人化的長久關係，培養信賴感。

(六) 探索利基點

幫企業鎖定業界特定的利基點。

(七) 媒體與公關

部落格是很棒的公關工具，讓媒體與企業靠攏，而不是去找企業的競爭對手。

(八) 聲譽管理

管理線上的風評。

(九) 把自己定位成專家

針對業界相關的議題，明白表達企業的觀點、知識與專業。

(十) 企業部落格的三項要求

1. 正確性：企業部落格第一守則就是要求正確性、誠實性，不可造假、作假、虛假及浮誇。

2. 及時性、迅速性：掌握消息發布的及時性及迅速性，發揮迅速的價值。

不管是正面或負面的訊息，均能及時、迅速加以表達。

3. 溝通性：企業部落格的第三個趨勢，就是會更重視溝通性，企業帝國不再是一個封閉、自我、老大、隱密的組織體，而是一個公正、開明、開放、互動、光明、坦誠與公平的溝通型企業。

圖 11-4 企業部落格的三項要求

01
正確性

02
及時性與迅速性

03
溝通性

11-2 部落客行銷的意義、合作效益及行銷成功的五大重點

一、部落客行銷是什麼

(一) 部落格在 2000~2010 年是主流社群媒體,但在 FB、IG 問世之後,部落格
文字型媒體即失去主導地位。但至今仍有一些企業與部落客合作,以加強
其品牌形象。

(二) 部落客行銷屬於內容行銷的一種,是指企業向擁有廣大粉絲數的部落客邀
稿,為企業寫文章,以提升企業形象或產品/品牌曝光度的一種行銷方式。

📊 11-5　部落客行銷　

部落客行銷

找知名部落客撰寫文章,
推薦公司產品及品牌曝光

二、找部落客合作的效益

主要效益有二個方向:

(一) 透過部落客具備高流量,以提升企業及品牌曝光度;由部落客分享產品使
用文章,被粉絲接受,進一步加以分享、轉傳,以擴大文章觸及人數。

(二) 可營造正面形象,以提升消費者購買意願。

圖 11-6 部落客行銷的效益

01 提高產品及品牌曝光度

02 提高消費者潛在購買意願

尋找部落客合作的二大主要效益

三、部落客行銷成功的五項重點

(一) 撰寫前，應先溝通文章的方向、策略及內容重心所在。包括如下：

1. 明確而直接的標題。

2. 應搭配合適、好看、吸引人的圖片。

3. 應設定 Call to Action。

4. 是否須結合 SEO，適度置入關鍵字。

5. 避免讓網友感到推銷產品太沉重。

6. 最好寫出自己真正使用過的真實感受。

(二) 應妥善安排時程進度：

時程勿太過緊湊，以避免寫出品質不佳、沒人點閱的文章。

(三) 應提供足夠的產品資訊

企業行銷部人員應該幫助部落客快速掌握產品重點，以及能帶給消費者的好處及利益點，寫出真正讓網友或粉絲感到不是推銷的文章。

(四) 尊重創作者

廠商行銷部人員對部落客寫出來的標準及文章內容勿修改太多，以避免傷害部落客，影響後續的長期合作感受。

(五) 建立互信溝通基礎

　　　　廠商端與部落客應建立雙方信任且愉快的互動與溝通、協調，以讓部落客更認真、更用心、更創意地寫出好文章，以達成廠商目標／目的。

圖 11-7　部落客與廠商合作行銷成功的五重點

01｜撰寫前，應先溝通文章的方向、策略及內文重點

02｜應妥善安排時程進度、勿太趕

03｜應提供部落客足夠的產品資訊

04｜廠商應尊重創作者

05｜應建立雙方互信、溝通的基礎

四、經營部落格的四大重點

　　如何才能經營好部落格呢？依實務，主要做好四大重點：

(一) 清楚的標題

　　　　標題是接觸者的第一印象，好的標題會吸引網友進一步點擊及閱讀。

(二) 良好的排版及閱讀體驗

　　　　舉凡字型、字的大小、顏色等，均須注意；頁面編排勿雜亂無章，抓不到重點、沒邏輯性，閱讀經驗不好等均要注意。

(三) 有價值、高品質的內文

　　　　部落格文章最重要的就是內文。內文一定要呈現：有價值性、有趣、有深度、有獨特風格、有專業性、有生活使用性及有意義的文章內容。

(四) 要妥善運用 SEO，幫助搜尋引擎找到你的部落格及其文章。

圖 11-8 如何經營部落格的四大重點

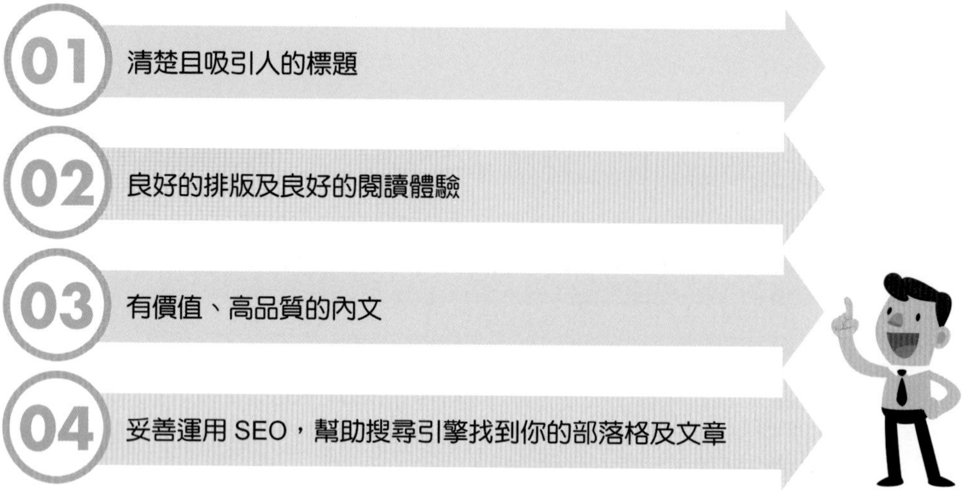

01 清楚且吸引人的標題

02 良好的排版及良好的閱讀體驗

03 有價值、高品質的內文

04 妥善運用 SEO，幫助搜尋引擎找到你的部落格及文章

五、企業及個人品牌為何需要部落客行銷

在 FB 及 IG 尚未風行之前，企業及個人常見設立部落格，其主要目的及功能，主要有以下幾點：

(一) 有助產品品牌提高知名度及曝光度。

(二) 有助帶來轉換率及其業績增加。

(三) 有助帶來口碑效益（有些網友會上網尋找某項產品或某個品牌的評價）。

(四) 有助提高網站流量。

11-3 七個高人氣的免費部落格架站平臺

一、高人氣且免費的部落格

目前比較高人氣且免費的部落格，主要有七個平臺，如表 11-1 所列。

表 11-1　七個主要高人氣且免費的部落格

	平臺名稱	主要市場	備　註
1	痞客邦 (PIXNET)	中文	臺灣最大部落格平臺
2	隨意窩 (Xuite)	中文	中華電信經營
3	Medium	國際	
4	Wix	國際	
5	Weebly	國際	
6	Blogger	國際	Google 經營
7	wordpress.com	國際	

二、痞客邦簡述

(一) 痞客邦創立於 2003 年，是臺灣最大部落格平臺。目前，文章累計 8 億篇，登記註冊會員人數 500 萬人。

(二) 優點：1. 可免費且申請簡易。2. 操作介面友善。3. 網站首頁流量大，有集客效應，可為旗下個人部落格帶來不少訪客。

(三) 缺點：1. 廣告多，須付費才能移除廣告。2. 被中國防火牆封鎖。

(四) 主要收入：廣告。

圖 11-9　人氣部落格

臺灣最大部落格平臺　→　痞客邦

11-4 痞客邦部落格排行榜

一、 根據痞客邦在 2021 年 5 月的最受歡迎部落格排行榜前十名，如下表。

表 11-2 最受歡迎部落格排行榜前十名

	部落格名稱	分　類
1	波比看世界	休閒旅遊
2	小妞的生活旅程	婚姻育兒
3	1+1=3 玩學樂生活	婚姻育兒
4	莊董的生活情報讚	生活綜合
5	歐飛先生	數位生活
6	捲捲和土豆拿鐵	美食情報
7	PEKO 的簡單生活	婚姻育兒
8	水星人的怪咖時代	生活綜合
9	布咕布咕美食小天地	美食情報
10	兔兒毛毛姐妹花	婚姻育兒

二、 下圖是依據痞客邦的五大指標排名的，包括：1. 人氣力；2. 擴散力；3. 搜尋力；4. 互動力；5. 號召力。

圖 11-10 痞客邦部落格排名的五大指標

01 人氣力　　**02** 擴散力　　**03** 搜尋力　　**04** 互動力　　**05** 號召力

11-5 成功部落客的關鍵點及成為人氣部落客的方法

一、成功部落客的四個關鍵點

成功部落客應具備四個關鍵點，如下述：

1. 做自己感興趣且專長的事情，而且要有熱情維持下去。
2. 持續創作：成名的部落客，大部分仍維持一日一篇文章的量產，以保持穩定流量，也可加深對品牌印象。
3. 要有付出代價的決心：成功的部落客，一定要付出很多心力，而且長時間經營才能成功。沒有耐力及堅毅力，是不會成功的。
4. 認真專注做好一件事：成功部落客一定要找到自己擅長的領域以及獲利方式後，即可專注於此，有專注，才能聚焦，也才會領先別人，獲得成功。

圖11-11　成功部落客的四個關鍵點

二、成為人氣部落客的十種方法

綜合各個實務界多人看法，要成為一個受歡迎人氣部落客，大約可集中在下列十種方法，要點如下：

1. 文章要有自己看法及風格，形成獨特風格。
2. 文章內應多放些照片及影音內容。
3. 文章應力求簡潔有重點。
4. 文章主題及內容要吸引人觀看，要對網友有價值、有運用性。
5. 文章要經常性更新，勿偷懶。
6. 以問句為開始的標題，比較吸引讀者注意。
7. 多使用副標題。
8. 為內容增加連結，以增加文章的討論性。
9. 可增加文章的曝光度（可以把 Blog 連結到 FB 上或知名論壇）。
10. 不要隨意批評別人，如批評同學、同事、老闆或客戶。

三、部落客收入來源

部落客收入的來源，主要有：1. 廠商業配收入；2. 聯盟分潤；3. 團購；4. Google 廣告流量收入；5. 其他（演講、賣照片、雜誌稿）。

四、提升部落客流量，成為人氣部落客的四大要點

另外，根據多位知名部落客在網路上發表專文，經蒐集後，歸納如下四大要點，成為人氣部落客：

〈要點一〉訂定明確部落格目標

1. 每位部落客應了解你的讀者是誰？他們想看什麼文章？
2. 應清楚經營部落格目標。
3. 應建立權威性及網站相關性。

〈要點二〉與其他部落格做出區隔

1. 建立寫作風格。
2. 要設計好部落格。
3. 要有豐富的圖片及影音。

〈要點三〉適當的內容推播

1. 與其他部落格及論壇留言交流。
2. 與其他社群平臺同步分享公告、更新。

〈**要點四**〉導入 SEO，提升部落格流量

1. 提升自然搜尋流量。

2. 引導讀者成為忠實訂戶。

圖 11-12 **提升部落格流量成為人氣部落客的四要點**

01 訂定明確的部落格目標

02 與其他部落格做出區隔

03 適當的內容推播

04 導入 SEO，提升部落格流量

問 題 研 討

你是否常閱覽部落客訊息？主要是哪些主題、內容呢？

一、企業部落格行銷成功的四要點

企業部落格行銷要成功,應該堅持以下四要點:

1. 要找到適當且適合的有潛力部落客。
2. 要能寫出一篇能吸引消費族群點閱的推文,並引來正評。
3. 過度商業化及推銷化的感覺,應盡量避免。
4. 公司應做好「產品力」的基礎功夫,產品力不好,任何部落格行銷均枉然沒用。

圖11-13　部落客行銷成功的關鍵要點

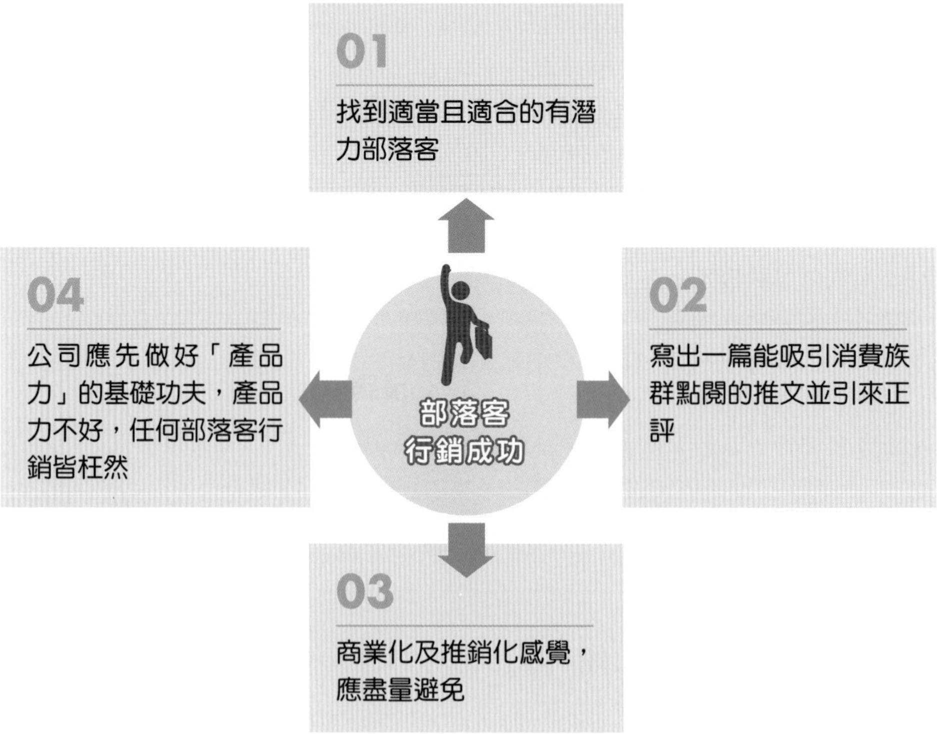

01
找到適當且適合的有潛力部落客

04
公司應先做好「產品力」的基礎功夫,產品力不好,任何部落客行銷皆枉然

部落客
行銷成功

02
寫出一篇能吸引消費族群點閱的推文並引來正評

03
商業化及推銷化感覺,應盡量避免

二、尋找部落客合作前，八項注意要點

(一) 先了解公司及產品的定位與屬性

在找部落客行銷之前，一定要先了解自己公司產品的定位與屬性，最重要的是客群定位，要先了解自己要的是哪些客群，因為這有關找的部落客所經營的族群是否符合自己要的。如果族群不對，那行銷效益就無法彰顯出來。

(二) 部落客的商業程度考量

部落客行銷是很看重個人形象與信任感的行銷方式，所以部落客本身的公信力及經營方式，都會影響到效益，如果能夠既商業化又能取得粉絲認同，那就是專家級的部落客。

(三) 部落客本身的風評

在合作之前，可以搜尋部落客的「名稱＋負評或爭議」，凡走過必留下痕跡。負評或爭議太多的部落客，盡量不用。

(四) 部落客行銷不是萬靈丹

不要期望找部落客來行銷，就要立即收到成效，要把他當作一種提升自己的網路搜尋度與能見度的一種方式，以長線來經營，比較不會患得患失。部落客文章會留在網路上被搜尋到，對品牌奠定自然有一定的幫助。

(五) 不要迷信大牌部落客，認真的部落客可優先考慮

以現在的網路生態，未必大牌的部落客就會比較吃香，最主要是要看他的撰文方式是否能夠被粉絲接受，能夠打動粉絲的內容才是最重要的。

(六) 撰文前，跟部落客溝通好內容摘要

最好將品牌想要傳達的訊息與價值跟部落客說明，列出一個摘要與方向，以闡述品牌價值理念，或產品訴求方向撰寫，另外，不要在推銷及價格上著墨太多。

(七) 把公司及產品推向軌道後，再請部落客來推文

部落客行銷屬於口碑行銷，還是要有真實的好口碑才會長久。所以應該先做好公司的「產品力」根基，等產品強大了，再找部落客來撰文會比較有效果。

(八) 給部落客應有的報酬

在合理範圍內付出報酬及給予部落客尊重與發揮空間，是非常必要的，也會有良好的合作關係。

圖11-14 尋找部落客合作前的八項注意要點

01 先了解公司及產品的定位與屬性

02 部落客的商業程度考量

03 部落客本身的風評

04 部落客行銷不是萬靈丹

05 不要迷信大牌部落客,認真的部落客可優先考慮

06 撰文前,先與部落客溝通好內容摘要

07 把公司及產品推上軌道後,再請部落客來推文

08 給部落客尊重及應有的報酬

三、部落格行銷的戰略性七步驟

企業要推展部落格行銷,其七個戰略性的步驟,如圖 11-15 所示。

圖11-15 部落格行銷戰略七步驟

01 環境分析

展開與本產品有相關的所有部落格及其發展趨勢分析與研究

02 競爭對手行銷研究

競爭對手部落格的徹底研究

03 區隔化與差異化

思考在內容及設計上,與其他對手的部落格要有所差別化

04 行銷對象(目標市場)

思考部落格的行銷對象是誰

05 定位

要思考我們自身部落格應定位在何處才能贏得定位

06 戰略及戰術計畫的研擬

接下來,繼續前述步驟之後,即應制定戰略方向及戰術執行計畫內容

07 展開執行,並分析追蹤成效如何

四、部落格行銷應注意的四要點

(一) 人氣部落格不是萬靈丹

　　人氣高、排名前面，不代表寫出來的文章一定符合廠商的脾胃，廣告主或公關公司應該挖掘其他質量好的部落格。

(二) 完整計畫不可少

　　包括雙方合作的目的、時間、方式、提供試用品是否需要歸還等。而寫稿也要講清楚到底要寫多少字、圖片要幾張、稿費如何計算。

(三) 部落格不是立竿見影的行銷工具

　　從部落格文章可以看出訂閱率跟回應，但應該是長尾效應，不代表會造成衝動消費的結果，況且現在部落格太多，效果也會跟著稀釋。

(四) 了解部落格特性

　　部落格的傳播週期短，只能影響小眾群體、廣告主或公關公司，不能當成是網路行銷唯一的方式。

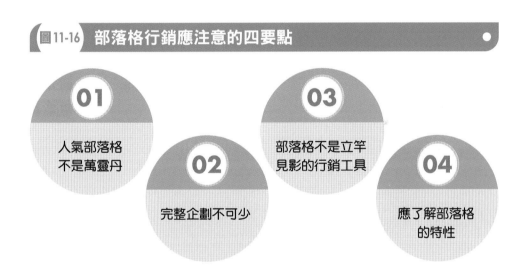

圖 11-16　部落格行銷應注意的四要點

01 人氣部落格不是萬靈丹

02 完整企劃不可少

03 部落格不是立竿見影的行銷工具

04 應了解部落格的特性

1. 請說明部落格崛起的三大原因。
2. 請列示下列的中文：
   (1) Blog
   (2) Blogger
   (3) Blog post
   (4) biz Blog
3. 請列示部落格的五大特性。
4. 請列示企業部落格的三項要求。
5. 請列示 Blog-marketing 的中文。
6. 請列示企業部落格行銷成功的四要點。
7. 請列示尋找部落客合作前，應注意哪八項要點。
8. 請列示部落格行銷應注意的四要點。
9. 請列示 P&G 公司好自在品牌尋找部落客合作的五要點。
10. 請說明部落客行銷的意義。合作二大效益為何？
11. 請列示部落客行銷成功，須注意的五大重點。
12. 請列示經營部落格的四大重點。
13. 請列示全臺最大部落格平臺是哪一個。

Chapter 12

關鍵字概述

12-1 關鍵字廣告的意義、功能及特性

12-2 關鍵字廣告成長的原因及其行銷運用原則

一、何謂關鍵字廣告 (Pay per Click, Key-Word-Advertising)

關鍵字廣告，是一種結合搜尋引擎的關鍵字搜尋以及網路廣告的廣告模式。當網路使用者在搜尋引擎上輸入搜尋字串，此時搜尋引擎會將廣告主的關鍵字廣告帶出，並顯示在搜尋引擎結果的頁面上，通常是上方或右方。

關鍵字廣告的意涵如下：

1. 關鍵字廣告即是 Search Marketing（搜尋行銷），亦是一種 Database of user intents（使用者意向的資料庫）。
2. 關鍵字廣告把有關聯性的廣告主，呈現在消費者面前。
3. 消費者可以輕鬆地找到他們所需要的資料。
4. 消費者主動到入口網站搜尋產品，網友舉手說「我要買」，廣告主還不趕快把廣告呈現出來嗎？
5. 每一個關鍵字背後都代表一個購買動機。
6. 網友的搜尋行為具備了高度的消費動機與消費意願；關鍵字廣告讓精準的目標客戶主動上門，因此成交機率大為提高。

圖 12-1 關鍵字廣告的意義

01 關鍵字廣告，即是一種搜尋行銷

02 可讓網站曝光在搜尋結果最顯著的位置

03 可以把有關聯性的廣告主，呈現在消費者面前

04 消費者可以輕鬆地找到他們所需要的資料

7. 網友輸入關鍵字 Bar 搜尋→將關聯性較高的廣告呈現在消費者面前。

8. 可讓網站曝光在搜尋結果最顯著的位置。

9. 因此,有上關鍵字廣告的搜尋,比「自然搜尋」會放在更顯著及更前面優先的位置。

10. 需求＋搜尋＝效果。

   (1) 設定關鍵字、廣告標題及內容描述。

   (2) 關鍵字廣告快速上線機制。

   (3) 網友輸入關鍵字搜尋。

   (4) 網友點選關鍵字廣告,進入廠商的網頁,點選才收費。

11. 關鍵字搜尋能夠取代專線網址。

二、最適合中小企業的網路行銷工具

關鍵字廣告是高精準行銷,把錢花在刀口上,非常適合「電子商務」及「中小企業」。而其精準性質即等於控制成本。

三、關鍵字廣告與傳統媒體廣告的比較

表 12-1 關鍵字與傳統媒體廣告比較表

項　　目	關鍵字廣告	傳統媒體(電視、雜誌)
1. 收費方式	點擊才收費	固定收費
2. 消費者特性	主動	被動
3. 目標族群	高精準	廣泛大眾
4. 目的	吸引有消費需求或想法的消費者	形象廣告或新資訊廣泛提供

四、關鍵字的行銷功能——搭橋、精準、搜尋、創意

(一) 搭橋:網路關鍵字取代 0800 專線及網址

網路關鍵字取代了 0800 專線與網址,成為消費者連繫企業的橋梁。短短的幾個字,比起一長串的數字和網址,簡單易記又令人印象深刻。當消費者被廣告訴求打動,主動上網搜尋相關資訊,企業便能透過網路行銷,立刻把消費者「網」進來。隨著網路世代來臨,消費者習慣改變,購物前,會先上網搜尋商品相關資訊。

圖 12-2 關鍵字行銷的四項功能

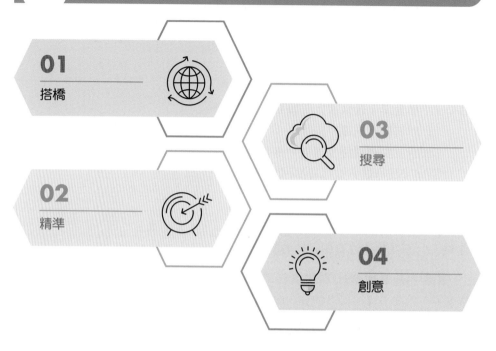

01 搭橋

02 精準

03 搜尋

04 創意

(二) 精準：能有效拉攏目標顧客群

　　主動搜尋資訊的消費者，就好像舉手呼喚能滿足其需求的業者：「我在這裡，快來提供能滿足我需求的商品。」在消費者搜尋資訊的過程中，與其需求關聯性高的企業關鍵字廣告，恰好出現在眼前，就能讓他們多一個選擇的機會。

　　對企業而言，針對這些已清楚了解自我需求、並主動搜尋資訊的消費者行銷，比起砸大錢在實際效益有限的大眾媒體打廣告，成功率更高，且能更精準地打中目標客群。網路關鍵字廣告「有人點閱才付費」的特色，也讓企業主可以更有效地掌控行銷支出；還可以隨時透過企業網站的到訪率，對照實際的業務成長量，獲知廣告效果。也因此，儘管整體廣告市場景氣低迷，網路「關鍵字廣告」卻能異軍突起，成為企業最熱門的行銷工具。

(三) 緊密貼合消費者的需求

　　廠商透過大眾媒體廣告，不斷地提醒消費者「認識品牌」，但消費者從認識品牌到實際購買，會有一段空白期，關鍵字廣告正好填補這段空缺，

讓企業的廣告傳播路線，更緊密的貼合消費者尋找品牌的路線。

例如：有心購屋的消費者，看到遠雄二代宅電視廣告後，主動上網搜尋「二代宅」關鍵字，連上企業網站後，圖文並茂的建案介紹，以及企業360度的全行銷策略，透過網路關鍵字廣告，得以一次「串」起來，傳統的媒體加入了一個新元素，讓企業行銷更加順利。新舊媒體間相輔相成、各司其職，缺一不可。

(四) 對中小企業：達到省力又有效的行銷效果

行銷預算有限的中小企業無法砸大錢在大眾媒體上打廣告，累積「特定語言」的關鍵字知名度。中小企業該如何運用一般「關鍵字廣告」，達到省力又有效的行銷效果，是一門學問。

(五) 創意：字字要打中消費者需求

中小企業使用關鍵字廣告，還須注意關鍵字的標題與簡介要很有「創意」。短短的幾個字，是否點到消費者需求，有沒有提到公司與其他同業不同的地方等。中小企業不妨一次設計兩種模式，測試哪種關鍵字廣告較能吸引消費者目光。

(六) 關鍵字廣告媒體只是輔助功能，仍要看商品及服務力

然而，對所有企業而言，關鍵字廣告有如站在門口招呼客人的服務生，使出渾身解數吸引客人入店參觀後，能不能說服消費者掏荷包消費，還是要看後端的產品和服務夠不夠好。

五、關鍵字廣告的特性

國內網路行銷專家郭冠廷 (2007) 認為，關鍵字廣告具有下列三大特性：

(一) 有點擊才有收費

傳統的網路廣告是依照廣告被顯示的次數來收費；而關鍵字廣告的收費方式，則是在使用者點擊關鍵字廣告 (Pay per Click, PPC) 時，廣告主才需要支付廣告費用。若無使用者點擊該廣告，則廣告主無須付費。這是關鍵字廣告受到廣告主歡迎的主要原因之一。例如：假設某家數位相機業者以每次點擊 10 元買下關鍵字「數位相機」，則當使用者搜尋「數位相機」，並由搜尋結果畫面點擊了該家數位相機業者的廣告，則該數位相機業者須向搜尋引擎業者支付 10 元廣告費用。（註：目前，實務上，Google 關鍵字廣告，每次點擊的價格約為 8~20 元之間。）

(二) 廣告費用由業者出價

傳統網路廣告以廣告橫幅為例，由網站業者決定在哪個位置上出現尺

寸多大的廣告橫幅,廣告主須支付多少廣告費用。有別於傳統的網路廣告,在關鍵字廣告上,使用者單次點擊該關鍵字廣告須付多少廣告費用,由廣告主出價,出價的高低將會影響該關鍵字廣告在搜尋結果頁面的排序。

(三) 根據廣告費用高低排序

如同上一點所提到,廣告主出價單次點擊廣告費用的高低,將會影響該關鍵字廣告在搜尋結果頁面的排序。例如:如果「手機」這個關鍵字,每次點擊付出 10 元的廣告排序在第二順位,某手機業者的排序要第一,則必須要出價高於 10 元。

圖 12-3　關鍵字廣告的特性

01
有點擊才有收費

02
廣告費用由業者出價

03
根據廣告費用高低排序

12-2 關鍵字廣告成長的原因及其行銷運用原則

一、關鍵字廣告已成為網路廣告市場的新要角

關鍵字廣告近年來在網路廣告市場扮演著重要角色。對於網站以及搜尋引擎業者來說，關鍵字廣告是一個非常重要而且會愈來愈重要的獲利模式。對於企業廣告主來說，關鍵字廣告是一種更能將廣告確實傳遞給有相關需求使用者的途徑。對網路使用者來說，更容易得到符合自己需求的廣告資訊。因此，關鍵字廣告可以說是一種製造網站／搜尋引擎業者、企業廣告主、網路使用者三贏的廣告模式，也難怪關鍵字廣告能夠很快達到今日的地位。

二、關鍵字廣告大幅成長的三大原因

(一) 關鍵字廣告，讓廣告費用花在刀口上

關鍵字廣告使用的情境是由使用者主動搜尋關鍵字，在搜尋結果的頁面再跑出相關廣告，這些廣告通常與使用者的意圖或需求有關聯，像是使用者主動找需求（廣告），廣告主主動給需求（廣告）的模式，大幅提升了廣告的點擊率。

(二) 關鍵字廣告，讓廣告主更願意在網路上做廣告

關鍵字廣告的點擊率高達 5% 以上。比起傳統的橫幅廣告點擊率不到0.1%，其效果更能獲得廣告主的信任。加上關鍵字廣告的付費方式是網路使用者有點擊，廣告主才需付費，會讓廣告主更願意投入。

(三) 中小企業及微型企業投入

傳統的電子或平面廣告費用昂貴，大部分的中小企業、微型企業無法負擔。而關鍵字廣告門檻很低，只要 900~2,000 元就可在網路上刊登廣告，很受到想要推銷自己卻無法負擔巨額經費的廣告主歡迎。因此，對網路廣告來說，關鍵字廣告的收費方式可說是另闢了一塊新的網路廣告市場。

三、企業主運用「關鍵字行銷」的五大要訣

不論是先前匯豐銀行的「3 倍，加薪」、賣房子遠雄的「二代宅」、或是中華電信 MOD 的「超完美管家」；短短幾個關鍵字，2007 年創造出將近 16 億的廣告市場規模。簡單說，關鍵字廣告是一種「守株待兔」的模式，當消費者透過關鍵字去尋找需要的資訊時，相關的廣告便會主動跳出來，而且是在消費者點擊

圖 12-4 關鍵字廣告大幅成長的三大原因

01 關鍵字廣告，讓廣告費用花在刀口上

02 關鍵字廣告，讓廣告主更願意在網路上做廣告

03 中小企業及微型企業的投入

廣告時才要付費。關鍵字廣告的出現，彌補了中小企業主經費少、卻需要更精準行銷的機會。究竟企業主該如何運用關鍵字行銷，才能創造新的行銷機會呢？

(一) 產品力 (產品獨特性)

即便是關鍵字廣告幫助你找到客戶，但是你的服務和產品還是要很厲害，才能讓客人有意願持續找上門。同時，產品的獨特性，也可以成為利基點，比方說，「買一送三」就是一個很強的價格優勢。

(二) 化繁為簡，訊息簡單

正因消費者的記憶通常都很短暫，一旦在資訊量過多的情況下，只有使用簡單的關鍵字，才能讓消費者容易記得，而且可以快速了解。「單純直接」(Simple and Direct)，就是關鍵。關鍵字就是要精準地傳達訊息，而且要讓消費者只記得一個概念就好。

(三) 了解你的消費族群，選擇適合的關鍵字

例如：你是一家賣鮮花的店家，因此在關鍵字的設定上，就應該排除假花、人造花、花園之類的關鍵字，避免吸引到一些不對的消費族群。關鍵字行銷本身並不是像資訊展的「辣妹行銷」，吸引一大堆人來、花了不少行銷預算之後，最後還無法確認效果。

(四) 選擇關鍵字時，一定要搭配節慶、時節與流行話題

比方說，聖誕節快到了，相關搜尋的關鍵字就會增加。如果企業主的產品也能順勢推出聖誕相關產品的話，相對地被消費者看中的機會也會增加。

(五) 懂得運用搜尋行銷分析與精準行銷

如果你是一家賣靴子的公司，以往因為不了解市場需求而生產錯誤的

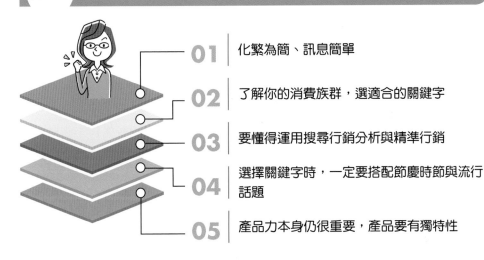

圖 12-5 企業主運用關鍵字行銷的五大要訣

01 化繁為簡、訊息簡單

02 了解你的消費族群,選適合的關鍵字

03 要懂得運用搜尋行銷分析與精準行銷

04 選擇關鍵字時,一定要搭配節慶時節與流行話題

05 產品力本身仍很重要,產品要有獨特性

產品,進而造成損失;但是,現在可以透過關鍵字,從消費者搜尋的數量上,了解市場的需求所在,同時找出未來產品的定位。例如:當你發現搜尋短靴的人多於長靴,就知道準備生產的款式該如何符合市場需求。面對一個 360 度整合行銷的時代,相信採行「早做比晚做好」的態度,來面對推陳出新的行銷工具,會是行銷策略中重要的一環。

四、企業善用關鍵字廣告的四大原則

(一) 目標客群的定位

企業要投入關鍵字廣告,首先要先了解自己的產品客群在哪,才能更精確地做好關鍵字的選擇。以販售衝浪板的企業為例,可以選定客群為「喜歡衝浪的玩家」,如此便可選定「衝浪板」或是可以衝浪的景點,例如「墾丁」,或是衝浪的名人「杜克卡哈那莫庫」(Duke Kahanamoku) 等,以目標客群有可能搜尋的關鍵字作為選擇的考量。

(二) 熱門關鍵字的善用

善加利用熱門關鍵字也是一個很好的關鍵字廣告策略。例如:臺灣旅美棒球明星「王建民」,每當在美國大聯盟球季進行中,「王建民」就為熱門搜尋的關鍵字。與棒球相關產業只要資金足夠,就可以去競標該關鍵字的廣告順位,藉由熱門關鍵字快速達到廣告效果。

(三) 尋找冷門關鍵字

企業也可以找一些冷門關鍵字,有時候也可以達到低廣告費用、高點

擊率的效果。例如：選擇一些相關品牌或產品型號為關鍵字，因為當使用者輸入這些關鍵字，代表其對於該品牌或是該產品已有一定程度的好奇或需求，所以點擊率會更高。

(四) 考量企業自身所要達到的廣告效果

企業投入關鍵字廣告時，也必須注意到的是，企業本身所想要達到的廣告效果是什麼，依此再去決定使用關鍵字廣告的策略。一般來說，企業投入關鍵字廣告所想要達到的廣告效果有三種：

1. 品牌的宣傳：有的企業並不是真的需要使用者去點擊該廣告，而只是希望品牌的曝光率提高，讓人對這個品牌留下印象，以此為目的時，就必須注意所選擇關鍵字的瀏覽次數，也就是該關鍵字被搜尋的次數。例如：搜尋關鍵字「手機」，第一位的關鍵字廣告就是品牌的宣傳。

2. 廣告頁面的傳遞：有些企業所需要的不只是品牌宣傳，而是希望網路使用者去點擊該廣告。以此為目的時，就必須注意所選擇之關鍵字的點擊率。像是舉辦活動的廣告，就需要使用者進到活動頁面。

3. 產品的成交：大部分企業投入廣告的最終目的是要產品成交，以此為目的時，就必須注意所選擇之關鍵字的成交轉換率。

圖 12-6 企業善用關鍵字廣告的四大原則

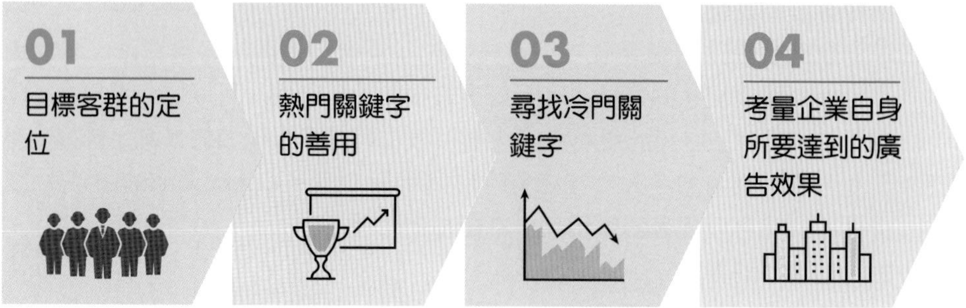

01 目標客群的定位

02 熱門關鍵字的善用

03 尋找冷門關鍵字

04 考量企業自身所要達到的廣告效果

問題研討

1. 請說明關鍵字的意義為何。
2. 請說明關鍵字的行銷功能有哪些。
3. 請說明關鍵字廣告的三大特性。
4. 請說明關鍵字廣告大幅成長的三大原因。
5. 請說明關鍵字企業主運用關鍵字行銷的五大要訣。

實用好書推薦

圖解Google SEO內容行銷有撇步！
突破非理工思維經營SEO關鍵字的瓶頸

✓ 學習 SEO 關鍵字排名的最佳前導指引
✓ 如何佈局才能讓有需要的搜尋者看見並且點入？
✓ 怎麼經營出源源不絕的流量？
✓ 以最輕鬆的口吻傳遞專業知識，讀者回饋：「有
　夠白話的！」
✓ 透過實務經驗、提供策略與操作方式，帶你了解
　演算法全貌
【專為非理工思路撰寫的 SEO 關鍵字內容經營，
簡單易讀】

Chapter 13

其他專題

13-1 新竹巨城購物中心：百貨業最強社群的四大經營心法

13-2 App 概述

13-3 「抖音」社群媒體概述

13-4 Dcard：打造最懂 400 萬年輕人的社群媒體

13-5 二大便利商店經營 LINE 群組，深耕熟客圈

13-6 手機 LINE 內容、功能、廣告類型與收費模式

13-7 線上訂閱制度成功，達成網紅、粉絲、平臺三贏模式

13-8 聽經濟 Podcast 大調查結果分析

13-9 聲音經濟報告摘要（Podcast）

13-1 新竹巨城購物中心：百貨業最強社群的四大經營心法

一、新竹遠東巨城 2021 年以 133 億營收，站穩臺灣百貨與購物商場中排名第七。巨城除了竹科驚人的消費力，加上每年調整 1/4 櫃位，讓新竹人來不膩；另一個不為人知的祕密武器，就是臉書粉專的神助攻。

二、遠東巨城臉書粉絲團目前擁有 65 萬粉絲，打敗國內 145 家百貨及購物中心。2020 年底，在臉書數據分析平臺「Fanpage Karma」分析成效，巨城粉專的廣告價值高達 9,500 萬元。

三、遠東巨城社群小組黏住粉絲的四大心法

〈心法一〉客家人擔任小編，體現在地化！

遠東巨城社群小組有 4 人，2 男 2 女，平均年紀 30~35 歲之間，全部都是新竹在地的十足客家人。新竹客家人多，小編會不時夾雜客家話發文，像是「憨切」（客語：哇塞）、「大夫特夫」（客語：大吃特吃），以貼近在地民眾。

以去年巨城業績成長 8% 的發文為例，小編沒有自誇「巨城好棒棒」，而是歸功「我大新竹鄉親威猛」。小編表示用字一定要讓粉絲有參與感。

〈心法二〉優惠要自己先挑過

巨城原來粉專發出的每則優惠或商品文，都是小編群精挑細選及重製而來的。尤其優惠一定要小編們自己挑過，要自己覺得划算，才能發布。

另外，小編們盡量不使用廠商提供的照片，而是自己拿手機拍，以減少美化或修圖痕跡，讓粉絲感覺商品不會和照片有落差，建立對小編們的信任。

此外，巨城小編們自我要求要寫出「5 秒就能讀完的文案」及「5 秒就能搞懂的哏」，對他們來說，能短的絕對不要長，太多訴求反而會模糊焦點。

怕太多訊息干擾粉絲，巨城小編們一天只發 3~4 次文，發完都緊盯粉絲反應，半小時內只要每分鐘未達 20 個互動數，毫不考慮就刪文。

〈心法三〉成為萬事通及許願池

巨城小編們隨時會留意時事，尤其與粉絲切身相關的在地訊息，趁話題正熱時與粉絲分享，如同生活資訊站。粉絲會認為，你能提供他第一手消息，就會把你當萬事通。

巨城粉專還會製造讓粉絲許願的機會。舉凡賣場樓層改裝，或櫃位調整之前，都會發文讓粉絲許願。小編們非常看重粉絲的願望，只要粉絲許願，想要哪個新櫃位，哪間新餐廳進駐，小編們馬上提供給營業部同事，當作引進新櫃位的參考。

另外，要是收到粉絲們抱怨，小編群更是立刻轉給相關單位，並即時私訊粉絲處理進度，讓粉絲充分感受自己的聲音被傾聽及被重視。

〈心法四〉導流會員，精準行銷

在發展會員 App 後，巨城小編改把粉絲導往 App，鼓勵他們註冊會員，只要在粉專發文宣傳會員 App 活動，當天 App 的會員就會明顯增加；一旦粉絲變成會員，巨城數據的完整度會更高。只要使用 App，小編們就能根據蒐集到的消費行為，提供更符合粉絲的精準行銷，更有利於創造金流。

在地、真實、親近、依賴，正是遠東巨城社群小組得以成功的原因。

圖 13-1　新竹遠東巨城最強社群的四大經營心法

客家人擔任
小編，體現
在地化

01

02　優惠自己先
挑過

導流會員
App，　精
準行銷

04

03

成為粉絲們
的萬事通及
許願池

一、App 到底是什麼

App 是「Application」的縮寫，意即「應用程式」、「應用軟體」。

二、App 是最近才有的嗎？

近五年來，App 這個字開始出現在我們的生活中，原因是智慧型手機的普及化，如同二十年前，電腦開始普及一般。但電腦中的各種軟體廣義而言也是 App。當你有了一臺電腦，無論等級高低、效能好壞，你都將追求使用好的軟體，讓電腦硬體的存在產生價值，智慧型手機也是如此。但目前世界上大家所說的 App 這三個英文字母簡稱，泛指的是智慧型手機內的應用程式。

三、任何智慧型手機都可以使用 App 嗎？

廣義來說，是的。目前市場所定義的「智慧型手機」皆可使用 App。

四、現在的智慧型手機「作業系統」又有哪些？

目前最有潛力的三巨頭：

(一) Apple：「iOS 作業系統」27%（iphone 專屬）。

(二) Google：「Android 作業系統」42%（多廠合占）。

(三) Microsoft：「Windows Mobile 作業系統」5.7%（多廠合占）。

五、App 去哪找？

各作業系統均有屬於自己獨立的 App 平臺，第三方軟體業者將 App 完成後，就會把 App 放至其專屬平臺販售。

(一) iOS (Apple)：銷售平臺為「App Store」。

(二) Android (Google)：銷售平臺為「Google Play 商店」。

(三) Windows Mobile (Microsoft)：銷售平臺為「Windows Store」。

六、App 製作該不該？

品牌應該先釐清行銷目的，接著思考如果不用 App 是否能達到行銷目的？並非每一個品牌都適合 App。

七、App 的製作成本

製作成本取決於 App 功能的複雜度。基本款的 App 成本約新臺幣數十萬元，而功能複雜的 App 甚至開價上百萬到上千萬元。

八、App 製作找誰？

代理商善於替客戶掌握行銷傳播策略，而真正擁有 App 製作技術的是行動行銷服務公司。有些品牌製作 App 時，會自行找行動媒體服務公司。不過，最好還是透過廣告代理，整合行銷傳播策略製作出來的 App，比較能符合品牌精神與行銷目的。

九、App 的製作流程

(一) 企劃專案：設定行銷目標、計算製作成本等。
(二) 規劃架構：發想 App 內容，設想品牌與消費者互動情境。
(三) 委外製作：找尋專業的合作團隊，才能事半功倍。
(四) 產品上架：注意每一個 App 作業系統的規定，才能讓品牌 App 順利上市。
(五) 程式維護：定期維護程式，並更新內容和功能。

十、App 的效益評估

App 下載人次、每天使用者人數、更新次數，還有網友評鑑等資訊，都可以評估一個 App 是否成功受到消費者喜愛。

十一、行動 App 的四種功能

行動 App 已非常普及與下載應用，目前企業端提供的行動 App，其主要功能如下：

(一) 方便顧客查詢企業端的相關產品及服務的線上資料。
(二) 方便顧客對企業端所提供產品及服務的預訂及正式下訂單，以創造企業端業績。
(三) 有助推廣提升企業端的品牌形象及鞏固忠誠度。
(四) 可提供顧客額外加值服務（例如：紅利積點）。

總結：行動 App 提供了顧客的各種方便性、快速性、24 小時、簡易性，增加顧客對企業端及品牌端的黏著度。

圖 13-2 行動 App 的五種功能

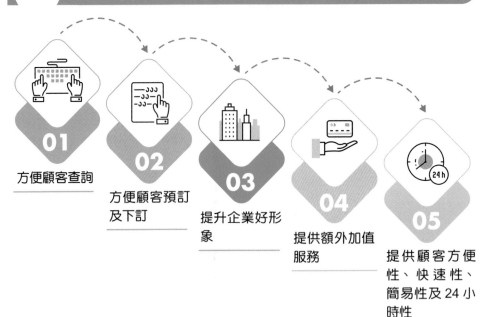

01 方便顧客查詢

02 方便顧客預訂及下訂

03 提升企業好形象

04 提供額外加值服務

05 提供顧客方便性、快速性、簡易性及 24 小時性

十二、衡量 App 效益的 KPI 有哪些

衡量每一支 App 的 KPI（關鍵績效指標），主要有五種。

（一）App 下載數：就是已經有多少人下載過你公司的 App。

（二）活躍用戶數

1. DAU (Daily Active User)：即每天活躍用戶數有多少，亦即每天有多少開啟及使用你的 App 裡面的項目。

2. MAU (Monthly Active User)：即每月累計活躍用戶數有多少。

3. DAU（每天登入時數）：即每天 App 被使用頻率，及被使用時間高不高、多不多。

4. 用戶存留率：係指多少用戶在下載 App 之後，很長一段時間沒有把此 App 刪除掉，而仍留著以備使用。

5. 用戶流失率：即指多少用戶在下載之後，在很快的時間內，因未使用而又把它終止刪除，此稱 App 的流失。顯示此支 App 對他們而言，是不需要的、設計不好的或功能不大的，才會把 App 從手機畫面上刪除掉。

圖 13-3　衡量 App 效益的 KPI 指標

01 App 下載數

02 App 活躍用戶數 (DAU、MAU)

03 DAU 每天登入時數

04 App 用戶存留率

05 App 用戶流失率

十三、App 優良設計須注意的八大要點

　　App 設計格局及細節很重要。設計得好，會員才會經常使用；設計不好，就會被刪除掉。故 App 優良設計，應注意八項要點：

(一) 功能應從簡單到齊全完整性。

(二) App 畫面架構要清晰、扼要、不複雜。

(三) App 介面及頁面使用與瀏覽要很方便、容易、簡單、快速。

(四) 圖片及文字要適當搭配，要能吸引人觀看。

(五) 視覺及色系具有獨特性。

(六) 對消費者或會員要有留存、留用的價值感。

(七) 應定期提供一些優惠、好康、促銷措施，吸引消費者上 App 查看。

(八) 提供一些好玩的遊戲吸引消費者上來玩。

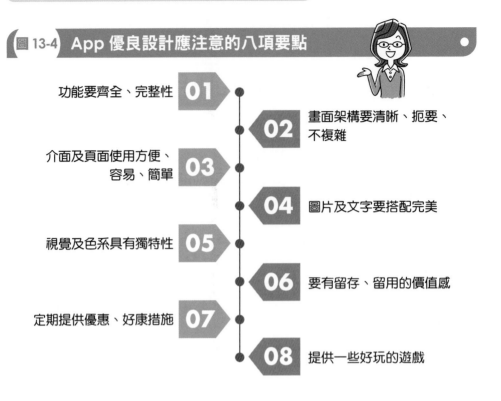

圖 13-4　App 優良設計應注意的八項要點

01　功能要齊全、完整性

02　畫面架構要清晰、扼要、不複雜

03　介面及頁面使用方便、容易、簡單

04　圖片及文字要搭配完美

05　視覺及色系具有獨特性

06　要有留存、留用的價值感

07　定期提供優惠、好康措施

08　提供一些好玩的遊戲

十四、行動 App 企業案例

〈案例一〉麥當勞報報 App

　　麥當勞報報的 App 功能，包括：

　　1. 可知道當天天氣。

　　2. 有專屬好康優惠券。

　　3. 點點卡點數可隨時查。

　　4. 麥當勞早起鈴聲。

　　5. 餐廳滿意度調查。

〈案例二〉王品瘋美食 App

　　1. 王品瘋美食 App 投入 2 億元，升級為第二代 App 功能，並把流程簡化。

　　2. 九個月內狂吸 100 萬 App 會員，創下餐飲業 App 會員最快成長紀錄，也是全臺最大餐廳會員平臺。

　　3. 透過 App 消費，會員可享 3% 點數回饋，再加上八家銀行合作提供 2%~4% 回饋點數，最高可獲得 7% 點數回饋。

　　4. 旗下 21 個品牌及 275 家餐廳都能使用。

5. 使用 App 點數消費紀錄已超過 70 萬單。

十五、**2020 年精選熱門免費 App 排行榜**

根據 App store 的數據資料，在 2020 年度中，全臺最熱門的前 20 名免費 App 下載量排行榜，如表 13-1。前 20 名免費 App，均與社群軟體及日常生活有相關。

表 13-1　全臺最熱門的免費 App 下載量排行榜

1	全民健保行動快易通：健康存摺	11	Instagram (IG)
2	foodpanda（美食及生鮮雜貨快送）	12	Uber Eats
3	LINE	13	Gmail
4	YouTube	14	全聯支付
5	藝 fun 券	15	YouTube Music
6	OPEN POINT	16	EZ Way
7	蝦皮購物	17	Google
8	Facebook (FB)	18	Telegram Messenger
9	Messenger	19	Mixer Box
10	Google 地圖	20	TikTok

問題研討

上面所提到的 App，你是否常點擊瀏覽呢？除了這些，你還有下載哪些 App ？

_____

_____

_____

_____

13-3 「抖音」社群媒體概述

一、抖音簡介

(一)「抖音」全稱為「抖音短視頻」，是一款可在智慧型手機上瀏覽的短影音社交應用程式，由中國北京字節跳動公司所營運。使用戶可錄製 15 秒 ~1 分鐘或者更長的片段，也能上傳影片、照片等。用戶亦可對其他用戶的影片進行留言。

(二) 自 2016 年 9 月上線以來，定位為適合中國年輕人的音樂短影音社區，應用為垂直音樂的 UGC 短影片，2017 年以來，獲得用戶規模快速增長。

(三) 此外，抖音短視頻還有一個姊妹版 TikTok 在海外發行，TikTok 曾在美國市場的 App 下載和安裝量躍居第一位，並在日本、泰國、印尼、德國、法國及俄羅斯等地，多次登上當地 App Store 及 Google Play 總榜的首位。另據 2020 年 5 月分的最新版數據顯示，「抖音短視頻」以及海外版「TikTok」的 App 總下載次數已突破 20 億次。

二、抖音歷史

(一) 2016 年 9 月，抖音短視頻正式上線。

(二) 2017 年 9 月 2 日，據抖音產品負責人表示，85% 的抖音用戶多在 24 歲以下，主力達人及用戶基本都是 1995 後，甚至是 2000 後。截至 2018 年 10 月，該應用程式已被 150 多個國家的超過 8 億全球用戶下載。

(三) 2017 年 12 月 22 日，抖音透過新上線的「尬舞機」功能，成為中國 App Store 免費第一名。

圖 13-5　抖音的應用

抖音　→　手機上瀏覽的短影音、短片及直播社群平臺

(四) 2018 年 1 月 25 日，抖音上線「看見音樂計畫」，挖掘並扶持中國的原創、獨立音樂人。

(五) 2018 年 3 月 19 日，抖音確定新標語「記錄美好生活」。

(六) 2018 年 5 月 8 日，字節跳動公司執行長稱 2018 年第一季，抖音在蘋果 App Store 下載量達 4,580 萬次，超越 Facebook、YouTube、Instagram 等，成為全球下載量最高的蘋果手機應用程式。

三、用戶技巧

用戶登入之後，可以依據自己的喜好，搜尋相關感興趣的影片，也可以在上面分享生活，但要注意隱私及服裝儀容。

四、網友回響

也有許多網友將海底撈火鍋、奶茶等各種新鮮吃法，上傳到抖音平臺，這些影片一經發布，便開始在網上流傳。而平臺上推薦的一些有趣且實用的生活技巧、生活方式以及生活用具，都漸漸走紅。

由於抖音短視頻一開始是以音樂為核心的短影音社交軟體，所以很多歌曲在中國而走紅。此外，抖音也成為了造型平臺，有許多抖音用戶在發布影片後，成為網紅。

五、TikTok（海外版抖音）

(一) 2017 年 5 月，字節跳動公司推出抖音國際版品牌：TikTok，投資上億美金進入海外市場，TikTok 是指時鐘滴答的聲音。

(二) 2017 年 11 月，該公司以 10 億美元併購同類產品 Musical.ly，建立一個更大的影片社群。另外，TikTok 成為日本 App Store 免費榜第一名。

(三) 2018 年 1 月 24 日，TikTok 成為泰國當地 App Store 排行榜第一名。

(四) 2018 年 10 月，TikTok 成為美國月度下載量及安裝量最高的應用程式，在美國已被下載 8,000 萬次，全球已下載 8 億次。

六、流行文化

許多在抖音發展不錯的用戶或團隊，也紛紛開設 TikTok 帳號，開拓面向境外使用者的傳播管道；如同 YouTube 上的 YouTuber 一樣，一些把 TikTok 拍得很好的用戶，也衍生出 TikTokr 這一類的人。

七、用戶數

2020 年 7 月 16 日，抖音全球每月活躍用戶數突破 5 億，在中國則每日活躍

用戶達 1.5 億。它在 2018 年上半年成為蘋果 App Store 下載量最多的 App，超過 YouTube、Whatsapp 及 Instagram。

圖 13-6 抖音用戶人數

抖音
(TikTok)

· 全球每日活躍用戶數突破 5 億
· 中國每日活躍用戶達 1.5 億

13-4 Dcard：打造最懂 400 萬年輕人的社群媒體

一、 林裕欽創辦的 Dcard 是臺灣年輕人交友社群的第一把交椅，也是備受矚目的臺灣原生社群網站。

二、 2011 年時的 Dcard 還只是僅供臺大學生在網路「抽卡」交友的社群平臺，當時 19 歲的臺大資管系二年級學生林裕欽壓根沒想到，10 年後自己一手創辦的 Dcard，會茁壯成為每個月產出萬篇貼文、不重複訪客高達 1,500 萬、網頁瀏覽次數超過 15 億次的臺灣第十四大網站。

三、 美國《富比士》榜單上，描述 Dcard 是「臺灣年輕族群最有影響力的社群平臺」。確實，這個擁有累計 400 萬大學生及年輕人為主力用戶的臺灣原生社群網站，手握著足以影響年輕人的話語權。

四、 2011 年，林裕欽還在就讀臺大資管系二年級，他和夥伴有感於許多大學生因生活圈的限制，無法拓展交友圈，因此發想以網路上「抽卡」的模式，來結交新朋友，「D」即代表「Destiny」（命運）。雖然隨機抽卡，但必須待雙方都同意，才能成為朋友，一旦錯過，機會不再。

五、 如今的 Dcard，積極走出大學生同溫層，開放讓非學生者以身分證註冊，歡迎更多年齡層一起交流。如今，Dcard 已成為大學生及年輕人表達對生活、社會議題、校園議題或工作上的意見發表及討論的社群平臺。

六、 Dcard 目前尚未損益平衡，其主要營收來源仍是廣告收入，該創辦人表示，未來將積極邀聘廣告業務人才，開拓廣告收入，以達到損益平衡並開始獲利。此外，亦將研究開拓其他收入來源的可能性，以增加多元化收入來源。未來五年，將評估走入證券市場申請興櫃及上市櫃的願景目標。

圖 13-7 Dcard 的應用

Dcard ➡ 打造最懂 400 萬年輕人的社群媒體

13-5 二大便利商店經營 LINE 群組，深耕熟客圈

一、統一超商 (7-11)

(一) 經營會員是精準行銷的不二法門，對超商而言，加入門市 LINE 群組的熟客，屬於黏著度高的精準會員，針對該社區、該商圈的需求投其所好，就會帶動業績。

(二) 自 2016 年起，門市開始經營 LINE 群組的 7-11，至今超過九成以上的門市均有專屬的熟客生態圈，目前成員已超過百萬人。門市 LINE 群組主要為預購與團購商品、新品、集點商品以及優惠活動等訊息發送。像是疫情爆發初期，口罩、酒精等販售時間，門市都會於 LINE 群組宣布與提醒。另外，成串衛生紙及箱裝飲料、零食等推出優惠時，也會透過門市 LINE 群組宣傳。

(三) 7-11 門市 LINE 群組以全店集點商品、肖像聯名商品、門市預購或團購商品等最受青睞。在年菜、母親節、端午節、中秋節等預購檔期，LINE 群組皆能帶動單店預購業績成長約二成。

二、全家便利商店

(一) 全家便利商店有超過 3,000 個門市店在經營門市 LINE 社群。全家更針對 LINE 社群推出「全＋1 行動購」平臺，將 LINE 帳號加入好友，再綁定全家便利商店會員，再加入鄰近門市 LINE 群組團購商品後，就可以透過「全＋1 行動購」管理個人在不同門市的下單狀況，以 My Fami Pay 線上支付，並將會員集點、發票存入，一次搞定。

(二) 全家門市 LINE 群組熱銷商品因商圈而異。辦公商圈以冷凍甜點、零食類的反應最熱烈；而住宅型商圈則以冷凍家常菜或半成品最熱銷。此外，像是與森永聯名推出的森永牛奶糖捲蛋糕及森永牛奶糖泡芙，也都是 LINE 群組限定，一般實體門市不會陳列的熱銷夯品。

13-6 手機 LINE 內容、功能、廣告類型與收費模式

一、LINE 主要內容及功能

LINE 手機上的主要內容操作，如下十五大項：

1. LINE TODAY：隨點隨看，生活快充。

　　最即時的新聞、影音、運動賽事和娛樂內容直播，讓你話題永不斷線，LINE TODAY 陪伴你的每一天。

2. LINE 貼文串：探索樂趣，分享生活。

　　在貼文串追蹤你最愛，有感內容不錯過。打造你的個人閱知頻道，探索生活大小事。分享所見所聞，串連人際、啟發創意的無限可能。

3. LINE Pay：付款、轉帳、生活繳費，輕鬆簡單又便利。

　　付款簡單又便利，還能輕鬆轉帳給 LINE 好友，動動手指輕鬆完成日常生活各種帳單繳費，免出門省時又省力。

4. LINE 購物：先 LINE 購物再購物。

　　涵蓋各大購物、拍賣、精品、通路、旅遊及票券商店，輕鬆貨比500 家，一站比價 3 千萬筆商品，再享 LINE POINTS 回饋賺不停。

5. LINE TV：共享追劇生活。

　　和朋友一起追劇，不錯過最新、最熱門、最潮的話題大劇，即時分享娛樂影音，展開精彩生活故事，LINE TV 是你的追劇第一選擇。

6. 聊天、語音通話、視訊通話：能夠和好友一對一或多人群組訊息聊天，或是進行語音、視訊通話。

7. 貼圖、表情貼、主題：使用有趣的貼圖或表情貼豐富聊天，也能更換超讚的主題來表達自己。

8. 主頁：可以快速連結 LINE 的各種服務，包含貼圖等多樣的內容資訊。

9. 社群：輕鬆分享共同興趣、開心聊出好麻吉。

10. LINE 官方帳號：輕鬆貼近好友，經營良好關係。

11. LINE POINTS：完成任務快速集點，利用超夯點數，提升活動參與度。

12. LINE 旅遊：排行程、找景點、機票住宿比價，一站俱全。

13. LINE 熱點：查找店家和優惠，串連生活便利工具的小幫手。

14. LINE Taxi：用科技改變你的交通方式，無須下載 App，用 LINE 即可預

約計程車的叫車服務。

15. LINE Music：全方位音樂服務，不只聽音樂、換鈴聲，還能練唱！

圖 13-8　手機 LINE 的主要十五項內容功能

01 LINE TODAY	**09** LINE 社群
02 LINE 貼文串	**10** LINE 官方帳號
03 LINE Pay	**11** LINE POINTS 紅利點數
04 LINE 購物	**12** LINE 旅遊
05 LINE TV	**13** LINE 熱點
06 LINE 聊天、語音通話、視訊通話	**14** LINE Taxi
07 LINE 貼圖	**15** LINE 音樂
08 LINE 主頁	

二、LINE 廣告投放的四大優勢

LINE 在臺灣除了用戶數量很多的優點之外，還有以下四大優勢，造就了 LINE 廣告優質的轉換成效。

(一) **使用者黏著度高**：LINE 的每月活躍用戶數高達 2,100 萬人，且使用者的黏著度很高，除了是多數用戶主要的社群媒體工具之外，LINE 還有追劇、線上購物及閱讀新聞等生活功能，讓用戶養成高度依賴的使用習慣，也同時提高廣告曝光率。

(二) **年齡層分布平均**：LINE 的使用者年齡分布很平均，廣告能夠觸及的年齡層很廣，品牌可以更靈活地規劃廣告策略，為每個商品或服務抓到目標客群，達成精準行銷的目標。

(三) **多種廣告類型選擇**：LINE 提供廣告客製化的服務，素材不僅限於圖片，也能以影片的方式呈現，讓廣告的互動性更高，與使用者建立緊密的連結。此外，根據廣告的訴求不同，也可以選擇投放不同類型的廣告。例如：貼文廣告、橫幅廣告及 LINE 加好友廣告等。

(四) **LINE Ads Platform 後臺操作簡單**：LINE Ads Platform 是企業投放及管理廣告的操作平臺，彙整 LINE TODAY、LINE 貼文及 LINE POINTS 任務牆等廣告流量，方便企業進行成效追蹤，還能針對消費者屬性預估廣告成效，讓企業輕鬆投放廣告。

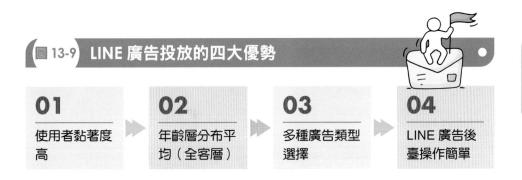

圖 13-9 LINE 廣告投放的四大優勢

01 使用者黏著度高

02 年齡層分布平均（全客層）

03 多種廣告類型選擇

04 LINE 廣告後臺操作簡單

三、LINE 四大廣告版位介紹

(一) **Smart Channel 廣告**：Smart Channel 廣告位於 LINE 聊天頁面的第一排，打開 LINE App 時，第一眼就會看到，是最吸睛的廣告位置，但版位相對來說比較小，只能顯示一句標題和小縮圖，標題的文案力度是吸引點擊的關鍵。

(二) **LINE 貼文串廣告**：LINE 貼文串是使用者分享近況的地方，在了解好友近況的同時，LINE 也會透過廣告分享你可能感興趣的內容，這個版位的廣告適合用影片呈現，除了可以新增點擊按鈕之外，點擊影片還能連結外部網站或是下載 App。

(三) **LINE TODAY 廣告**：LINE TODAY 是很多人關注新聞時事的主要平臺，焦點新聞網頁每天大約有 4,000 萬的流量，可以創造大量的廣告曝光，製作廣告時圖片、影片或是 GIF 等素材，都可以使用。此外，LINE TODAY 也有

很多運動賽事轉播的服務，點擊轉播連結時，片頭播放的廣告影片也能創造可觀的瀏覽數。

(四) LINE POINTS 廣告：LINE POINTS 是現在最受歡迎的獎勵型虛擬貨幣，一點 LINE POINTS 的價值等於 1 元，且全臺有 10 萬家以上的線上及線下商家，都可以使用 LINE POINTS 消費，而企業可以透過 LINE POINTS 的獎勵制度，舉辦各式活動，鼓勵消費者下載 App、點擊廣告、加入 LINE 好友等，增加品牌的曝光量，進而達成轉換的目標。

圖 13-10 LINE 四大廣告版位

Smart Channel	LINE 貼文串	LINE TODAY	LINE POINTS
01	02	03	04

四、LINE 廣告的投放種類

(一) LINE 成效型廣告 LAP (LINE Ads Platform)：適合中小型企業的 LINE 廣告購買，運用競價 LINE 廣告版位，投放 LINE 廣告給精準受眾，以達到最大成效。

1. LAP 的特色：

    (1) 自主操作：預算控制、廣告對象和廣告素材，都可以隨時調整優化，而且沒有門檻金額。

    (2) 精準投放：提供 LINE 用戶的性別、年齡、地區、興趣、購物行為和官方帳號、好友等資訊。

    (3) 原生廣告：廣告的圖片、影片格式無違和的融合 LINE 平臺，讓使用者擁有更佳的閱覽經驗。

    (4) 成效優化：安裝成效追蹤工具，取得分析報表。

2. LAP 的 LINE 廣告版位。

    (1) LINE 貼文串廣告。

    (2) LINE TODAY 新聞廣告。

(3) LINE POINTS 錢包頁廣告。

(4) Smart Channel 聊天頁上方廣告。

3. LINE 成效型廣告的收費標準：成效型廣告以點擊計費 CPC 為主，另有曝光計費 CPM 和加好友計費 CPF 三種收費模式。

(二) LINE 好友廣告

LINE@ 生活圈／官方帳號就像粉絲團，讓客戶加入社群互動，官方帳號沒有限制好友的人數，可以廣播訊息，也可以一對一互動，甚至可以發送特定指令（預約、優惠等）。

LINE 好友廣告的收費標準：利用成效型廣告 LAP 投放廣告，以增加好友次數付費 (CPF)。

(三) LINE TV 片頭影音廣告

在免費的 LINE TV 片頭放送影音廣告，可針對特定頻道和特定收視族群，選擇在各個播放裝置 (PC、iOS 和 Android) 放送 LINE 廣告。

LINE 影音廣告的收費標準：

1. 點擊影音廣告的「行動呼籲」進入廣告主指定的網頁。

2. 60 秒以內的可略過廣告，依 CPM 計價。

3. 30 秒以內的不可略過廣告，依 CPM 計價，LINE 用戶必須觀看完影音廣告後，才能收看 LINE TV。

圖 13-11　LINE 廣告投放三種類

01　LINE 成效型廣告

02　LINE 好友廣告

03　LINE TV 片頭影音廣告

五、三種主要 LINE 廣告收費模式

(一) 每次點擊價格 CPC (Cost Per Click)

採實時競價 RTB (Real Time Bidding)，廣告主只需要為每一個潛在客戶點擊流量而支付 LINE 廣告費用，用戶點擊後，有效地將用戶和流量導入指定網站。

(二) 每千次曝光價格 CPM (Cost Per 1,000 Impressions)

優點是可以快速大量的觸及新的潛在客戶，每千次曝光價格同樣採用實時競價，廣告主只需要為曝光觸及網友的宣傳次數而支付 LINE 廣告費用。曝光計價可確保只有在使用者看到廣告時，才需要付費。

(三) 每次加好友價格 CPF (Cost Per Friend)

當用戶透過 LINE 廣告將廣告主的 LINE 官方帳號加為好友，廣告主才需要支付 LINE 廣告費用。優點是成為其 LINE 官方帳號好友之後，可提升客戶忠誠度與互動的機會，並提供客戶服務的管道。

圖 13-12　LINE 廣告三種收費模式

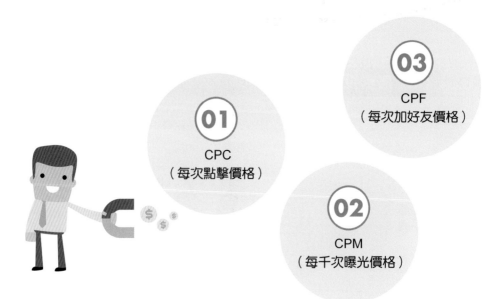

01
CPC
（每次點擊價格）

02
CPM
（每千次曝光價格）

03
CPF
（每次加好友價格）

13-7　線上訂閱制度成功，達成網紅、粉絲、平臺三贏模式

一、　想學看盤、學英文、學做蛋糕，如果要你每月付費收看線上教學影音文章，你買單嗎？以活潑有趣、平易近人的英文教學風格為特色的「阿滴英文」頻道，是臺灣少數在 YouTube 上有百萬訂閱人數的「網紅」。阿滴目前每月營收拆帳後約 80 萬元，其中 70% 卻不是來自 YouTube，而是另一個只有一千五百多人訂閱其內容的平臺 Press Play。

二、　在 YouTube 有兩百萬訂閱粉絲的「TGOP 這群人」，其經紀公司就是 Press Play。除了經紀業務，Press Play 還經營一個專為線上創作者所設計的平臺，這個平臺的特色是採用「訂閱集資」模式，不像 YouTube 可免費收看，Press Play 訂閱者必須每月付費，才能定期收看某頻道的影音或文章內容。如今每月訂閱集資金額可達 677 萬元。

三、以阿滴英文來說，網友每月花 50~800 元，就可依所選擇的專案內容，收看阿滴英文團隊在 Press Play 上獨家播出的自製教學影片，還可收到電子報、實體月刊及一對多視訊、隨時留言討論回覆等服務。平臺與阿滴英文從所收到的訂閱金額拆帳，80% 歸阿滴，20% 歸平臺。目前阿滴英文每月透過 Press Play 的進帳超過 60 萬元，扣掉稅金、金流手續費及平臺抽成等，八人團隊實拿約 50 萬元。阿滴說，這樣的收入能打平團隊運作成本，包括人事成本、辦公室租金、製作支出等。比起只靠不確定性高的廣告及業配收益，訂閱模式帶來的穩定金流，讓他能全心創作。

四、　Press Play 現與一百五十位分別在財經、語言、廚藝、歌藝教學等各有所長的「知識型網紅」合作，扣除營業稅、金流手續費等成本後，每月拆帳後可得一百多萬元收益，共同執行長林鼎鈞表示，目前收益穩定，歸功於訂閱模式。

五、　為此，Press Play 創作者提供的內容服務，多帶有回饋性質。例如：臺股分析、語言學習、甜點製作、歌唱技藝等，以讓網友感覺物有所值為目標。以訂閱人數第一名的「老王愛說笑」為例，這是以臺股分析為主的頻道，創作者老王是專職投資人，具證券分析師資格，多年來在網路撰寫全球財經與臺股盤勢分析，除了擁有四萬名臉書粉絲，在 Press Play 還有三千多

名訂戶，平均一個訂戶月繳 360 元，續訂率達 97%，每月訂閱總金額超過 117 萬元。其中有 20 個「月繳 4,000 元」專案名額，月月爆滿。用戶甘願每月掏出 4,000 元訂閱，是因為可以加入老王的獨家 LINE 群組，老王會第一時間做財報獨家解析服務，並且「有問必答」，社群凝聚力強。

訂閱集資要能成功，不僅內容要能打動訂戶，還要與訂戶產生強烈鏈結關係，阿滴就說，在 YouTube 上不回留言，粉絲多能接受，但是在 Press Play，粉絲就是金主，影片創作不但要更有質感，回覆留言、解決訂戶問題等服務更不能馬虎。二十八歲的阿滴說：「因為有訂閱模式，我才能撐起一整個團隊，且製作的內容讓粉絲滿意，我也更有動力創作，感到更自由。」

圖 13-13　線上訂閱平臺的運作

Press Play
線上訂閱平臺

01 與擁有 150 多位在語言、財經、廚藝、歌藝教學的「知識型網紅」拆帳合作

02 每月拆帳後有 100 多萬元收入！網紅拆帳 80%，平臺拆帳 20%

13-8 聽經濟 Podcast 大調查結果分析

　　根據《天下雜誌》在 2021 年 5 月分，針對國內 Podcast 進行調查，總計調查消費者 1,000 份，企業界 107 份，創作者 131 份。茲將調查結果，重點摘述如下：

一、企業投入 Podcast

(一) 企業投入 Podcast 的狀況

1. 一直有在做，今年會繼續做：18.6%。
2. 一直有在做，目前正考量是否繼續做：8.1%。
3. 過去沒做過，今年一定會做：10.5%。
4. 過去沒做過，今年會考慮做：40.7%。
5. 從沒做過，今年也不會做：22.1%。

(二) 已經投入 Podcast 的廣告形式

1. 接受主持人訪談、擔任嘉賓：65.7%。
2. 購買廣告：35.8%。
3. 公司同仁自製節目：34.3%。
4. 委外代製代播節目：25.4%。

(三) 投放廣告的品牌傳播目的

1. 強調品牌對外溝通：94%。
2. 希望有助產品銷售：47%。
3. 客戶服務：27%。
4. 對內傳播：24%。

(四) 投放廣告後，評估 Podcast 的指標

1. 是否有助提高網路聲量：57%。
2. 是否有助導購轉單數：39.3%。
3. 頻道訂閱數：37.4%。
4. 延伸鏈結點擊數：36.4%。
5. 官網／粉絲頁等訪問數：36%。
6. 聽眾回訪率：30.8%。
7. 留言數：28%。

8. 下載數：27%。

(五) **過去半年，您是否收聽過 Podcast**

1. 過去半年有聽，而且現在仍在聽：20%。

2. 過去半年曾聽過，但已很久沒聽或偶爾聽：24%。

3. 沒有，但是未來會想收聽：33.7%。

4. 沒有，不想收聽：22.3%。

(六) **消費者收聽 Podcast 的動機或原因**

1. 增加新知（新聞、時事）：48.8%。

2. 打發時間：45%。

3. 可以不限時間、地點聽想聽的內容：36%。

4. 放鬆心情：31%。

5. 提升專業領域知識：27%。

6. 讓我可以一邊聽、一邊做其他事：26%。

7. 取代傳統廣播節目：14%。

(七) **Podcast 每單集可獲得的廣告營收**

1. 3,000 元以下：75%。

2. 3,000~5,000 元：15%。

3. 5,000~7,000 元：1.8%。

4. 7,000~10,000 元：3.6%。

5. 10,000~20,000 元：2.7%。

(八) **創作者採用的廣告形式**

1. 節目主持人口播廣告：58%。

2. 刊登折扣碼：30%。

3. 圍繞品牌或產品而展開的節目內容：28%。

4. 訪談品牌客戶：21%。

5. 節目冠名：17%。

6. 為品牌客戶製作專屬內容 Podcast 頻道：16%。

13-9 聲音經濟報告摘要（Podcast）

根據〈2023 年聲音經濟報告〉，Podcast 最新的數據分析顯示如下：

一、每年產值

· 10 億元。

二、收聽人群

1. 北部：占 60%。
2. 女性：占 60%；男性：占 40%。
3. 年齡：25 歲～ 45 歲，占 70%。

三、領導品牌：

· SoundOn 聲浪平臺，市占率 50%。

四、節目類型

· 財經、新聞、教育、音樂、社會與文化、歷史、兒童與家庭。

五、收入來源

· 主要為廣告收入，廣告主平均客單價在 30 萬元，投放在 3,000 檔節目，也有訂閱收入。

六、企業主與 Podcast 合作方式

· 動態廣告、業配、口播、委製節目、專訪；廣告案量計 1,400 件。

七、大型企業開設自己的 Podcast 自媒體

· 國泰金控、信義房屋、臺銀等。

八、Podcast 主持人

· 不少名人、網紅（KOL）都投入 Podcast。

九、節目時間

· 以 30 分鐘及 60 分鐘節目居多。

十、Podcast 四大趨勢

1. Podcast 市場雙位數以上成長，傳統名人持續投入。

2. 更多大品牌、大公司開設專屬 Podcast 自媒體。

3. 聲音動態廣告出現，讓廣告主與創作者雙贏。

4. 訂閱模式在教育類、財經類、親子類等內容成功。

問題研討

1. 請列示新竹遠東巨城最強社群的四大經營心法為何？

2. 請說明何謂 App？製作成本多少？

3. 請說明行動 App 的五種功能？

4. 請列示 App 效益的 KPI 指標有哪些？

5. 請說明優良 App 設計應注意的八大要點？

6. 請列出免費 App 排行榜前二十名內的至少五名有哪些？

7. 請說明何謂抖音？何謂 TikTok？

8. 請列示打造最獲 400 萬年輕人的社群媒體是哪一個？

9. 請說明便利商店經營 LINE 群組的作用（功用）何在？

10. 請列示手機 LINE 至少十項內容及功能有哪些？

11. 請列示 LINE 廣告的四大版位為何？

12. 請列示目前線上訂閱制度成功的公司有哪一家？

總結語──拉高格局！全方位徹底做好行銷 4P ／ 1S ／ 2C ／ 1B 八項組合工作

一、中、老年人產品：仍適宜以電視媒體，作為廣宣工具

(一) 到目前為止，雖然傳統媒體及其廣告量有大幅顯著下降衰退，但其中的電視媒體，仍能屹立不搖，主因就是電視媒體對品牌力的打造效果，仍是明顯存在的；尤其對於一些以中、老年人為主要目標族群的產品類型，仍然仰賴電視媒體做主要廣宣媒體。這些行業及產品類型有：

1. 汽車　　　　　6. 預售屋
2. 機車　　　　　7. 金融銀行
3. 保健食品　　　8. 彩妝保養品
4. 藥品　　　　　9. 日常消費品
5. 房屋仲介　　　10. 政府政令宣傳

（註：中、老年人族群以 40~70 歲為主力族群）

(二) 電視屬於大眾媒體，在全國有線電視收視戶數達 490 萬戶，每天晚上開機率達 90%。因此，電視廣告的廣度極夠，很適合打造出品牌的知名度及能見度。在廣度效應方面，電視確實比數位媒體來得更有效果。

二、年輕人產品：則適宜以數位媒體作為廣宣工具

談到年輕人的產品，由於年輕人（20~40 歲）族群，每天接觸的都是網路、社群、行動媒體，因此以年輕人為銷售對象產品的廣宣媒體廣告，就應該以數位媒體為主力。包括：FB（臉書）、IG (Instagram)、YouTube、Google、LINE、新聞網站、Twitter（推特）、Dcard……等。

三、大型品牌：因預算較多，故投放廣告會以電視＋數位媒體並用、並重

但對於一些大型品牌（例如：花王、統一企業、統一超商、全聯超市、麥當勞、Panasonic、娘家、三得利、白蘭氏、普拿疼、P&G 寶僑、Unilever 聯合利華、TOYOTA 汽車、光陽機車、好來牙膏……等），由於它們的廣告宣傳預算較充分、充足，營收額也大，市占率也高；因此，它們投放廣告，會以電視媒體＋數位媒體並用、並重的模式操作，以求獲得 360 度跨媒體組合的高曝光率及高度廣告聲量，以通吃年輕族群＋中老年人雙族群。

四、全方位行銷觀點：徹底做好行銷 4P ／ 1S ／ 2C ／ 1B 的行銷組合，產品才會賣得好，業績才會成長

作者我本人做過很多研究，訪談過很多企業行銷經理人，個人也曾經待過企業界，所得到的結論是：企業產品想要賣得好，業績想要成長，就應回到全方位

行銷觀點，亦即，要徹底做好行銷 4P／1S／2C／1B 的行銷組合，才可以行銷致勝。

這八項行銷組合就是：

(一) Product（產品力）

產品力，要做到產品高品質、穩定品質、設計好、質感佳、能不斷推陳出新，真正做到好產品、優質產品，有附加價值的產品。

(二) Price（定價力）

定價力，要做到高 CP 值、高性價比，有物超所值感，消費者感到買過後有值得的感受。

(三) Place（通路力）

通路力，即指產品都能上架到主流實體通路及虛擬通路上，並且有好的陳列位置及大的陳列空間，方便顧客在任何時間、任何地點，都能快速又方便的買到該品牌產品。

(四) Promotion（推廣力）

推廣力，即指產品能夠透過各種媒體的廣告、宣傳、公關、報導、代言人、網紅、促銷、體驗活動、公益活動、集點行銷、粉絲經營等，而將品牌的知名度拉升，且將品牌的業績提升。

(五) Service（服務力）

服務，即指做好售前、售中及售後服務等，讓顧客的滿意度能夠提高，並且發出好的口碑。

(六) CSR（企業社會責任）

企業在現今時代，更應做好、做到企業社會責任、善盡企業對社會環保、對弱勢族群、對公司治理等應有的責任及幫助，這樣企業才能夠有好的形象，也才能夠受到大家的肯定及好評。

(七) CRM（顧客關係管理）

在零售業及服務業裡，很重要的即是顧客關係管理，也可稱為會員經營或 VIP 會員經營。一定要做好對會員經營，才能夠鞏固好他們的忠誠度及回購率，如此，也才能穩住企業每個月穩定的營收業績。

(八) Brand（品牌力）

品牌力是任何產品的生命核心，沒有品牌力就很難有銷售成果，如何打造品牌的高知名度、高好感度、高信賴度、高忠誠度、高指名度、高黏著度，是企業要努力的最大方針！

Chapter 14

總結語——拉高格局！全方位徹底做好行銷 4P／1S／2C／1B 八項組合工作

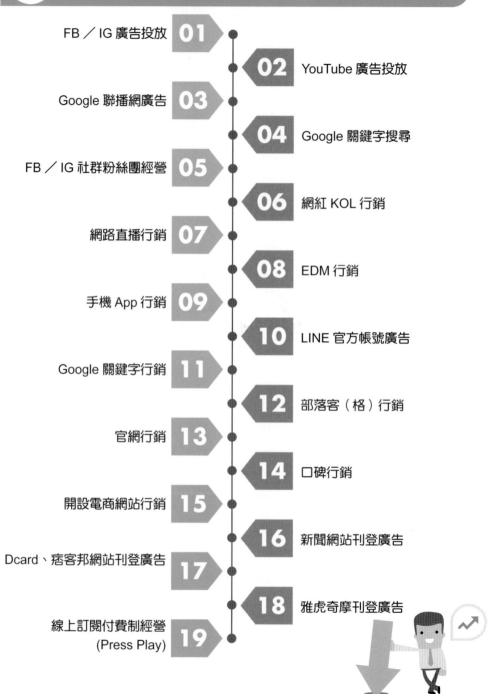

圖 14-1 廠商（品牌端）常用的／常花費的十九種數位行銷操作方法

01 FB ／ IG 廣告投放

02 YouTube 廣告投放

03 Google 聯播網廣告

04 Google 關鍵字搜尋

05 FB ／ IG 社群粉絲團經營

06 網紅 KOL 行銷

07 網路直播行銷

08 EDM 行銷

09 手機 App 行銷

10 LINE 官方帳號廣告

11 Google 關鍵字行銷

12 部落客（格）行銷

13 官網行銷

14 口碑行銷

15 開設電商網站行銷

16 新聞網站刊登廣告

17 Dcard、痞客邦網站刊登廣告

18 雅虎奇摩刊登廣告

19 線上訂閱付費制經營 (Press Play)

圖 14-2 行銷致勝、業績長紅、產品暢銷的全方位架構圖示

四大工作同時做好、做強

（一）做好：以顧客為核心，顧客至上

（二）做好：行銷 4P ／ 1S ／ 1B ／ 2C 八項組合戰鬥力

01 產品力 (Product)

02 定價力 (Price)

03 通路力 (Place)

04 推廣力 (Promotion)

05 服務力 (Service)

06 品牌力 (Brand)

07 企業社會責任力 (CSR)

08 顧客關係管理（會員經營）(CRM)

（三）做好：傳統電視廣告宣傳力

（四）做好：數位行銷操作力

業績！營收額！

Chapter **14**

總結語——拉高格局！全方位徹底做好行銷 4P ／ 1S ／ 2C ／ 1B 八項組合工作

五、同步做好、做強四大工作

最後，總結來說，企業或品牌端想要行銷致勝、業績長紅、產品暢銷的全方位架構，如圖 14-2 所示，就是要同步做好、做強四大工作任務。

(一) 做好：以顧客為核心，以顧客為第一，顧客至上。

(二) 做好：行銷 4P ／ 1S ／ 1B ／ 2C 的八項行銷組合戰鬥力，如前述內容。

(三) 做好：傳統電視廣告宣傳力。

(四) 做好：數位行銷操作力。

國家圖書館出版品預行編目（CIP）資料

超圖解數位行銷/戴國良著. -- 二版. -- 臺北市：
五南圖書出版股份有限公司, 2024.8
　面；　公分
ISBN 978-626-393-419-1(平裝)

1.CST: 網路行銷 2.CST: 電子商務 3.CST: 網路
社群

496　　　　　　　　　　113007739

1FSP

超圖解數位行銷

作　　　者 ─ 戴國良

企 劃 主 編 ─ 侯家嵐

責 任 編 輯 ─ 侯家嵐

文 字 校 對 ─ 葉瓊瑄

封 面 完 稿 ─ 封怡彤

內 文 排 版 ─ 賴玉欣

出 版 者 ─ 五南圖書出版股份有限公司

發 行 人 ─ 楊榮川

總 經 理 ─ 楊士清

總 編 輯 ─ 楊秀麗

地　　　址：106臺北市大安區和平東路二段339號4

電　　　話：(02)2705-5066　　傳　　真：(02)2706-61

網　　　址：https://www.wunan.com.tw

電 子 郵 件：wunan@wunan.com.tw

劃 撥 帳 號：01068953

戶　　　名：五南圖書出版股份有限公司

法 律 顧 問：林勝安律師

出 版 日 期：2022年5月初版一刷（共四刷）
　　　　　　　2024年8月二版一刷

定　　　價：新臺幣480元

經典永恆・名著常在

五十週年的獻禮──經典名著文庫

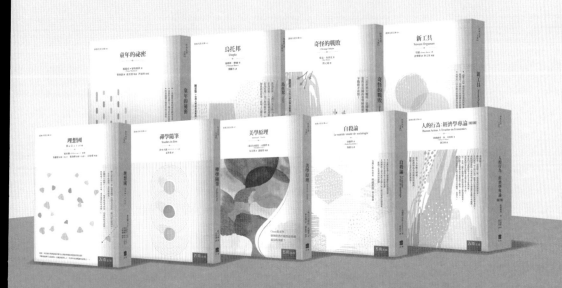

五南，五十年了，半個世紀，人生旅程的一大半，走過來了。

思索著，邁向百年的未來歷程，能為知識界、文化學術界作些什麼？

在速食文化的生態下，有什麼值得讓人雋永品味的？

歷代經典・當今名著，經過時間的洗禮，千錘百鍊，流傳至今，光芒耀人；

不僅使我們能領悟前人的智慧，同時也增深加廣我們思考的深度與視野。

我們決心投入巨資，有計畫的系統梳選，成立「經典名著文庫」，

希望收入古今中外思想性的、充滿睿智與獨見的經典、名著。

這是一項理想性的、永續性的巨大出版工程。

不在意讀者的眾寡，只考慮它的學術價值，力求完整展現先哲思想的軌跡；

為知識界開啟一片智慧之窗，營造一座百花綻放的世界文明公園，

任君遨遊、取菁吸蜜、嘉惠學子！